2030 : 세상을 바꾸는 과학기술

2030 : 세상을 바꾸는 과학기술

뤼트게르 반 산텐, 잔 후, 브람 베르메르
전대호 옮김

까치

2030 : TECHNOLOGY THAT WILL CHANGE THE WORLD

by Rutger van Santen, Djan Khoe, Bram Vermeer

역자 전대호(全大虎)
서울대학교 물리학과 졸업. 같은 대학교 철학과 대학원 석사. 독일 쾰른에서 철학 수학. 서울대학교 철학과 박사과정 수료. 1993년 조선일보 신춘문예 시 당선. 시집으로「가끔 중세를 꿈꾼다」,「성찰」이 있고, 번역서로「유클리드의 창」,「과학의 시대」,「짧고 쉽게 쓴 '시간의 역사'」,「수학의 사생활」,「우주 생명 오디세이」,「당신과 지구와 우주」,「위대한 설계」 등이 있다.

편집, 교정 _ 이인순(李仁順)

2030 : 세상을 바꾸는 과학기술

저자 / 뤼트게르 반 산텐, 잔 후, 브람 베르메르
역자 / 전대호
발행처 / 까치글방
발행인 / 박종만
주소 / 서울시 종로구 행촌동 27-5
전화 / 02 · 735 · 8998, 736 · 7768
팩시밀리 / 02 · 723 · 4591
홈페이지 / www.kachibooks.co.kr
전자우편 / kachisa @ unitel.co.kr
등록번호 / 1-528
등록일 / 1977. 8. 5
초판 1쇄 발행일 / 2011. 10. 20

값 / 뒤표지에 쓰여 있음

ISBN 978-89-7291-512-6 03400

차례

제0부
기초

0.0
우리의 목표

우리가 이 책을 쓰는 동안에도 예기치 못한 사건들이 끊임없이 일어났다. 석유와 식량의 가격이 치솟았다가 다시 곤두박질했고, 아이티에서 대지진이 발생했고, 은행들이 망했으며, 신종 플루 바이러스가 세계적으로 유행할 조짐을 보였다. 이 사건들 중 어느 것도 1년 전에는 예견되지 않았다. 적어도 많은 이들의 귀에 들릴 정도로 크게 선포된 예견은 없었다. 우리는 온갖 기술과 예측 솜씨를 갖추었음에도 불구하고 미리 적절한 조치를 취하는 능력에 도달하지 못했다는 것이 증명되었다.

기술은 선사시대부터 우리의 물질적 욕구를 충족시키는 데에 기여해왔다. 우리는 땅을 가는 법과 서로 소통하는 법, 건강을 유지하는 법을 터득했다. 오늘날 서양의 거의 모든 사람은 충분한 식량과 거처와 깨끗한 물을 확보했다. 요컨대 수많은 기본 욕구들이 충족되었다. 그래서 심지어어떤 이들은 이제 기술 발전의 필요성이 줄어들고 있다고 주장한다. 그러나 최근의 사건들은 그런 주장을 반박한다. 인류는 역사상 처음으로 지구적인 규모의 위기들에 점점 더 많이 봉착하고 있다. 우리가 2007년에 경험한 식량 부족은 아시아, 아프리카, 남아메리카에서 동시에 발생했다. 2008년의 금융 위기도 전 세계에서 동시에 일어났다. 2009년에 유행한 신종 플루는 며칠 만에 한 대륙에서 다른 대륙으로 이동할 수 있었다. 기후 변화와 석유 고갈도 우리가 몇십 년 안에 맞닥뜨리게 될 지구적인 위협이다. 재앙의 지구화는 우리의 기술에서 비롯되었다. 여러 세대 기술자들의 꾸준한 노력에 의해서 산업과 통신과 시장의 국제적 연결망이 형성되었고, 그 결과로 지구의 모든 곳들이 서로 의존하게 되었다. 오늘날 이 지구적인 연결망들은 아주 탄탄하게 짜여 있어서, 우리는 공통의 운명을 벗어나지 못한다. 이제 우리는 함께 생존하거나 함께 멸망할 것이다.

이 책의 저자들은 오늘날 불거지는 긴박한 문제들의 새로운 규모에 주목한다. 우리는 애당초 이 문제들을 야기한 핵심 요인 중의 하나가 기술이므로, 기술이 미래에 그것들을 해결하고 유사한 문제들의 발생을 막는 데에 기여해야 한다고 믿는다. 이 문제들의 규모는 이제껏 인류가 경험한 과제들의 규모와 다르다. 그러므로 해결책들——심지어 우리가 이미 극복했다고 생각하는 문제들에 대한 해결책들——도 다를 필요가 있다. 예를 들면, 바이러스 감염을 치유하는 방법을 안다고 하더라도, 수십억 인구를 동시에 치유하는 것은 전혀 다른 문제이고, 이 문제를 해결하려면 새로운 기술이 필요하다.

당연한 말이지만, 저자들이 기술의 전 분야를 감당하는 것은 불가능했다. 그러므로 우리는 과학 및 기술 분야의 수많은 전문가와 사상가들을 상대로 그들이 예상하는 20년 후의 세계에 대해서 이야기를 나누었다. 우리는 그들에게 미래에 필요해질 연구들을 지적하고 그 결과를 더 큰 맥락 안에 넣어달라고 요구했다. 우리는 역사의 진로를 바꿀 수단을 가지고 있을까? 세상을 더 나은 곳으로 만드는 데에 필요한 혁신들은 무엇일까? 그들의 연구 분야가 매우 다양함에도 불구하고, 전문가들이 제시한 의견들은 여러 중요한 공통점들을 나타냈다. 그들은 많은 과정들이 서로 얽혀 있고, 온갖 종류의 지구적인 연결망들이 서로 엮여 있다는 것을 보여주었다. 예를 들면, 이제는 인터넷 상의 교란 하나가 지구의 금융 시스템 전체를 뒤흔들 수도 있다는 뜻이다. 핵심 문제들이 점점 더 복잡해지는 가운데 과학과 기술은 거의 한 몸이 되었다. 이 때문에 문제와 해결책이 둘 다 어려워졌다.

우리는 전문가들과의 토론을 통해서 연결망들과 복잡성이 생각한 것보다 훨씬 더 광범위한 중요성을 가지고 있다는 것을 점차 깨달으면서 문제와 해법을 보는 새로운 방법에 도달했다. 과학의 여러 분야에서 아직 충분히 인정받지는 못했지만, 우리가 이 책에서 기술하는 접근법에 대한 관심은 확실히 증가하는 중이다. 그 접근법은 미래에 대처할 새로운 수단들도 제공한다. 복잡한 과정들은 규칙성과 예측 가능성이 부족하므로, 우리가 미래를 확실히 예측하는 것은 불가능하다. 그럼에도 불구하고 복잡성과학(complexity science)은 혁신, 변화, 영향관계의 패턴에 대해서 많은 교훈을 준다. 복잡한 동역학 시스템에 대한 연구는 1980년대 후반 이후 새로운 과학 분야로 성장했다. 그 연구는 오늘날 물리학과 화학과 수학에서 흔히 수행되며 점차 다른 분야들로도 확산되는 중이다. 복잡한 시스템(복잡계)의 바탕에 깔린 규칙성에 대한 신선한 이해는 우리에게 지속 가능성, 안정성, 위기 예방법에 대한 새로운 시각을 제공한다. 한마디로 2030년에 관한 핵심 논제들을 찾는 데에 도움을 주는 새로운 관점을 제공하는 것이다.

20년 뒤를 지평으로 삼은 것은 신중한 선택이었다. 많은 과학자들이 2030년을 먼 미래로 느끼지 않는다. 그 시기에 우리가 사용할 기술의 대부분은 오늘날 실험실에서 이미 볼 수 있는 기술들의 논리적인 확장이기 때문에, 그 시기에 우리가 확보할 법한 해결책들을 논하기 위해서 상상력을 동원할 필요도 없다. 20년은 과학자들이 내다보기에 "적당한" 세월이다. 기술의 발전은 흔히 오랜 시간 동안 이루어진다. 지금 등장하는 많은 아이디어들이 실현되려면 20년 정도의 세월이 필요할 것이다. 그러므로 제트팩(jetpack : 개인이 배낭처럼 등에 메는 비행 장치/역주)이나 로봇의 세계 정복과 같은 과학소설의 이야기들은 이 책에 등장하지 않을 것이다. 그런 이야기들도 언젠가 실현될지 모르지만, 앞으로 20년 안에는 실현되지 않을 것이다.

다른 한편, 20년은 우리를 현재의 욕구들 너머로 이끌기에 충분할 만큼 긴 세월이다. 이 책은 현존 기술들의 점진적 발전이나 다음 세대의 마이크로칩을 다루지 않는다. 20년 후의 인구나 자동차의 수, 필요한 병상의 수를 예측하지 않는다. 우리의 관심사는 통계나 시나리오 개발이 아니라 우리 사회가 맞닥뜨리게 될 주요 문제들이며, 그것들이 무엇인지 이야기하기 위해서 상세한 수치를 제시할 필요는 없다. 이런 이유들 때문에 우리는 이 책에 등장하는 전문가들에게 2030년의 핵심 이슈들에 집중해 달라고 요청했다.

우리 저자들은 기술자로서 해결책을 향한 연구의 수단을 제공하는 일에 특별한 사명감을 느낀다. 기술은 우리가 이 책에서 논할 문제들의 다수를 야기한 주요 원인이므로, 그 문제들을 해결하는 데에 기여하는 것은 우리의 사명이기도 하다. 아주 많은 동료 기술자들과 마찬가지로, 우리는 창조력의 대부분을 산업을 위해서 써왔다. 이것은 중요한 활동이지만 지금 인류가 직면한 주요 문제들을 풀기에는 충분하지 않다. 세상을 더 낫게 만들고자 하는 사람이라면 누구나 시급하게 다루어야 할 주제들이 많이 있다. 그리고 우리를 비롯한 기술자들은 확실히 그런 사람이다. 이 책에서 우리는 기술이 진정한 차이를 만들어낼 힘이 있음을 보여줄 것이다. 우리의 미래를 확보하려면 다양한 기술적 혁신이 필요하다. 다른 한편으로, 우리는 다양한 분야들 사이의 관계를 조심스럽게 감시해야 한다. 이상적일 경우, 이 책은 우리의 지구를 보호하고 향상시키려고 노력하는 기술자나 다른 이들에게 영감을 줌으로써 그들의 연구 주제 설정에 작게나마 기여할 것이다.

이 국제적인 출판 작업은 네덜란드 에인트호벤 공과대학의 개교 50주년을 맞아서 저자들이 수행한 미래의 발전들에 대한 연구에서 비롯되었다.[1] 우리가 네덜란드와 국외의 동료 기술자들에게서 받은 격려와 지금 우리의 행성이 맞닥뜨린 과제들의 지구적 성격은 우리로 하여금 연구를 더 큰 규모로 확장할 용기를 가지게 했다.

0.1
관심사

지금 지구가 직면한 가장 긴박한 문제들을 열거해달라는 우리의 요청에 동료들은 대기오염, 기후 변화, 안전에 대한 위협의 증가, 세계의 모든 사람을 위한 식량원 확보 등의 광범위한 관심사들로 응답했다. 우리가 이 책에서 가장 핵심적인 이슈들만 집중해서 다룬다는 점을 감안할 때, 지금도 여전히 인간의 가장 기본적인 욕구들을 출발점으로 삼아야 한다는 사실은 우리를 기운 빠지게 만든다. 21세기 초인 지금도 여전히 매년 수천만 명이 식량과 물과 주택의 부족 때문에 죽는다. 전 세계에서 일어나는 사망의 과반수는 영양 결핍 때문이다.[1] 매년 굶어죽는 사람이 제2차 세계대전의 사망자보다 더 많다. 이 문제는 알다시피 불가피한 것이 아니기 때문에 더욱 비참하다. 그래서 우리는 이 문제를 해결하기 위해서 무엇을 해야 하는지를 이 책에서 특히 분명하게 이야기할 것이다.

기본 욕구들이 충족된 사람들 사이에서 가장 큰 사망 원인은 암과 전염병이다. 나이가 들면서 우리는 우리의 인지능력이 퇴화하는 것과 우리가 타인의 보살핌에 의존하게 되는 것을 점점 더 염려한다. 이 분야에서의 혁신들은 더 길고 더 행복한 삶을 허락할 것이다. 이 책이 다룰 두 번째 유형의 과제는 그런 혁신들이다. 물론 인류의 존속은 보장되어 있지 않다. 지구의 신속한 변화는 재빠르고 전폭적인 우리의 적응을 요구한다. 우리는 적응의 필요성에 대한 인정에서 비롯되는 이슈들을 지구의 지속 가능성을 다루는 별도의 부에서 논할 것이다. 우리 사회의 안정성도 보장되어 있지 않다. 금융 위기, 도시의 폭발적 성장, 무력 분쟁은 우리의 복지에 악영향을 끼친다. 이것들은 우리가 논할 네 번째 문제 유형에 속한다.

저자들이 볼 때 인류가 논해야 할 가장 중요한 이슈들은 다음과 같다. 영양 결핍, 물 부족, 암, 전염병, 노인 돌봄, 인지능력 퇴화, 기후 변화, 천연자원 고갈, 자연 재난, 교육 결핍, 살 만한 도시, 금융의 불안정성, 전쟁과 테러, 마지막으로 개인의 정체성 상실.

이 책에서 보게 되겠지만, 이 문제들은 심층적인 수준에서 서로 연결되어 있다. 그러므로 우리는 문제들의 순위를 매기려고 하지 않겠다. 기후 변화를 해결하려고 애쓰는 사람은 가난을 물리치기 위한 싸움에도 기여하는 것이다. 언급한 문제들의 상호연관은 또한 우리가 보편적인 대책들을 개발할 수 있다는 것을 의미한다. 이 책의 핵심 챕터에서는 그런 대책들을 다룰 것이다. 통신 기술, 컴퓨터, 물류에 대한 지식은 다양한 분야에서 유용할 수 있다.

미래에 관심이 있는 사람은 당연히 우리 말고도 많다. 덴마크의 환경운동가 비외른 롬보르그는 2004년에 코펜하겐에서 국제사회가 직면한 주요 현안들을 토론하는 회의를 열었다.[2] 그 토론은 우리가 이 책에서 펼치려고 하는 논의와 비슷했다. 한편으로 환경론자들에게, 다른 한편으로 주류 과학자들에게 맹비난을 받은 롬보르그는 지구의 현 상태에 관한 정확한 보고서를 작성하고 싶어했다. 회의에 참석한 전문가들은 가장 중요한 과제들의 목록을 만들었는데, 상위 과제 10개는 "코펜하겐 합의(Copenhagen Consensus)"라는 이름으로 발표되었다. 우리의 목록과 매우 유사하게 코펜하겐 합의는 기후 변화, 전염병, 무력 분쟁, 교육, 금융의 불안정성, 정부와 부패, 영양 결핍과 기아, 인구와 이주, 보건과 물, 국가의 보조금, 무역 장벽을 아우른다. 한편, 2007년에 미국 과학진흥협회(AAAS)의 회장은 퇴임을 눈앞에 두고 또다른 목록을 제시했다.[3] 그 목록은 유엔(UN)의 새천년 개발목표와 유사하다.[4] 이처럼 우리가 직면한 주요 과제들과 관련해서 폭넓은 합의가 존재한다.

지난 세기에 인류는 기술적으로 진보했지만 인류가 당면한 핵심 문제들은 거의 바뀌지 않았다. 영국의 과학소설가 H. G. 웰스는 1900년경에 미래에 관한 논픽션 에세이들을 출판하여 이 분야 최초의 저자들 중 하나가 되었다.[5] 웰스는 20세기가 인류에게 심각한 위협들을 안겨주리라고 확신했다. 그는 19세기가 일으킨 멈출 수 없는 진보의 물결이 사람들의 삶을 근본까지 뒤흔들고 사회적 불안정을 야기하고 전쟁을 촉발할 것이라고 주장했다. 그는 특히 새로운 교통수단들이 지구의 모습을 바꿔놓으리라고 믿었다. 철도를 누르고 승리한 도로가 도시를 압도할 것이며, 과거에는 철도에 의해서만 좌우되었던 도시가 이제는 시골 지역 곳곳에 생겨나고 교외 거주구역들이 불규칙하게 형성되어서 끝없이 이어질 것이다. 웰스는 군사 기술자들이 일종의 "육상 전함"을 개발할 것이고 "거의 확실히 추측하건대 1950년 이전에 항공기가 날아올랐다가 안전하고 온전하게 착륙할 것"이라고 예측했다. 그는 끔찍한 공중전뿐만 아니라 가정에서 일어날 변화들도 예견했다. 그는 부엌일을 전업으로 할 필요가 없어질 것이라고 썼다. 어떤 의미에서 그는 지구화도 예측했다고 할 수 있다. 웰스는 우리가 이 책에서 다루는 것들과 일치하는 이슈들을 제기했던 것이다.

웰스가 제기한 논제들은 20세기 내내 흔히 당대의 불안을 반영하는 다양한 용어로 포장된 채 반복해서 등장했다. 우리는 인간 본성에 내재하는 어떤 것도 그 문제들의 해결을 가로막지 않는다고 확신한다. 그러나 그 문제들을 해결하려면 먼저 그 문제들을 영속시키는 메커니즘을 이해할 필요가 있다. 그런 다음에 비로소 성공적인 해결책을 강구할 수 있을 것이다. 우리는 전 지구적인 규모에서 폭넓은 지지를 받을 수 있고 적용 가능한 해결책들이 필요하다고 믿는다. 국소적인 규모에서 질병과 싸우는 것은 이제 부질없다. 예를 들면, 동물에 대한 항생제 사용을 규제하지 않으면서 인간에 대한 항생제 사용을 규제하는 것은 무의미하다. 다음 챕터에서 우리는 지금 인류가 직면한 문제들의 바탕에 깔린 공통의 메커니즘을 살펴볼 것이다.

0.2
접근법

미래를 예측하려는 노력은 어리석게 느껴질 수 있다. 특히 과거의 예측들이 얼마나 자주 틀렸는지를 생각하면 그러한 느낌은 더욱 강해진다. 한 예로, 주요 화석연료들이 곧 고갈된다는 선언은 매우 자주 울려퍼졌다. 일찍이 1865년에 스탠리 제본스는 영국의 석탄 매장량이 10년 안에 고갈될 것이라고 예측했다. 1914년에 미국 정부는 지하에 매장된 석유가 앞으로 딱 10년 동안 쓸 만큼만 남았다고 계산했다. 1939년과 1951년에도 석유가 13년 내에 고갈된다는 예측이 제기되었다. 1960년대에는 핵 에너지의 도래와 관련된 낙관론이 매우 강해져서 이용 가능한 석유와 천연가스를 최대한 신속하게 소모해야 한다는 주장까지 나왔다. 비용이 거의 들지 않는 핵 에너지가 등장하면 석유와 천연가스의 가치가 곧 폭락한다는 것이 그 이유였다. 1972년에 로마 클럽(Club of Rome)은 앞으로 20년 동안 쓸 만큼의 석유밖에 남지 않았다고 선언했다.[1] 2008년에 석유 가격이 치솟자 피크 오일(Peak oil)——역사 속에서 석유 생산이 정점에 도달하는 순간——이 도래했다는 이야기가 나왔으나, 유가가 다시 떨어지자 종말의 예언자들은 입을 다물었다. 지금 여러 에너지 전문가들에게 우리가 석유를 얼마나 오랫동안 쓸 수 있겠느냐고 묻는다면, 돌아오는 대답들은 최소 1,000배쯤은 다를 것이며, 일부 전문가들은 간단하게 "영원히"라고 대답할 것이다.

예로 들 수 있는 것들은 얼마든지 있다. 미래 사건에 대한 예측들은 틀리고 또 틀린다. 과거의 주요 사태들을 돌이켜보면 그 이유를 쉽게 알 수 있을 것이다. 작고 우발적인 사건들이 역사의 진로를 바꿀 수 있다. 독일 기술자 한 사람의 천재적인 발상이 교통의 세계를 영원히 바꿔놓았다. 아랍의 한 지도자는 단 한번의 결단으로 석유에 기초를 둔 우리의 경제를 무릎 꿇릴 수 있었다. 또 새로운 전지 기술은 교통에 대한 우리의 생각을 영원히 바꿔놓았다. 이런 전환점들을 예견하는 것은 불가능하다. 그것들은 개인의 생각이나 몇 명의 과학자에게 주어진 한번의 행운에 좌우된다. 역사는 이런 전환점들을 나중에 돌이켜보며 설명할 수 있을 따름이다. 그러므로 미래학자들의 작업은 독특하다. 그들은 이미 드러난 경향들이 지속된다는 전제하에서만 미래를 이야기할 수 있다. 미래학자들은 때때로 자신들의 예견이 틀릴 위험을 줄이기 위해서 사회경제적 상황이 정확히 어떻게 되느냐에 따라서 달라지는 다양한 시나리오들을 제시한다. 이것은 단기적이고 점진적인 변화에 대비하고 독창적으로 생각하는 데에 유용한 전략이다.

그러나 그러한 시나리오들은 흔히 서로 심하게 엇갈려서 장기적인 계획에 도움을 주지 못한다. 문제는 그 시나리오들이 진정으로 새로운 정보를 제공하지 못한다는 점이다. 이미 알려진 상황이 유지된다는 전제하에 도출된 예측, 즉 점진적 미래 예측도 새로운 정보를 제공하지 못하기는 마찬가지이다. 이런 예측은 갑작스러운 변화들을 간과한다. 안정성은 쉽게 무너져서 점진적 예측을 물거품으로 만들 수 있다. 또다른 문제는 미래학자의 시나리오들이 수치와 통계만 제시한다는 점이다. 그것들은 현상을 다룰 뿐, 현상을 일으키는 힘은 다루지 않는다. 미래 시나리오들은 흔히 사회의 다른 측면들은 불변한다고 전제하면서 오직 하나의 측면이 어떻게 발전할지만 예측한다. 특히 미래 시나리오들은 "현재 수준의 기술"을 전제함으로써 정말로 긴급한 문제들을 풀기 위한 기술자들의 노력을 쉽게 간과한다. 심지어 발견될 것은 이미 다 발견되었다고 전제하는 시나리오들(예를 들면, 다양한 피크 오일 시나리오들)도 있다. 이런 식의 미래 예측은 전략적인 사고에는 유용할지 몰라도 우리에게 지식을 제공하지는 못하며, 틀림없이 미래의 중요한 전환점들을 간과한다.

행동을 위한 의제를 설정하려고 애쓰는 과정에서, 미래학자들의 도구 상자에 추가될 새로운 접근법이 개발되는 중이다. 지난 10년 동안 여러 물리학자, 화학자, 생물학자, 사회학자가 지진과 생물학적 진화와 인종 범죄 등의 복잡한 현상의 바탕에 깔린 패턴들을 이해하기 위해서 공동 연구를 해왔다. 그들은 사회와 자연의 집단현상을 다루는 새로운 과학의 기초를 마련했다. 또한 변화와 안정을 예측하는 데에 도움이 되는 규칙성들을 발견하고 그들 스스로도 놀랐다. 제멋대로인 듯한 역사적 사실들의 이면에는 흔히 우리가 생각하는 것보다 더 많은 질서가 있다. 이 공동 연구의 결과로 전환점을 식별하기 위한 도구들과 파국을 막기 위한 정책들이 등장했다.

집단현상을 다루는 새로운 과학

이 신선한 접근법을 이해하기 위해서는 과학자들이 전통적으로 사용해온 방법들과 이 새로운 방법이 어떻게 다른지 아는 것이 중요하다. 전설에 따르면, 갈릴레오 갈릴레이는 피사의 사탑에서 다양한 크기의 공들을 떨어뜨려보고 그것들이 모두 똑같은 속도로 떨어진다는 것을 알았다. 더 정확히 말하면, 공기의 저항이 낙하를 방해하기 때문에 그 공들은 똑같이 떨어지지 않았다. 그러나 갈릴레오는 정교한 실험들을 고안하여 주변 공기의 영향을 무시할 수 있게 만들고, 오직 중력의 효과만 관찰하는 데에 성공했다. 아주 오랜 세월이 지난 지금, 갈릴레오가 정확히 어떤 실험들을 했는지는 불분명하지만, 그의 실험 이야기는 끊임없이 회자된다. 그 이야기가 갈릴레오 이후에 과학이 이루어진 방식을 상징적으로 보여주기 때문이다. 그런 식으로 실재의 한 측면에만 집중하는 연구는 흔히 대단한 위력을 발휘한다.

과학자들은 수백 년 동안 계속해서 그런 고립된 현상들에 관심을 집중했다. 규칙성은 우리가 어떤 과정을 환경으로부터 격리해서 연구할 때, 하나의 원인과 그 결과에만 집중할 수 있을 때, 가장 뚜렷하게 드러난다. 이와 같은 환원주의적 접근법 덕분에 과학자들은 기초 자연법칙들을 발견했다. 진자(振子)가 한번 흔들리는 데에 걸리는 시간은, 얼핏 보면 진자의 길이의 제곱근에 정비례한다. 전기 저항에 관한 옴의 법칙, 떨어지는 사과에 작용하는 힘에 관한 뉴턴의 법칙에서도 비슷한 비례관계가 성립한다. 수학자들이 비례를 논할 때 쓰는 표현을 빌리면, 모든 기초 자연법칙들은 "강한 선형성(strong linear term)"을 가지고 있다.

환원주의 과학은 더할 나위 없이 성공적이었다. 환원주의 과학은 우리가 자연을 이해하고 예측하고 통제하는 데에 기여했다. 우리는, 이를테면 1,000여 년 후의 태양계에 대해서 정확히 예언할 수 있다. 이 대단한 성취는 과학이 원시적인 사변보다 낫다는 것을 증명한다.[2] 환원주의는 물리학을 벗어난 곳에서도 위력적이었다. 생물학자들은 형질들을 고립시켜서 탐구함으로써 단순한 유전법칙들을 도출했다. 또한 18세기 후반에 애덤 스미스는 당대 물리학자들의 환원주의적 접근법에서 영감을 얻어 근본적인 경제법칙들을 정식화했다. 당시에 많은 사람들은 상업과 같은 사회현상을 물리학 법칙과 유사한 법칙을 통해서 기술할 수 있다는 것을 발견하고 크게 놀랐다. 그러나 모든 상인은 자신의 이익을 극대화하려는 의지를 공유한다는 점, 그리고 이 보편성 덕분에 수학적 추상이 가능하다는 점을 잊지 말아야 한다.

현실에서 보면, 환원주의 과학의 보편법칙들은 대개 지나치게 단순하다. 많은 현상들은 고립되어서 발생하지 않는다. 흔히 온갖 과정들이 한꺼번에 일어나며 각각의 과정은 다른 과정을 상쇄하거나 보강한다. 따라서 원인과 결과 사이에 단순한 관계가 성립하지 않는 경우가 많다. 수학 용어로 말하면, 현실적인 과정들에 대한 기술은 흔히 강한 비선형성(strong nonlinear term)을 띤다. 1961년, 미국 기상학자 에드워드 로렌츠는 그의 컴퓨터가 산출한 기이한 날씨 예측들에 경악했다. 그는 계산의 초기 조건을 약간 변화시키면, 결과로 전혀 다른 예측이 나올 수 있다는 것을 발견했다. 심지어 원래 자료를 다듬어서 근사치로 만드는 방식만 바꿔도 결과는 현저하게 달라졌다. 로렌츠는 그것이 그의 계산법 때문에 생기는 착시 현상이 아니라 실제로 일어나는 일이라는 것을 깨달았다. 그는 나비의 날갯짓이 날씨의 진행을 바꿀 수 있다는 유명한 말을 남겼다. 이와 같이, 복잡한 시스템에서는 작은 동요(perturbation)가 큰 결과를 낳을 수 있다. 그러므로 로렌츠는 일주일보다 더 먼 미래의 날씨를 예측하기는 불가능하다고 생각했다. 대기는 작은 변화에 아주 민감하게 반응한다. 훗날 생겨난 용어로 표현하면, 대기는 "카오스적이다."[3]

"나비 효과(butterfly effect)"와 "카오스 이론(chaos theory)"은 과학계와 언론 모두에서 큰 관심을 불러일으켰다. 우리를 둘러싼 세계가 마구잡이로 진화하는 듯하다는 생각은 틀림없이 상당히 매력적이다. 그러나 카오스 이론은 끝이 아니었다. 오히려 그 이론은 예측 불가능한 상황들에서 규칙성을 찾아내려는 과학적 노력의 시작이었다. 예를 들면, 가장 카오스적인 시스템들도 완전히 규칙 없이 진화하지는 않는다는 것이 밝혀졌다. 많은 카오스 시스템들이 모종의 안정성을 획득한다. 물론 안정적인 결과가 둘 이상이고 그 결과들을 향한 진화가 완전히 예측 불가능할 수도 있지만, 카오스의 바탕에는 확실히 질서가 있다. 간단한 예로 고속도로 교통을 들 수 있다. 차량이 많으면, 두 가지 상황 중 하나가 발생한다. 모든 차량이 계속 빠르게 이동하거나 교통 정체가 발생하는 것이다. 두 상황을 가르는 경계선은 매우 미묘하다. 작은 차이가 교통 시스템을 하나의 안정 상태에서 다른 안정 상태로 바꿔놓을 수 있다. 교통은 걸핏하면 눈에 띄는 원인 없이 정체된다. 게다가 시스템이 임계점에 접근하면 흔히 요동(fluctuation)이 나타나기 시작하여 차량들은 가다 서다를 반복한다. 이처럼 다양한 최종 상태들("끌개들[attractors]")을 확인한 것은 카오스 이론의 위대한 성취이다. 그 상태들을 가르는 경계선에 대한 연구는 원활한 교통을 위한 대책을 마련하는 데에 도움을 줄 수 있을 것이다. 예를 들어 고속도로의 조명을 개선하면, 운전자들이 차량의 속도를 더 높이고 더 잘 통제된 방식으로 다른 차량들에 반응할 수 있다. 따라서 교통의 흐름이 끊길 가능성이 줄어든다. 바꿔 말해서, 우리는 두 끌개 사이의 경계선을 옮길 수 있다. 고속도로 교통의 예는 약간 시시하게 느껴질 수도 있으나 그와 유사하면서 중대한 상황들도 많이 있다. 예를 들면, 인도 상공의 대기가 취할 수 있는 상태는 두 가지, 즉 우기 상태와 건기 상태인 것으로 보인다. 이때 한 상태에서 다른 상태로의 전이(轉移, transition)에 대한 지식은 인도의 농업에 도움이 될 수 있다.

로렌츠의 획기적인 발견 이후, 수많은 유능한 과학자들이 복잡한 동역학 시스템들에서 패턴을 찾아내는 작업에 끈기 있게 매달렸다. 1980년대 후반에 덴마크 물리학자 페르 박은 복잡한 시스템에서 갑자기 일어나는 전이를 연구했다. 이 분야에서 물리학은 풍부한 영감을 제공한다. 페르 박은 부도체가 갑자기 도체로 바뀌는 현상에 관한 물리학에서 나온 새로운 통찰을 받아들였고, 과냉각된 물이 어떻게 갑자기 얼 수 있는지 관찰했다. 또한 그는 물리학의 울타리 너머로 생각을 확장했다. 페르 박은 자신이 뻔뻔스럽다고 고백한다. 그는 다른 사람들의 분야를 기웃거리기 시작했을 때 그의 뻔뻔스러움이 아주 큰 도움이 되었다고 믿는다. 새 길들을 탐색하는 과정에서 그는 모든 복잡한 시스템이 안정 상태로 나아가지는 않는다는 것을 깨달았다. 어떤 시스템들은 도리어 점점 더 **불안정성**(instability)이 커진다. 지각에 장력이 점차 축적되면, 불안정성이 점점 더 커져서 결국 어느 순간에 장력 에너지가 지진의 형태로 갑작스럽게 방출된다. 눈더미에서도 비슷한 과정들이 일어난다. 눈더미의 무게가 점점 더 커지면, 결국 눈사태가 발생한다. 비슷한 예로 산불, 대량 멸종 등을 들 수 있다.

이런 격변은 흔히 반복된다. 지진이 일어나고 나면, 다시 변형력이 축적되기 시작한다. 새로운 순환 주기가 시작되는 것이다. 바탕의 힘들이 유지되는 한, 지각은 새로운 불안정성과 임계 상황을 향해서 진화할 것이다. 페르 박은 이런 시스템을 일컬어서 "임계성을 스스로 조직하는" 시스템이라고 했다. 다음 지진은 틀림없이 발생한다. 언제, 얼마나 강력한 지진이 일어나느냐 하는 것이 문제일 뿐이다. 장력이 충분히 크면, 지각에서의 작고 무작위한 운동 하나가 지진을 유발할 수 있다. 파국들은 제각각 세부적으로 다를 수 있지만, 작용하는 힘들은 똑같다. 페르 박은 반복되는 파국들의 통계를 연구했다. 잇따른 지진들의 강도가 묘한 규칙성을 나타낸다는 사실은 이미 알려져 있었다. 리히터 규모 8의 지진은 극히 드물다. 반면에 규모 7의 지진은 규모 8의 지진보다 약 10배 더 자주 발생한다. 마찬가지로 규모 6의 지진은 100배 더, 규모 5의 지진은 1,000배 더 자주 발생한다. 이런 규칙성은 아주 긴 기간에 걸쳐서 나타나며 다양한 지역에서 성립한다.[4] 요컨대 강한 지진과 약한 지진의 상대적인 비율은 정해져 있으며, 이른바 "멱법칙(power law)"을 따른다. 멱법칙은 긴장이 매우 높은 수준까지 축적될 수 있는 상황에서 성립할 수 있다. 이 책의 곳곳에서 보겠지만, 멱법칙은 전염병, 전쟁, 심지어 도시의 팽창, 주식시장의 붕괴, 기근에서도 나타난다.[5] 멱법칙의 등장은, 상황의 평형을 깨는 바탕의 힘들을 연구할 필요가 있다는 것을 알려주는 신호이다. 그런 힘들을 더 잘 이해하면, 주기적으로 반복되는 문제를 개선하고 심지어 파국을 예방하는 데에 도움이 될 수 있을 것이다.

젊은 과학자 알베르트-라슬로 바라바시는 21세기의 시작을 전후하여 복잡한 시스템의 임계성을 연구하는 새로운 방법을 개척했다.[6] 공산주의 루마니아에서 헝가리인 혈통으로 태어난 그는 니콜라에 차우셰스쿠가 권력을 유지하려고 애쓰던 시절에 카오스 이론을 연구하기 시작했다. 바라바시는 많은 복잡한 상황들을 연결망(network)으로 해석할 수 있다는 것을 깨달았다. 예를 들면, 바이러스가 얽히고설킨 관계를 통해서 확산되는 방식을 그렇게 해석할 수 있다. 또 생태계의 본성을 포식자들과 먹잇감의 연결망으로 해석할 수 있다. 이것이 새로운 통찰은 아니었지만, 그때까지의 과학자들은 이런 유형의 상황들을 기술할 때 항상 정적인 연결망을 사용했다. 바라바시의 접근법은 연결망이 어떻게 변화하는지에 초점을 맞춘다는 점에서 새로웠다.[7] 그는 연결망들의 진화에서 일반 패턴을 발견했다. 많은 연결망들은 진화하면서 재편성되어서 더 높은 효율성에 도달하기 때문에 그런 일반 패턴이 나타난다. 이미 특권화된 마디점들(nodes)과의 연결은 흔히 이롭다. 이 때문에 많은 연결선들을 거느린 마디점들은 점점 더 연결이 풍부해진다. 예를 들면, 상업 연결망은 특권적인 거래자 몇 명이 전체를 좌우할 정도의 지위에 도달할 때까지 진화하는 경향이 있다. 그는 자산의 분포 또한 대체로 멱법칙이 실현될 때까지 진화한다는 것을 발견했다. 그런 멱법칙 패턴은 다양한 연결망들에서 아주 흔하게 나타난다. 예를 들면, 인터넷은 소수의 다중 연결 허브들(hubs)에 의해서 지배되고, 살아 있는 세포의 조절 메커니즘에서는 소수의 단백질들이 조절 과정 전체의 균형을 유지한다. 이런 핵심 연결들은 안정성을 위해서 결정적으로 중요하다. 그 연결들이 제거되면, 연결망은 와해된다. 소수의 핵심 종들이 멸종하면, 나머지 수천 종의 생존에도 불구하고 생태계가 붕괴할 수 있다. 이와 같은 지식은 결정적인 연결들을 가진 연결망이 등장하는, 자연 보전을 비롯한 다양한 과제들에서 중요한 구실을 할 수 있다.

미래의 패턴들

복잡한 동역학 시스템을 다루는 새로운 과학에서 나온 신선한 통찰들은 이밖에도 많다. 복잡성을 다루는 수학은 지난 10년 동안 더욱 발전하여 규칙성을 찾아내는 새로운 방법들을 다양하게 개발했다. 산타페 연구소(미국)는 지난 10년 동안의 발전에 중요한 촉매의 구실을 했다. 그 연구소는 자연적이거나 인공적이거나 사회적인 시스템에서 발생하는 복잡성 문제를 연구하는 공동체를 창출했다. 복잡성을 다루는 과학은 그 자체로 하나의 과학 분야가 되었고, 그 과학의 기법들은 이제 자연과학과 수많은 기술 분야에 확고하게 자리잡았다. 그 기법들은 발전소, 컴퓨터, 통신망,

첨단 항공기 설계에서 흔히 쓰인다. 다른 한편으로 복잡성 과학은 금융, 경제, 의료, 역학(疫學), 군사 분쟁, 도시 개발 등과 관련된 사회과학들에도 스며들기 시작했다.

우리는 이 책을 위해서 전문가들과 대담하면서 복잡성 과학의 여러 측면들을 건드렸다. 몇몇 핵심 문제들의 복잡성 증가는 과학과 기술의 발전을 가로막고 있다. 그러므로 복잡성 과학의 기법들은 우리 앞에 놓인 과제들을 분석할 때 필수적일 것이다. 지난 10년 동안 복잡한 시스템에 관한 통찰들을 우리 사회의 미래에 적용하려고 애쓰는 과학자들이 흥미로운 출판물들을 많이 내놓았다. 예를 들면, 기후 연구에서는 '돌이킬 수 없는 임계점(tipping point)'과 전이를 통해서 미래의 변화를 분석하는 방식이 주류가 되었다.[8] 토머스 호머-딕슨이 쓴 중요한 논문은 "제국의 열역학(thermodynamics of empire)"을 논한다. 그 열역학은 서로 긴밀하게 결합된 사회경제 시스템과 기술 시스템을 낳으며, 이 시스템들은 갑작스럽게 전이할 수 있다.[9] 몇몇 싱크탱크와 미래학자는 이런 유형의 분석을 전문으로 한다.

안정성과 전이는 복잡성 과학의 핵심 개념들이다. 우리는 인류가 공통으로 직면한 문제들을 다룰 때 가장 먼저 그 개념들을 고려해야 한다. 전이는 페르 박이 연구한, 임계성을 스스로 조직하는 시스템에서처럼 반복될 수 있다. 또는 교통 정체에서처럼 하나의 안정 상황에서 다른 안정 상황으로의 뒤집힘을 포함할 수도 있다. 표면 아래에서 눈에 띄지 않게 진행되는 과정이 불가피하게 치명적인 변화를 가져올 수도 있다. 그런 예로 기후 변화를 들 수 있다. 화석연료의 연소가 기후에 영향을 끼친다는 인식은 산업혁명이 시작되고 거의 100년이 지난 후에야 등장했다.[10] 그러나 기후 변화의 조짐들은 그 이전에도 존재했다. 우리는 그런 조짐들을 더 일찍 간파하는 법을 터득해야 한다. 기후 변화처럼 갑자기 대두되는 문제들을 더 이른 시기에 더 잘 이해한다면, 우리는 파국을 예방하거나 지연시킬 수 있을지도 모른다.

복잡성을 모형화하기

복잡성 과학은 컴퓨터 과학의 발전에서 힘을 얻었다. 컴퓨터는 여러 과정들이 동시에 일어나는 상황을 구현하고 복잡성의 핵심 패턴들을 찾아내는 데에 쓰기에 아주 적합한 도구이다. 그러나 컴퓨터 계산에서 항상 정확한 예측이 나오는 것은 아니다. 복잡성 과학자들은 에드워드 로렌츠에게서 예측의 한계에 대해서 배웠다. 그렇다고 해도, 컴퓨터 모형들은 문제의 바탕에 있는 힘들, 상호작용들, 비선형성들을 이해하는 데에 도움을 줄 수 있다. 이미 물리학자들은 작은 결정(結晶)의 집단행동을 개별 원자 각각을 고려하면서 계산할 수 있는 수준에 도달했다. 물리학자들은 원자들 사이의 상호작용을 지배하는 규칙들이 내장된 컴퓨터 모형에서 원자 수천 개를 동시에 추적한다. 그런 식으로 원자 집단의 진화를 한 단계씩 계산할 수 있다. 그 원자들은 아주 작은 결정을 이룰 뿐이지만, 우리는 이 계산을 통해서 어떻게 개별 원자들이 거시적인 현상을 산출할 수 있는지를 정확하게 이해할 수 있다. 이와 유사한 계산을 면역세포들, 시민들, 기업들 사이의 상호작용에 대해서도 수행할 수 있다. 도시에 적용된 계산은 원리적으로 인기 컴퓨터 게임 심시티(SimCity)와 유사하다. 물론 게임과는 비교조차 할 수 없을 정도로 진지하다는 점은 다르지만 말이다. 도시의 성장을 유발하는 힘들을 발견하기 위해서 연구자들은 규칙을 바꾸어가면서 결과들을 산출하고, 그 결과들을 현실 세계의 상황들과 비교한다. 그런 식으로 어떤 힘들이 중요하고 서로 어떻게 연관되어 있는지 알아낸다.

컴퓨터 성능의 향상 덕분에, 물리학자들이 흔히 말하는 "다수 행위자 시뮬레이션" 혹은 "몬테카를로 시뮬레이션"은 점점 더 현실에 가까워지고 있다. 물론 여전히 많은 복잡한 시스템들은 최고의 슈퍼컴퓨터로도 모형화할 수 없지만, 그런 시스템들도 수학적인 요령을 조금만 쓰면 모형화할 수 있다. 그 요령의 핵심은 중요한 요소들은 자세하게 계산하는 반면,

덜 중요하거나 변화가 더딘 부분들에 대해서는 대략적인 계산으로 만족하는 것이다. 이 경우에 중요한 과제는 정밀도가 서로 다른 부분들을 "이어붙이는" 작업이다. 이와 같은 "다중규모(multiscale)" 전략은 지난 10년 동안 물리학과 화학 모두에서 발전했다. 이 두 분야에서 그 전략은 미시 규모의 원자들을 고체, 액체, 기체의 거시적 행동과 연결한다. 다중규모 접근법은 다른 복잡한 시스템들에 대해서도 점점 더 많이 쓰이고 있다. 연결망은 흔히 먼 고리들과 근처의 고리들로 이루어졌기 때문에 다중규모 접근법으로 다루기에 특히 적합하다. 이 접근법은 근처의 고리와 먼 고리를 각각 다르게 취급할 수 있다.

기술은 위기에 맞서 무엇을 할 수 있을까?

이 책은 우리가 피하기를 원하는 많은 갑작스러운 전이들을 다룰 것이다. 기술은 우리가 다루는 위기들에서 흔히 중요한 구실을 한다. 우리의 기술 이용은 온실 효과의 원인이며 이제 진정으로 지구적인 규모에서 발생하는 금융 위기를 불가피하게 만든다. 기술은 원인의 일부인 만큼, 대책의 일부이기도 해야 한다. 그러므로 파국을 예방하고 전이를 관리하기 위해서 우리가 이용할 수 있는 기술에 초점을 맞추는 것이 중요하다. 기술이 위험한 전이들을 피할 수 있게 해줄지도 모른다.

기술이 우리에게 줄 수 있는 첫 번째 도움은 측정의 정확도를 향상시켜주는 것이다. 우리는 이를테면 해수면들이 정확히 얼마나 상승할지 예측할 수 없더라도 적어도 일반적인 추세를 알게 될 것이다. 우리는 마치 끊임없이 스스로 맥박을 점검하듯이 많은 측정을 하고 그 결과를 이용해서 컴퓨터 모형들이 내놓는 결론들을 점검할 것이다. 촘촘한 감시시설들의 연결망은 우리에게 대륙 빙하들이 어떻게 변화하는 중이고 열대림들이 기후 변화에 어떻게 반응하고 있는지 말해줄 수 있다. 지진조차도 난데없이 발생하지는 않는다. 나중에 자세히 다루겠지만, 중요한 것은 지각의 변화를 꼼꼼히 측정함으로써 압력이 어떻게 축적되는지를 감시하는 일이다. 이를 통해서 우리는 지면이 진동하기 시작하자마자 경보를 발령할 수 있을 것이다.

임계 전이의 조짐을 조기에 포착하는 기술은 최근 들어서 빠르게 발전했다.[11] 매우 다양한 시스템들이 임계점에 접근할 때 공통의 조짐들을 나타내는 것으로 보인다. 예를 들면, 임계점에 접근하는 시스템은 두 상태를 교대로 취하는 방식으로 진동할 수 있다. 고인 물은 혼탁한 상태로 전이하기 전에 그렇게 진동한다. 또다른 유형의 행동은 이른바 신호들의 자기상관(autocorrelation)이 증가하는 것이다. 일부 시스템들은 전이를 목전에 두었을 때 동요가 일어나면, 평소보다 더 느리게 원래 상태를 회복한다. 예를 들면, 이 현상은 3,400만 년 전의 기후 기록에서 확인된다. 그 시기에 우리 지구의 열대시대가 끝이 났다. 온실-빙실 전이(greenhouse-icehouse transition)라고 불리는 그 변화 직전에 대기의 조성은 점점 더 변화가 적어졌다. 세 번째 행동 유형은 일부 시스템들이 임계점에 접근할 때 동요에 더 민감해지기 때문에 발생한다. 그런 시스템들은 변동성이 증가할 수 있다. 이런 현상은 간질 발작 직전에 뇌의 신호들에서 나타날 수 있다. 그럴 때에 뇌에서 나오는 전기 신호들은 마구잡이로 날뛴다.

정말 복잡한 시스템들에서는 이런 조기 경보들을 포착하기 위해서 정확히 무엇을 측정해야 하는지가 때때로 불분명하다. 각각의 상황에서 우리는 옳은 지표를 찾아내야 한다. 또한 시공간적 해상도가 높은, 세밀한 측정이 중요하다. 임계 상황을 탐지하려면 압력이 가장 높은 장소들로 가는 것이 유용할 때가 많다. 예를 들어 기근을 연구하려면 아프리카로 가는 것이 좋다. 반면에 거대도시에 관심이 있다면 인도나 일본으로 가야 할 것이다. 이곳들에서는 매개변수들이 바뀌기 시작하는 것을 확인할 수 있다. 우리가 이 책에서 만나게 될 많은 매개변수들은 소홀하게 감시되고 있다. 우리는 그것들을 현재보다 훨씬 더 짧은 시간 간격과 훨씬 더 높은 정확도로 측정할 필요가 있다. 정확한 측정은 시기적절한 대응을 가능하게 한다. 이는 기술의 세계에서 자명한 진리이다. 예를 들면, 현대의 전투폭격기는 정확한 측정에 전적으로 의존한다. 만일 센서와 제어 시스템이 없다면, 현대의 전투폭격기는 아무 이유 없이 추락할 정도로 불안정해질 것이다. 다른 많은 분야들에서도 마찬가지이다. 외딴 마을에서 새로운 전염병이 발생한 것이 충분히 신속하게 탐지된다면, 전염병의 확산을 막을 수 있다. 신속한 조정에 의해서 안정성이 회복될 수 있는 것이다.

우리는 더 정확한 측정을 위해서 노력할 뿐만 아니라, 기술을 이용하여 전이를 늦추는 노력도 해야 한다. 한 가지 방법은 지구적인 상호작용 연결망들을 분리하는 것이다. 이미 언급했듯이, 그 연결망들은 효율성을 높이기 위한 인간의 노력으로 인해서 매우 긴밀해졌다. 따라서 그 노력을 무화(無化)하는 것이 하나의 해결책일 것이다. 토머스 호머-딕슨 등은 우리가 효율성을 감소시키고 연결성을 줄이고 속도를 늦출 필요가 있다고 주장한다. 딕슨에 따르면, 지구적인 연결망들을 분리하기는 어렵다. 그 분리는 효율성 증가를 통한 이익을 포기하는 것을 의미하기 때문이다. 우리는 지구적인 위기를 피하기 위해서 퇴보를 감수하게 될 것이다. 이 지적은 실제로 많은 분야에서 옳다. 예를 들면, 금융의 안정성을 확보하는 방법으로 마찰을 추가하는 것 외에 다른 길은 좀처럼 보이지 않는다(5.5 참조). 그러나 새로운 기술은 점점 더 많은 분야에서 효율성 감소 없는 분산을 가능하게 하고 있다. 예를 들면, 우리는 화학물질들을 이제껏 가능했던 규모보다 더 작은 규모로 생산할 수 있게 되었다(2.5 참조). 더 나아가서 통신망과 전력망의 효율성은 높이고 공격에 대한 취약성은 높이지 않는 것도 가능하다(3.2, 2.2 참조). 중요한 것은 망의 구조와 연동(連動) 메커니즘의 본성이다. 복잡한 시스템에 대한 통찰의 증가는 지구화된 위기에 대처하는 새로운 전략들로 이어질 가능성이 있다. 그 전략들은 우리가 비선형 동역학을 통제하는 데에 필요한 여유 공간을 제공할 것이다.

지구적인 연결망들을 분리하고 위기를 늦추는 수단들은 효과가 입증된 기존의 기술을 기초로 삼는 편이 바람직할 것이다. 검증되지 않은 기술의 도입은 우리가 완전히 굽어볼 수 없는 새로운 피드백 메커니즘(feedback mechanism)을 창출하여 사태를 더욱 악화시킬 위험이 있다. 게다가 새로운 기술을 확립하려면 시간이 소요되므로 파국을 피할 기회가 줄어든다. 그러므로 훨씬 더 빠르고 안전한 길은 기존의 기술들을 이용하는 것이다. 좋은 예로 전력망 관리를 들 수 있다. 유럽과 미국의 전력망은 매우 복잡하게 얽혀 있어서 발전소 한 곳의 고장이 심각한 연쇄 효과를 초래할 수 있다. 단 한 곳의 장애로 기반시설 전체가 마비되는 일이 쉽게 발생할 수 있는 것이다. 전력망을 안정화하려면 이런 유형의 상호의존성을 줄일 필요가 있다. 만일 모든 발전소가 각자의 구역에만 전력을 공급한다면, 여분의 전력만 다른 곳으로 이동시키면 될 것이다. 이런 식으로 느슨하게 연결된 발전소들은 서로를 마비시킬 위험이 없다. 또다른 가능성은 유사시 전력 공급 경로를 바꿀 수 있도록 전력망 자체의 융통성을 늘리는 것이다. 경로 변경은 통신망을 위한 전략으로도 추구되고 있다. 상호의존성을 줄이는 해법과 융통성을 늘리는 해법은 모두 분산 제어에 대한 기존 지식을 이용한다.

그러나 과학과 기술을 계속 개발하는 것 역시 중요하다. 기존 기술의 활용은——방금 언급한 이유에서 일단 바람직하지만——불충분할 수 있다. 예를 들면, 아무리 효율적으로 쓰더라도 언젠가는 화석연료가 바닥날 것임을 우리는 안다. 화석연료는 유한하고 재충전이 불가능한 자원이다. 언젠가는 다른 에너지 기술들로의 전이가 불가피할 것이다. 우리는 완전히 새로운 상황을 감당해야 할 것이며, 전혀 다른 에너지 기반구조를 확립하려면 패러다임의 전환이 필요할 것이다. 이런 중대한 분야들에서 돌파구를 열 잠재력을 가진 신기술들을 찾는 것은 쉽지 않다. 흔히 여러 가능성들을 병행해서 모색할 필요가 있다. 대부분의 경우에 극복해야 할 장애물들을 명시하는 일은 얼마든지 가능하다. 예를 들어 교통용 대안연료로 수소를 고려한다면, 우선 수소를 어떻게 저장할 것인가 하는 문제를 해결해야 한다는 것을 우리는 안다. 이 책은 이런 유형의 중대한 과제들을 명시하기 위해서 노력할 것이다.

또한 우리는 기술이 모든 것을 해결해줄 수 없음을 곳곳에서 강조할 것이다. 열쇠를 쥔 주역은 인간이다. 많은 경우에 기술은 이미 마련되어 있지만, 사회적인 이유들 때문에 쉽사리 활용되지 못한다. 우리 사회가 가진 나름의 집단 동역학을 바꾸기는 어려울지도 모른다. 예를 들면, 현재 우리는 화석연료를 과소비하는 안정 상태에 있다. 저렴한 석유는 대안 기술의 개발을 방해한다. 그러므로 또다른 안정 상태로 나아가기는 어려울 것이다. 같은 맥락에서 우리는 이 책에 등장하는 기술들의 사회적 수용에도 초점을 맞출 것이다.

앞으로 언급될 전문가들 중에 전문적인 복잡성 과학자는 몇 사람에 지나지 않는다. 우리가 살펴볼 과학자들은 거의 모두가 각자의 분야에서 복잡성을 건드릴 뿐이다. 그들은 공통의 언어로 전이와 안정성을 기술하며 우리 시대의 문제들에 대한 관심을 공유한다. 우리 앞에 놓인 과제들은 지극히 중대하다. 세계를 더 살기 좋은 곳으로 만들고자 하는 사람이라면 누구나 긴급하게 다루어야 할 문제들이 많이 있다. 시기적절하게 개발된 대안들은 전이를 덜 갑작스럽게 만들고, 우리가 어려운 미래를 헤쳐나가는 데에 도움을 줄 것이다.

제1부

물과 식량

1.0
생명에 필수적인 연결망들

세계 인구의 폭발적인 증가는 한풀 꺾인 것으로 보인다. 50년 전에 일반적인 여성은 5명에서 6명의 아이를 낳았다. 오늘날 전 세계의 평균 합계 출산율은 2.6명에 불과하다. 현재 인구 유지에 필요한 합계 출산율은 2.3명이므로, 출산율이 인구 유지에 필요한 수준 남짓으로 떨어지는 데에 겨우 두 세대가 걸린 셈이다. 세계의 절반에서는 인구 유지에 필요한 만큼보다 더 적은 수의 아이들이 태어난다. 미국, 중국, 인도네시아 등에서 그렇다. 유럽 연합, 일본, 러시아에서는 인류 역사상 처음으로 전쟁이나 질병 따위의 재난이 아닌 다른 원인으로 인구가 줄어들고 있다. 새로운 원인이란 바로 자유의지이다. 여성의 교육 수준 상승과 부의 증가는 출산율이 눈에 띄게 낮아지게 된 원인의 일부이다. 전 세계의 신생아 수는 이제 증가하지 않는다. 낙관론을 품을 만하다. 인간은 믿기 어려울 정도로 번식과 관련된 융통성이 많은 동물이다. 인구 유지에 필요한 수준보다 훨씬 높은 출산율을 보이는 곳은 이슬람과 기독교가 강한 힘을 발휘하는 몇몇 지역들——그리고 아프리카의 대부분——뿐이다.[1]

그러나 세계 인구는 여전히 증가하고 있다. 많은 국가들에서 출생률이 사망률보다 높기 때문이다. 기대수명도 많은 곳에서 상승하는 중이다. 현재 인류는 매년 7,500만 명씩 증가하고 있다. 이는 미래에 더 많은 식량과 물과 주택이 필요해질 것임을 의미한다. 그러나 진짜 문제는 부가 인구보다 훨씬 더 빨리 증가한다는 점이다. 많은 나라들이 급속한 경제 성장과 소비 패턴의 변화를 겪고 있다. 사람들은 고기를 더 많이 먹고 유제품을 더 많이 섭취하고 에너지를 더 많이 소비하고 있다. 지금 우리는 영양이 결핍된 아동보다 비만 아동이 더 많은 세계에서 산다. 수요가 공급을 초과하는 상황에서 고통은 항상 가난한 이들의 몫이다. 이미 중국과 여러 아랍 국가들은 식량 확보를 위해서 아프리카에서 거대한 농지들을 사들이고 있다.

어떻게 하면 부유한 지역들에서 낭비되는 자원의 양을 줄임과 동시에 다른 선택의 여지가 없는 이들을 위한 식량과 물을 확보할 수 있을까? 우리는 증가하는 부를 감당할 수 있을까? 세계 인구 1인당 이용 가능한 담수의 양은 이미 1960년에 비해서 25퍼센트 수준으로 감소했다. 3명 중 1명이 물 부족에 시달린다.[2] 게다가 물의 부족은 식량의 부족을 의미한다. 곤궁한 사람들이 점점 더 심해지는 물과 식량의 부족에서 벗어나지 못한다면, 이민이 증가하고 분쟁이 잦아질 가능성이 높다. 1994년에 르완다에서 일어난 대학살의 원인은 인종적인 것이 아니라 식량 부족이었을 가능성이 아주 높다.[3] 우리는 이미 경고를 받은 셈이다.

기술은 지구의 유한한 물과 농지를 더 효율적으로 이용할 수 있게 해준다. 토머스 맬서스가 인구 재앙에 관한 유명한 예언을 한 이래로 기술은 늘 유용했으며, 새로운 기술이 등장할 가능성은 여전히 열려 있다. 그러나 과거에는 신기술의 도입이 흔히 기술에 더 많이 의존하게 되는 결과로 이어졌다. 새로운 품종과 비료와 기계와 관개시설을 사용하면서 농부들은 원자재 공급자들의 연결망에 휘말렸다. 그러한 연결망은 효율성이 증가할수록 변동성이 더 커진다. 생산성이 높은 농부는 유가 상승이나 새로운 병의 출현에 큰 영향을 받는다. 이처럼 농업의 생산성이 증가하면 식량 위기의 위험도 증가한다. 식량 생산을 늘리기 위한 노력이 큰 위험을 불러오는 것이다. 이 사실을 우리는 2007년에 처음으로 지구적인 규모에서 확인했다.

이어지는 챕터들에서 두 전문가가 등장하여 식량 생산을 늘리고 물 공급을 개선하면서도 융통성과 적응성을 유지하는 방법을 보여줄 것이다. 현재 구글 기구에서 일하는 물 전문가 프랭크 리스버맨은 농촌 마을들이 새로운 통신 기술을 이용하여 물 공급 회사들에 덜 의존하게 되는 방법을 설명한다(1.1). 가나의 식물 육종가이며 세계 식량대사인 몬티 존스는 아프리카의 다채로운 농업이 가진 잠재력을 이야기한다(1.2). 이들 전문가는 또한 융통성과 적응성에 관한 새로운 아이디어들이 기후 변화에 더 효율적으로 대비하게 해주고, 운이 좋다면 정치적 분란에도 더 효율적으로 대처하게 해줄 것임을 보여준다. 이들의 제안은 식량과 물에 대한 기본 욕구를 먼 미래에까지 충족시킬 잠재력을 가지고 있다.

제1부에서는 주로 식량과 물의 부족이 가장 두드러진 지역들이 거론될 것이다. 그러나 지구적인 식량 사정을 개선하기 위한 논의는 머나먼 곳의 농업에 관한 이야기에 국한되지 않는다. 우리가 식량을 소비하는 방식에 관한 이야기도 매우 중요하다. 많은 사람들이 매일 필요 이상의 칼로리를 섭취한다. 서양인들은 확실히 너무 많이 먹고, 너무 많이 버린다. 따라서 우리의 식생활 패턴을 바꾸는 것 역시 농업 생산물을 더 효율적으로 사용하기 위한 또 하나의 중요한 방책이다. 미국 농무부와 유엔 식량농업기구(FAO)의 추정에 따르면, 미국인들은 보유한 식량의 30−40퍼센트를 먹지 않고 버린다. 그들이 버리는 식량의 3분의 2는 과일, 채소, 우유, 곡물, 설탕이다. 유럽인들 역시 많은 식량을 버리고 있다.[4]

식량은 상점, 식당, 가정에서 낭비된다. 외식 산업은 식량이 낭비되는 주요인이다. 미국에서는 식사의 2회 중 1회는 집 밖에서, 3회 중 1회는 차 안에서 이루어진다. 조리 식품은 흔히 쉽게 변질되기 때문에 버려질 가능성이 높다. 우리가 소비하는 식량 가운데 조리 식품이 차지하는 비율은 미국 이외의 곳들에서도 꾸준히 증가하고 있다. 세계의 도시 인구는 점점 증가하는 중이며, 이는 점점 더 많은 사람들이 조리 식품에 의존하게 될 것임을 의미한다. 도시에서는 외식이 더 자주 이루어진다.

미래에는 섭취되는 칼로리를 건강한 수준으로 유지하고 버려지는 식량을 줄이는 일이 과제가 될 것이다. 식품의 보존성 향상은 세계적인 식량 공급에서 관개시설 개선이나 생산의 융통성 증가와 유사한 효과를 발휘할 수 있을 것이다. 물과 식량의 공급과 관련해서 우리가 맞닥뜨린 문제들은 대개 인구 과잉이 아니라 그릇된 생활 습관에서 비롯된다.

1.1
생명을 위한 물

안전한 물 공급원을 확보하지 못한 인구는 10억 이상이다. 또 세계 인구의 3분의 1은 기본 위생시설 없이 살아간다. 그 결과, 20억 이상의 인구가 병에 감염되어서 설사 등의 증상에 시달리고 매년 수천만 명이 사망한다.[1] 이 상황을 개선하는 것은 거대한 과제이다. 위생을 예로 들어보자. 우리가 앞으로 20년 동안 노력하면 모든 사람에게 기본 위생시설을 제공할 수 있을까? 그러려면 매일 50만 명이 추가로 혜택을 받을 수 있을 만큼 신속하게 하수시설을 확장해야 한다. 우리는 화장실과 하수관을 설치하는 방법을 알지만, 이처럼 거대한 규모의 사업은 우리의 능력을 훨씬 넘어선다. 이 정도의 사업을 위해서는 새로운 기술뿐만 아니라 엄청난 자금과 정치적 의지도 필요하다. 모든 사람에게 깨끗한 물을 공급하는 과제도 이와 유사하게 거대하다.

문제는 절대적인 식수의 부족 때문에 생기는 것이 아니다. 설령 인구가 계속 증가하더라도, 지구에는 모든 사람이 마실 수 있을 만큼의 식수가 충분히 있다. 유엔에 따르면, 한 사람이 건강하게 살기 위해서는 매일 식수 20리터가 필요하다. 그런데 전 세계의 강수량은 매년 10만 세제곱킬로미터이고, 이를 환산하면 1인당 하루에 4만 리터에 달한다. 이 엄청난 양의 극히 작은 일부만 이용하더라도, 식수는 남아돌 만큼 풍부한 셈이다. 심지어 지구에서 가장 건조한 지역들에도 모든 사람에게 필요한 만큼의 식수가 있다. 문제는 물의 질이다. 사람들은 물을 마시지 못해서 죽는 것이 아니라 안전하지 않은 물을 마셔서 죽는다.

농업용수 사용은 또다른 문제이다. 인류가 사용하는 담수의 약 70퍼센트가 농업에 쓰인다. 농업이 얼마나 많은 물을 필요로 하는지를 아는 사람은 드물다. 예를 들면, 밀가루 1킬로그램을 만들 밀을 경작하려면 물 1,000리터가 필요하다. 다른 농산물들은 더욱더 많은 물을 필요로 한다. 커피 1킬로그램은 물 2만 리터, 우유 1리터는 물 3,000리터——주로 젖소가 마시고 사료용 풀을 키우는 데에 필요하다——를 필요로 한다. 곡물을 먹여서 키운 쇠고기 1킬로그램을 생산하려면 물이 무려 3만5,000리터나 든다. 현재 서양인의 식생활을 기준으로 보면, 우리는 매일 약 6,000리터의 농업용수를 소비하며, 그중 상당량은 동물용 사료를 재배하는 데에 들어간다. 일반적인 인도인이 필요로 하는 물은 하루 3,000리터에 불과한데, 그 주된 이유는 인도인 중에는 채식주의자가 많기 때문이다.

그러나 지구의 강수량은 어마어마하므로, 이처럼 많은 담수 소비도 원리적으로는 지속 가능해야 마땅하다. 문제는 강수량의 지역적 분포가 고르지 않다는 점이다. 대륙에 내리는 비의 4분의 1이 캐나다에 내린다. 반면에 1년 동안 비가 오지 않는 지역도 있다. 게다가 연간 강수량이 충분한 때에도, 그 강수량의 대부분은 몇 주일 동안의 우기에 집중되고 즉시 흘러가버린다. 그러므로 농업용수와 관련해서는 지역적인 부족이 문제일 때가 더 많다. 요컨대 물과 관련된 과제는 두 가지이다. 농업용수와 관련해서는 부족한 자원을 저장하고 분배하는 것이 과제인 반면, 식수와 관련해서는 저렴한 비용으로 위생적인 식수원을 확보하는 것이 과제이다.

부족

농업용수의 부족은 이미 감지되고 있다. 유엔에 따르면, 1950년에 심각한 물 부족을 겪은 국가는 바레인과 몰타를 비롯한 작은 나라 몇 곳뿐이었다. 오늘날에는 케냐와 알제리를 비롯한 주요 20개국이 심각한 물 부족에

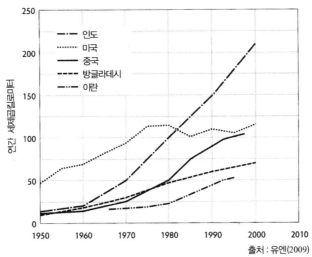

지하수 소비의 신속한 증가

출처 : 유엔(2009)

일부 국가의 지하수위는 매년 10미터나 낮아지고 있다. 우리는 성능이 더 좋은 펌프들을 설치하는 대신에 물 낭비를 줄이기 위해서 노력해야 한다. 개량된 기술을 이용한 관개 작업의 효율은 이미 90퍼센트를 넘었는데도, 관개 작업의 전 세계 평균 효율은 30퍼센트에 불과하다. 출처 : 변화하는 세계의 물. 「유엔 세계 물 개발 보고서 3호 (*United Nations World Water Development Report 3*)」. 유엔 세계 물 평가 프로그램 (WWAP), 2009.

시달린다. 우리가 확보할 수 있는 물 자원이 한계에 도달한다면, 농업 생산을 더 늘리기는 어려워질 것이다. 또한 물 부족은 심각한 환경 악화를 의미한다. 이 사실을 인도에서 분명하게 확인할 수 있다. 인도 사람들은 엄청난 양의 지하수를 사용해왔다. 정부 보조금 덕분에 싸게 공급되거나 불법으로 빼돌린 전력이 지하수 채굴을 부추겼다. 매년 100만 개의 펌프가 새로 설치되고 비슷한 수의 농부들이 새 우물을 파서 지하수를 주당 1-2회 농지에 뿌린다. 현재 인도 농지의 3분의 2는 지하수를 끌어다 쓴다. 덕분에 인도의 농업 생산은 인구증가에 뒤처지지 않았고, 맬서스가 예언한 파국은 발생하지 않았다. 물 전문가들은 지하수를 재생자원으로 보는 경향이 있다. 그러나 지금 지하수는 보충되는 속도보다 더 빠르게 채굴되고 있다. 인도는 지하수를 강수에 의해서 보충되는 속도보다 두 배나 더 빠르게 채굴하여 최악의 상황에 빠르게 접근하는 중이다. 여러 곳에서 지하수위(地下水位)가 매년 10미터씩 낮아지고 있다. 따라서 수백 미터를 파내려가야 지하수가 나오는 경우가 많고, 많은 우물들이 말라가고 있다. 한 세대 안에 모든 우물이 마를 것이다. 다른 나라들에서도 지하수가 고갈되는 중이다. 페루, 멕시코, 심지어 미국에서도 이미 문제들이 나타나고 있다.

강물도 말라간다. 전 세계의 여러 주요 강들이 이제 더는 바다에 도달하지 못한다. 예를 들면, 스페인의 에브로 강은 삼각주에서 벼농사가 활발하기로 유명한데, 상류지역의 농부들이 너무 많은 물을 관개용으로 사용하는 바람에 지금은 삼각주의 염도가 높아지고 있다. 오스트레일리아의 머리 강은 목화와 벼를 재배하는 농부들의 지나친 물 사용으로 말라버렸고, 이 때문에 애들레이드 시는 물 확보에 비상이 걸렸다. 세계에서 가장 큰 강들 가운데 콜로라도 주의 옐로 강을 비롯한 몇몇 강은 이제 바다까지 흐르지 못한다. 다른 강들도 수량(水量)이 줄어드는 중이다.[2]

관개 작업 개선

물 부족은 관개를 통한 농작물 재배가 증가함에 따라서 점점 더 심해질 것이다. 그러므로 농업 생산량을 늘리기 위한 모든 기술에서 물 부족은 핵심적으로 고려해야 할 사안으로 남을 것이다. 전 세계 농지의 6분의 1에서 관개 농업이 이루어지며, 그 농지들이 전체 식량의 40퍼센트를 공급한다.[3] 그러므로 농업 생산성을 더 향상시키려면 물 소비의 증가가 불가피하다. 구글의 자선 단체이며 캘리포니아 주 마운틴 뷰에 본부를 둔 구글 기구의 프로그램 책임자 프랭크 리스버맨은 말한다. "우리의 기술로 관개 작업의 효율성을 훨씬 더 향상시킬 수 있습니다." 국제 물 관리 연구소 ──스리랑카에 위치한 선도적인 연구 기관이다 ──의 총책임자를 지낸 리스버맨은 오래 전부터 물 문제를 다루어왔다. 우리는 대서양을 건너서 수만 킬로미터 떨어진 곳에 있는 리스버맨과 화상 전화를 했다. 그럼에도 마치 한 소파에 앉아서 벽에 붙은 메모지들을 보며 대화하는 느낌이었다.

"물 관리 전문가들은 물 공급에 초점을 맞추는 경향이 있습니다. 수요가 증가하면 그들은 새로운 수자원을 확보하려고 애를 쓰죠. 그러나 물을 새로 창조하는 것은 불가능합니다. 물은 순환해요. 우리는 순환하는 물의 일부를 끌어다가 인간의 필요에 맞게 쓸 수 있을 뿐입니다. 그러므로 수요에도 초점을 맞추어야 합니다." 물 사용의 효율성을 높이면 수요를 줄일 수 있다. 예를 들면, 관개 작업의 전 세계 평균 효율은 약 30퍼센트이다. 반면에 이스라엘에서의 효율은 최고 90퍼센트에 달한다. 단순히 물을 농지에 퍼붓는 방법으로는 대부분의 물이 증발하거나 토양에서 유출되는 것을 막을 수 없으나, 그 방법보다 훨씬 더 효율적인 방법들이 존재한다. 스프링클러(sprinkler)는 단순히 물을 끼얹는 것보다 두 배는 더 효율적이고, 방울 물주기(drip irrigation)는 더욱더 효율적이다. 또한 개수로에서는 많은 물이 증발하여 나머지 물의 흐름이 토사에 의해서 막히는 일이 자주 발생하는데, 이 문제를 수로 정비를 통해서 개선할 여지도 있다.

중요한 과제는 관개 기술의 비용을 충분히 낮춰서 가난한 지역들에서도 사용할 수 있게 만드는 것이다. 인도에서는 간단한 방울 물주기 기술이 개발되었다. 마디아프라데시 주와 마하라슈트라 주의 목화밭들에 처음 적용된 그 기술은 이른바 펩시 장치(Pepsee kit)를 이용한다. 펩시 장치는 토양 속에 묻힌, 미세한 구멍들이 뚫린 호스인데, 그 호스를 통해서 물이──필요에 따라서 비료도──공급된다. 펩시 장치는 단순하지만 생산량을 두 배로 늘리고 물 사용을 반으로 줄인다. 프랭크 리스버맨은 말한다. "이런 유형의 기술들을 이용한다면, 물 소비를 줄일 여지는 아직 충분합니다. 에너지 절약과 마찬가지이죠. 우리는 물 소비를 줄이자고 사람들을 설득해야 합니다. 정보 교환은 필수적입니다." 실제로 더 효율적인 물 관리를 위해서는 지역사회의 지원이 필요하다. 인도에서는 전통적으로 관개시설의 관리를 중심으로 농촌 공동체들이 형성되었다. 그러나 오늘날에는 그런 공동체들의 다수가 제 기능을 잃었고, 따라서 관개 작업도 퇴보했다. 인도에서는 지역사회들이 앞장서서 우기에 내린 빗물을 모아서 저장하기 시작했다. 사용되지 않은 빗물이 유출되는 것을 막기 위해서 마을 사람들이 수로와 저수지를 건설하고 있다. 과거의 물 저장시설들이 복구되면, 더 안정적인 물 공급이 이루어질 것이다.

프랭크 리스버맨은 말한다. "그러나 개선의 여지는 이것보다 더 큽니다. 관개 농지는 대개 끊임없이 물을 공급받죠. 관개시설을 마련하고 나면, 우리는 마치 이제부터는 비가 전혀 내리지 않을 것처럼 행동합니다. 물론 그렇게 하는 것이 가장 쉬운 행동이죠. 물 공급 밸브를 한번 열어놓기만 하면 되니까요. 저도 대학에서 관개 기술을 공부할 때 그렇게 하라고 배웠습니다. 비는 물 공급원으로서 신뢰할 수 없기 때문에 비에 의존하는 것은 어리석은 행동으로 생각되었죠. 하지만 모든 빗물의 60퍼센트는 식물에 의해서 쓰일 수 있음에도 불구하고 식물에 흡수되지 않고 곧장 토양으로 들어갑니다. 그 빗물을 무시하는 것은 어리석은 행동이죠. 때를 가려서 하기만 한다면, 관개 작업을 조금만 해도 충분한 곳들이 많습니다. 그러나 우리는 그런 가변적인 관개시설을 충분히 정확하게 통제하는 방법을 모릅니다. 이 방면의 연구는 거의 이루어지지 않았죠. 세밀한 통제를 위해서는 세밀한 강수 데이터와 날씨예보가 필요합니다. 현재 많은 지역들의 날씨 데이터는 빈약하기로 악명이 높아요. 예를 들면, 에티오피아에는 기상관측소가 1,600곳 있는데, 그중 16곳만이 측정 자료를 인터넷을 통해서 공개합니다. 나머지 대부분의 관측소들은 문서를 통해서 공개하는데, 거기에 걸리는 시간이 대개 2개월입니다. 2개월이면 농지의 식물들이 말라 죽기에 충분하죠."

이 문제들에 대처하기 위해서 구글 기구는 유엔 해비타트(UN Habitat)를 비롯한 여러 파트너들과 함께, 날씨, 물, 위생에 관한 상세 정보를 수집하기 위해서 애쓰고 있다. 리스버맨은 설명한다. "외딴 마을의 주민들로 하여금 편지나 이메일로 데이터를 보내도록 하는 것을 생각해보세요. 그러면 공식적인 정부 기관들 바깥에서 또다른 정보 교환이 이루어질 것입니다. 현재의 목표는 세밀한 통계를 얻는 것이죠. 그러나 이 개념은 확장될 수 있어요. 예를 들면, 농부들은 날씨 정보를 보내고 그 대가로 조언을 얻을 수 있습니다. 수집된 정보는 세밀한 관개 작업 통제에 쓰일 수 있죠. 또 사람들에게 질병의 사례들에 대한 보고를 요청할 수도 있습니다. '당신 근처의 돌발사태들(outbreaks near you)'이라는 휴대전화 애플리케이션이 있는데, 이 애플리케이션을 이용하면 거대한 질병 감시 시스템에 참여하여 전염병을 초기에 억제하는 데에 기여할 수 있어요. 이것은 전염병 등의 문제들을 다루는 전혀 새로운 방식이죠." 통신망의 역할과 중요성이 점점 더 커지고 있다는 것을 보여주는 사례들을 더 언급할 필요는 없을 것이다. 이 사례를 비롯한 많은 사례들에서 통신망이 가져온 효과는 사용자들도 연결망을 이루어서 지식과 의욕을 공유하게 되는 것이다.

기대를 품게 만드는 또다른 아이디어는 관개 작업을 하수 처리와 연결하는 것이다. 리스버맨은 말한다. "하수에는 값진 거름과 기타 성장물질들이 들어 있습니다. 만일 관개용수로 상수와 하수 중 하나를 선택해야 한다면, 많은 농부들이 하수를 선택할 것입니다. 또 관개시설은 자주 문제를 일으키는 반면, 하수는 항상 이용이 가능합니다. 농부들은 심지어 돈을 내고 하수를 구입할 의향도 있죠. 아무도 사지 않을 하수를 농부들에게 팔 수 있다면, 큰 문제가 해결되는 셈입니다. 따라서 농부들에게 하수를 맡기는 것은 좋은 아이디어라고 할 수 있죠. 물론 농부들은 하수를 사용할 때 조심해야 합니다. 그러나 대개 장화를 신는 것만으로도 감염을 예방할 수 있습니다. 당연히 농산물도 안전해야겠죠. 문제는 이 모든 것을 실현하려면 평소에 서로 접촉할 일이 없는 다양한 사람들이 협력해야 한다는 점입니다."

연결된 과제들

방금 살펴본 예에서 분명하게 알 수 있듯이, 식수 공급, 하수 처리, 농업용수 공급은 서로 밀접하게 연결된 과제들이다. 하수 문제의 해결은 흔히 안전한 물을 공급하는 데도 도움이 되며, 너무 많은 물을 농업에 쓰면 도시에 식수를 공급하기가 어려워질 수 있다. 이런 이유 때문에, 작은 규모에서 물 공급 방식——말하자면 연결망의 모세혈관들——을 개선할 필요가 있다. 이웃이나 농장의 규모에서는 다양한 물의 흐름들이 여전히 명백하게 서로 연결되어 있다.

프랭크 리스버맨은 말한다. "전통적으로 물 정화는 정부의 임무이며 대형 공장들에서만 수행할 수 있는 과제라고 인식되었습니다. 그러나 이제 변화가 일어나고 있죠. 정수 기술에서 대단한 혁신들이 이루어진 덕분에 우리는 작은 규모에서 작동할 수 있는 막들을 보유하게 되었고, 새로운 유형의 정수 장치들이 생겨났습니다. 그 장치들은 물을 걸러주고, 많은 경우에 자외선을 이용해서 병균을 죽이죠. 이런 정수 장치들 중에는 정말 작은 것들도 있어서 인터넷에서 2,000-3,000달러에 주문할 수 있습니다. 그것들은 이제껏 깨끗한 물이 없던 곳들에 등장하기 시작했죠. 소형 정수 장치를 둘러싼 새로운 산업이 이미 성장하는 중입니다. 필리핀과 인도네시아 도시의 빈민구역에서 소규모 상점 수천 곳이 정수된 물을 판매하기 시작했죠. 이것은 물 부족이 심각한 곳에 대형 급수차들을 보내는 것보다 훨씬 더 나은 방법입니다. 급수차에서 얻은 물은 흔히 안심하고 마실 수 없어요. 소규모 장치들은 이 문제를 해결합니다. 막 기술(membrane technology)은 빠르게 발전하는 중이기 때문에, 막의 가격은 더 떨어질 것입니다. 또한 저는 나노 기술에 힘입어서 더욱 저렴하고 성능이 좋은 정수 장치들이 나올 것이라고 기대합니다. 예를 들면, 부유하는 나노 입자들은 특정 오염 물질을 선택적으로 제거할 수 있죠. 나노 기술은 필터들의 에너지 효율을 대폭 높일 수도 있을 것입니다." 이 지적은 산업의 다른 분야들에서 목격되는 발전 패턴을 연상시킨다. 예를 들면, 화학공장들은 분산된 소규모 생산 단위들로 진화하는 중이다(2.5 참조).

"정수 장치들은 현재 호텔들과 싱가포르를 비롯한 도시들에서 일상적으로 쓰이는 담수화 기술을 더욱 발전시킨 산물입니다. 그 장치들도 담수화 시설에 쓰이는 것과 유사한 역삼투막을 이용하죠. 담수화 기술은 농업에 쓰기에는 여전히 너무 비싸지만 가격이 낮아지고 매우 효율적인 관개 기술과 결합된다면 농업에서도 효과적으로 이용될 가능성이 있습니다. 만일 그렇게 된다면, 농업이 비나 강물이나 지하수에 의존하지 않게 될 것이기 때문에 농업의 핵심 문제 하나가 해결될 것입니다." 담수 순환의 외부에서 물을 끌어올 수 있다면, 기존의 물 공급원들보다 훨씬 더 안정적인 공급원을 확보할 수 있을 것이다.

새로운 작물들도 농업용수 절감에 기여할 수 있다. 다음 챕터에서 우리는 재배하는 데에 물이 덜 필요하고 가뭄에는 더 강한 새로운 벼 품종을 육종하는 방법을 살펴볼 것이다. 프랭크 리스버맨은 육종 분야에서 더 많은 발전들이 일어나리라고 확신한다. "새로운 품종들과 재배법들은 쌀 1킬로그램당 농업용수 요구량을 현재의 2,000리터에서 500리터로 낮출 수 있을 것입니다. 전통적으로 식물 육종 기술로 농업용수 소비를 최적화하는 것은 너무 어려운 일이었죠. 전통적인 육종가들은 단 하나의 특징—이를테면 특정 질병에 대한 내성—만을 최적화할 수 있었습니다. 그러나 가뭄에 대한 저항력은 수많은 특징들과 관련이 있어서, 그 저항력을 최적화하려면 그 특징들을 한꺼번에 최적화해야 하죠. 최근의 생명공학은 필요한 특징들을 더 정확히 알아내는 수단들을 제공하고 있습니다. 따라서 오늘날 우리는 벼의 게놈 전체를 알기 때문에, 이제는 여러 특징들을 최적화하는 복잡한 작업을 실행할 수 있어요."

이처럼 수계(水界)에 미치는 부담을 줄이기 위해서 다양한 기술들을 쓸 수 있다. 기후 변화로 인해서 수계의 부담이 증가할 가능성이 높기 때문에, 그 기술들은 더욱 시급하게 필요하다. 리스버맨은 말한다. "기후 변화의 문제는 한마디로 물의 문제입니다. 날씨가 더 더워지는 것이 문제가 아니라 기후 변화로 인해서 더 극단적인 가뭄과 홍수 등이 일어나리라는 것이 문제이기 때문이죠. 날씨는 훨씬 더 변덕스러워질 것입니다. 다행스러운 것은, 제가 방금 언급한 기술들로 이 문제들을 극복할 수 있기 때문에 새로운 대책들을 개발할 필요는 없다는 것이죠. 날씨에 대한 세밀한 지식은 앞으로 훨씬 더 중요해질 것입니다." 그는 이렇게 덧붙인다. "우리는 변화들을 지속적으로 파악하기 위해서 휴대전화로 무장한 수많은 사람들과 인터넷을 더 잘 이용해야 할 것입니다. 그것은 개량된 관개 기술을 비롯한 농업 기술들을 도입하고 수확량에 관한 판단을 더 정확하게 하는 데에 도움이 될 것입니다."

리스버맨은 물 공급의 불안정성을 극복하는 한 가지 방법은 물 저장량을 늘리는 것이라고 지적한다. "여기 미국에 있는 댐들이 저장할 수 있는 물의 총량은 인구 1인당 5,000세제곱미터에 달합니다. 반면에 에티오피아의 물 저장량은 인구 1인당 50세제곱미터 미만이죠. 그 정도로는 현재도 지속적인 물 공급을 보장할 수 없습니다. 댐 건설 없이 아프리카의 물 공급 문제를 해결할 수 있을 가능성은 희박하죠." 댐 건설에 대한 찬반양론은 2.3에서 에너지 공급의 맥락에서 검토할 것이다. 그때 살펴보겠지만, 댐이 항상 환경 전체에 득이 되는 것은 아니다. 그럼에도 불구하고 리스버맨은 댐 건설이 환경을 위한 선택이며, 특히 아프리카에서는 여전히 타당하다고 생각한다.

우리의 토론에서 그가 대규모의 해법을 제안한 대목은 여기가 유일하다. 적정 기술(appropriate technology) 운동의 세대인 그는 사람들의 실제 욕구와 밀접하게 관련되고 정부의 개입을 필요로 하지 않는 소규모 상향식 접근법의 효과를 굳게 믿는다. "그러나 소규모 댐 프로젝트는 기술 부족과 관리 부실 때문에 흔히 좌초합니다. 그후에 남은 얕은 저수지는 전염병의 원천이 될 수 있죠. 댐 관리는 쉬운 일이 아니며 규모가 큰 편이 유리합니다. 다른 한편, 큰 댐들은 부패와 남용을 조장할 위험이 있죠.

이에 대처하는 좋은 관리 방식은 예산 공개, 계약과 가격 결정 과정의 투명성, 물 사용자들의 적극적인 참여입니다."[4]

물 관리와 관련된 다른 많은 분야들에서는 탈중심화된 기술이 가난한 마을들에 깨끗한 물과 하수시설을 제공하는 데에 기여할 것이다. 정부는 댐과 같은 대규모 프로그램에 투자하겠지만, 영리한 소비와 소규모 기술을 통해서 얻을 수 있는 것도 많다. 우리에게는 리스버맨이 언급한, 인터넷을 통해서 기성품처럼 거래되어서 외딴 지역과 빈민가에 공급될 수 있는 정수 장치 등의 저비용 기술들이 필요하다. 그런 장치들은 미래에 강들이 마르고 염도가 높아지고 오염되는 것을 막을 것이다. 또한 지하수위를 다시 상승시키고 물 배분을 둘러싼 분쟁을 줄일 것이다. 그리고 무엇보다도 중요한 것은, 그런 저렴한 장치들이 현재 깨끗한 물을 충분히 얻지 못하는 전 세계의 가난한 수억 명의 사람들에게 더 건강한 삶의 전망을 열어주리라는 점이다.

1.2
모두를 위한 식량

우리는 전 세계를 먹여 살릴 수 있을까? 비록 증가 속도는 낮아지고 있지만, 세계 인구는 여전히 폭발적으로 증가하여 1960년대 초 이후에 두 배로 늘어났다. 다행스럽게도 식량은 더 빠르게 증가했다. 엄청난 인구 증가에도 불구하고 2010년의 일반적인 사람은 1960년보다 25퍼센트나 더 많은 식량을 소유했다. 이것은 물론 평균에 불과하지만, 영양 결핍을 겪는 인구도 줄어들었다. 농지의 확장과 고밀도 농업이 우리의 처지를 개선했다. 그러나 물 저장, 탄소 격리, 생물다양성 보존 등의 필수 환경 편익을 심각하게 해치지 않으면서 농지로 바꿀 수 있는 땅은 이제 얼마 남지 않았다. 얼음에 덮이지 않은 지면의 4분 1이 이미 농업에 쓰이고 있다. 그렇다면 우리는 어떻게 식량 생산을 늘려서 증가하는 인구를 먹여 살리고, 여전히 영양이 부족한——주로 아프리카에 사는——수백만 명의 식생활을 개선할 수 있을까?[1]

비관론자들은 파국적인 식량 부족을 자주 예언한다. 기아에 대한 그들의 걱정은 영국인 토머스 맬서스의 생각에서 유래했다고 할 수 있다. 맬서스는 18세기 말에 직접 목격한 인구 폭발을 몹시 근심했다. 당시에 전형적인 부부는 자식 4명과 손자 16명을 두었다. 인구가 기하급수적으로 성장하는 중이었던 것이다. 맬서스는 증가하는 인구 모두를 먹여 살릴 만큼 빠르게 농지가 확장될 수 있다고 믿지 않았으므로, 그에 대해서 걱정하면서 식량 부족을 예언했다. 농지 면적——따라서 식량 생산——에 대해

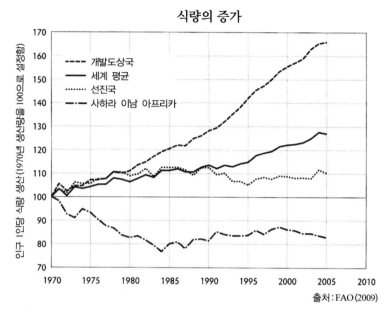

식량의 증가

인구 1인당 식량 생산(1970년 생산량을 100으로 설정함)

- 개발도상국
- 세계 평균
- 선진국
- 사하라 이남 아프리카

출처 : FAO (2009)

세계 인구는 계속 빠르게 증가한다. 다행스럽게도 식량 공급은 세계의 대부분에서 더욱 빠르게 증가해왔다. 생산되는 식량 전체는 우리 모두가 먹고도 남을 만큼 많다. 식량 부족의 원인은 정치, 소통, 지식의 전수와 관련된 문제들에 있다. 이 문제들은 지금 아주 밀접하게 연결되어 있어서, 식량 공급과 관련된 모든 혼란이 국지적인 사안으로 머물지 않고 전 세계에 충격을 주는 경향이 있다. 출처 : 식량 농업 현황, 유엔 식량농업기구(FAO). 여러 해의 보고 자료들을 종합하여 만든 그래프이다.

서 바랄 수 있는 최선은 선형 성장이었다. 그러므로 어떤 식으로든 재앙이 닥칠 수밖에 없을 것이었고, 맬서스는 인류가 전쟁이나 페스트를 비롯한 전염병으로 집단적인 죽음을 맞으리라고 확신했다. 더 나아가서 대규모 아사(餓死)가 일어나서 인구와 식량 공급 사이의 균형이 회복될 것이라고 생각했다. 그러나 맬서스가 예언한 파국은 결코 발생하지 않았다.

식량 생산의 증가는 부분적으로만 농지 확장의 결과이다. 농지는 아주 조금 늘어났다. 농지 확장만으로는 증가하는 인구를 먹여 살리기에 결코 충분하지 않았을 것이다. 만약 농지 확장이 식량 생산 증가의 유일한 길이었다면, 맬서스의 예언이 옳았을 것이다. 그러나 다행히도 개량된 농업 기술은 기존의 농지에서 훨씬 더 많은 식량을 얻을 수 있게 해주었다.

질소 첨가

합성비료의 개발은 중요한 진보였다. 합성비료는 농지에 질소, 인, 칼륨을 추가로 공급한다. 이 추가 공급은 전 세계에서 엄청난 규모로 이루어진다. 현재 인류가 비료 생산을 위해서 공기에서 추출하는 질소의 양은 자연이 추출하는 양보다 더 많다. 우리는 사실상 지구의 질소 순환에 대한 통제권을 확보했다. 지구 역사에서 최초로 기본 원소의 자연적 순환에서 인간이 지배적인 요인이 된 것이다. 인류는 1980년 이래로 자연보다 더 빨리 질소를 포획해왔다.

질소비료 생산을 위해서 우리가 사용하는 공정은 20세기 초에 처음 발견된 이후, 근본적인 변화를 겪지 않았다. 우리는 여전히 150-250기압의 압력과 섭씨 300-550도의 온도에서 상당히 많은 에너지를 써가며 비료를 생산한다. 현재 비료 생산에 쓰이는 에너지는 전 세계 에너지 소비의 약 2퍼센트를 차지한다. 반면에 질소고정 효소(nitrogenase)는 똑같은 결과를 실온에서 산출할 수 있다. 여러 박테리아들은 이 효소를 이용해서 토양 속의 질소를 고정한다. 토양 속에 자연적으로 존재하는 질소의 대부분은 박테리아들인 리조비움(Rhizobium)과 브래디리조비움(Bradyrhizobium)에서 유래한다. 만일 우리가 이 박테리아들을 모방하여 더 평범한 조건에서 비료를 생산하는 법을 터득한다면, 그것은 어마어마한 진보일 것이다.

다른 여러 기술들도 합성비료에 못지않게 맬서스가 예언한 파국을 막는 데에 기여했다. 관개 기술은 많은 지역에서 농업 생산을 두 배나 세 배로 증가시켰고, 농기계는 더 많은 지역에서 농업 생산을 두 배로 증가시켰다. 살충제와 개량된 품종들도 생산을 급증시켰고, 이런 추세를 유전자 조작(genetically modified, GM) 품종들이 이어갈 가능성이 있다. 그러나 이 기술들은 전 지역은 아니더라도 많은 지역에서 한계에 도달했다. 관개농업은 물 부족에 직면했고, 산업이나 가계들과 점점 더 심하게 경쟁한다. 살충제도 한계에 봉착했다.

잇따른 농업혁명들의 속도 변화도 눈여겨볼 필요가 있다. 관개 농업은 인간이 최초로 정착과 농작물 재배를 선택한 때와 거의 동시에 시작되었다. 그러나 1950년대까지만 해도 전체 농지에서 고작 3퍼센트를 차지했던 관개 농지가 현재는 20퍼센트를 차지한다. 트랙터와 콤바인을 비롯한 농기계들은 천천히 등장하여 상응하는 노동의 증가 없이 생산성 증가가 이루어질 수 있게 해주었다. 그러나 오늘날의 유럽 연합에도 여전히 기계 없이 경작되는 농지가 존재한다. 합성비료는 독일에서 최초의 질소비료 공장이 설립된 1913년부터 이용이 가능했으나, 합성비료의 사용은 1950년대까지 별로 늘어나지 않았다. 그러나 혁신의 속도는 최근 들어서 빨라지는 중이다. 새로운 품종들은 지난 세기의 후반기에 체계적으로 도입되었고, 유전자 조작을 비롯한 생명과학의 적용은 1980년대에 이르러서야 가능해졌다.

혁신의 주기

새로운 혁명은 앞선 혁명보다 더 신속하게 일어난다. 그렇게 되는 중요한 이유 하나는 새 혁명이 옛 혁명을 발판으로 삼기 때문이다. 농기계 덕분에 가능해진 영농 규모의 증가는 새로운 살충제의 필요성을 창출했고, 개량된 품종들은 흔히 아주 많은 물과 영양분을 요구하기 때문에 비료와 관개 기술 없이는 경작할 수 없다. 혁명이 거듭되면, 농업 관련 조직들의 복잡성과 상호의존성도 증가한다. 한 예로 관개 기술의 발전을 들 수 있다. 고대 나일 강 유역, 유프라테스 강과 티그리스 강 유역에서 물 관리를 위해서 필요했던 고도의 조직화는 최초의 국가 발생에 기여했다. 이와 유사하게 합성비료의 도입은 지구적인 규모의 협력을 요구한다. 예를 들면, 아프리카는 비료 생산량보다 수입량이 더 많다. 새로운 품종들의 사용과 관련된 국제 연결망은 더 탄탄하다. 소규모로는 생산할 수 없는 잡종 씨앗들은 흔히 복잡한 생산 계약을 통해서 거래될 수밖에 없다. 유전자 조작 농작물과 관련된 연결망은 더욱더 탄탄하다.

이처럼 새로운 기술은 지구적인 상호의존을 심화하고, 농업과학의 발전은 전 세계의 식량 연결망이 점점 더 치밀해지도록 만들어왔다. 그 결과로 형성된 연결들은 지구적인 식량 공급이 핵심 자원들의 가격과 공급의 변동에 점점 더 민감하게 반응하도록 만들었다. 2007년에 에너지 가격이 급등했을 때, 비료와 운송에 드는 비용의 급등으로 식량 생산비용이 상승했다. 이와 유사하게, 농부들은 복잡한 연결들 때문에 수요 증가가 감지되어도 곧바로 식량 생산을 늘릴 수 없다. 식량 생산을 늘리려면, 경작 기간이 필요할 뿐만 아니라 복잡한 자원 공급체계의 변화도 필요하다. 이는 식량 생산을 둘러싼 연결망이 일시적인 변동을 흡수할 여력이 거의 없다는 것을 의미한다. 특히 비축 식량이 부족할 때, 식량 연결망은 융통성이 낮다. 실제로 2007년에 전 세계의 식량 가격은 급등했다. 연결망에 통합된 정도가 크면 클수록, 일시적인 변동에 더 많이 휘둘리게 된다. 자기 가족을 위해서만 벼와 채소를 재배하는 아프리카 농부들은 전 세계 식량 가격의 요동으로부터 어느 정도 보호를 받았을 것이다. 그러나 대규모 영농인들은 그렇지 않았다. 식량 증산과 관련해서는 이런 상호의존성을 염두에 두는 것이 중요하다. 우리는 지구의 식량 생산이 점점 더 복잡한 기술을 쓰면서 점점 더 치밀하게 통합되는 추세를 이어가야 할까?

또한 새로운 기술은 생산 규모의 확대에 우호적인 경향이 있다. 이 때문에 농업의 규모는 지난 세기 내내 꾸준히 확대되었다. 더 저렴하고 효율적인 농산물 가공을 위해서 대규모 처리시설들이 발전했고, 농업 생산의 규모도 확대되어야 한다는 주장이 제기되었다. 그러나 규모의 증가는 농업의 적응성을 약화시키고 소규모 영농에서 가능한 세심한 관심과 배려를 베풀기 어렵게 만든다. 하나의 밭에서 다양한 작물을 함께 경작하는 아프리카의 전통은 예상치 못한 위기에 식량이 안정적으로 공급되도록 해준다. 그러나 단일작물 재배를 선호하는 대규모 영농에서는 그것이 불가능하다. 만일 모든 사람이 커피를 경작한다면, 빈곤을 벗어나기 위해서 갑자기 작물을 해바라기로 교체하는 것은 불가능하다. 해바라기 씨앗 100킬로그램을 처리하자고 지역에서 공장을 가동할 수는 없을 테니까 말이다. 일단 시스템에 얽매인 농부는 운신의 폭이 극도로 제한된다. 작물 변경에 한 세대가 걸리는 경우도 종종 있다.

게다가 규모 확대의 효과가 통계적으로 항상 입증되는 것은 아니다. 식품 생산기업 유니레버가 얻은 데이터는 소규모 공장들이 어느 모로 보나 대규모 공장 못지않게 효율적일 수 있다는 것을 시사한다. 유니레버는 규모와 비용 사이의 연관성을 발견할 수 없었다. 많은 경우에 이론적으로는 규모를 늘림으로써 생산의 효율을 높이는 것이 가능하다. 그러나 대규모 시설에서는 공정을 최적화하기가 매우 어렵다. 작은 공장은 더 신속하게 적응할 수 있고 부산물도 더 쉽게 제거할 수 있다.

아프리카의 풍요

이런 문제의식들을 가지고 우리는 시에라리온 출신의 농업과학자 몬티 존스와 토론했다. 현재 아프리카 농업연구 포럼(FARA)의 소장인 그는 주로 가나에서 활동한다. 「타임(Time)」은 2007년에 그를 세계에서 가장 영향력 있는 100인 중의 한 명으로 꼽았다. 아프리카를 기아에서 해방시키기 위한 그의 노력을 높이 평가했기 때문이다.

몬티 존스는 말한다. "아프리카는 나머지 세계를 먹여 살릴 잠재력을 가지고 있습니다. 아니, 아프리카는 세계를 먹여 살려야 합니다." 우리는 런던의 한 호텔 정원에서 점심을 먹으면서 그와 대화했다. 그는 영국 국회의원들과 세계의 식량 사정에 대해서 토론하기 위해서 그 호텔에 머물고 있었다. 그는 자기 앞에 놓인 카레 요리를 먹어보더니 말했다. "바스마티 쌀이네요. 아마 인도산일 겁니다. 포실포실하죠. 아프리카 사람들도 찰진 쌀을 더 좋아합니다." 식물 육종가인 존스는 쌀에 관해서 모르는 것이 없다. 그는 전 세계에서 주로 재배되는 벼 품종 두 가지를 서로 교배했다. 아시아의 벼 오리자 사티바(*Oryza sativa*)는 알곡을 산출할 수 있는 곁가지가 많아서 생산량이 많다. 아프리카의 벼 품종인 오리자 글라베리마(*Oryza glaberrima*)는 곁가지가 없어서 생산량이 훨씬 적은 반면, 3,500년 넘게 경작되어오면서 방어 메커니즘들을 발전시켰기 때문에 아프리카 농업의 주요 걸림돌인 가뭄과 병과 해충에 강하다.

이 두 품종의 잡종을 만들기 위해서 존스는 지루한 교배와 시험 재배와 역교배의 과정을 거쳤다. 존스는 설명한다. "종간 교잡의 산물은 대부분 번식력이 없어요. 많은 사람들이 우리와 똑같은 시도를 했죠." 존스의 연구팀은 인내력이 있었고 결과물들을 현지의 조건에서 시험할 수 있었기 때문에 성공했다. 다른 곳의 연구팀은 해낼 수 없는 일이었다. 아프리카의 소규모 영농 조건에서 더 잘 성장하는 품종에 상업적인 관심을 가진 사람은 아무도 없었으니까 말이다.

존스의 연구팀이 생산한 벼 품종 "네리카(Nerica : "아프리카를 위한 새로운 쌀[New Rice for Africa]"의 약자이다)"는 놀라운 걸작이었다. 빗물에 의존하는 아프리카의 벼농사 조건에서 네리카는 식물 육종가들이 **잡종강세(heterosis)**라고 부르는 현상을 통해서 소상인 아프리카 벼와 아시아 벼의 생산량을 능가했다. 네리카는 많은 곁가지들을 가지고 있고, 아시아 벼보다 50퍼센트나 더 많은 알곡을 생산한다. 또한 더 빠르게 성장하여 연중 이모작이나 삼모작이 가능하다. 존스는 말한다. "비료나 관개용수를 사용하지 않는 전통적인 농업에서도 네리카는 아프리카 벼보다 두 배 더 많은 알곡을 생산합니다." 다른 한편, 네리카는 아프리카 대륙의 열악한 조건들에 견디는 능력이 있다. 예를 들면, 이 잡종은 물 없이 2주일을 생존할 수 있다. 또 단백질 함량도 높다. "제가 말하고 싶은 것은 아이들의 생존입니다. 일부 지역의 사람들은 하루 세끼 쌀밥을 먹습니다. 그들은 단백질 섭취량이 많기 때문에 생선 없이 쌀밥만으로도 균형 잡힌 식생활을 할 수 있죠."

곡물 생산이 더 증가할 전망은 밝다. "우리는 연구를 계속해야 합니다.

'이제 충분하다'고 말할 수 있는 순간은 결코 오지 않을 것입니다. 아프리카 인구는 전 세계에서 가장 빠르게 증가하고 있어요. 도시화도 다른 어느 곳보다 빠르게 진행되는 중이죠. 이는 더 작은 농지로 더 많은 사람들을 먹여 살려야 한다는 것을 뜻합니다. 그러므로 아프리카는 단위면적과 단위비용당 생산량을 늘리기 위해서 모든 노력을 해야 하죠. 그러나 기후변화로 가뭄과 홍수가 심해지고 병이 발생할 가능성이 높아지는 상황에서 더 중요한 것은 새로운 역경들에 견딜 수 있는 품종의 개발입니다." 존스는 또한 단백질, 베타카로틴, 기타 미량 영양소들의 함량을 더 높이는 연구도 필수적이라고 생각한다. "생산량만 중요한 것이 아닙니다. 과학은 곡물의 영양가를 높이는 일에도 관심을 기울여야 하죠. 가난한 사람들이 감당할 수 있는 가격에 쌀을 사서 주식으로 삼고 건강하게 성장하여, 가난에서 벗어나기 위해서 필요한 인지능력을 충분히 발휘할 수 있어야 합니다."

도로

네리카의 인기는 가파르게 상승하는 중이지만, 몬티 존스는 쌀을 비롯한 여러 곡물들과 관련된 혁신들이 더 이루어져야 아프리카의 식량 자급이 가능해질 것이라고 믿는다. "남부 수단은 매우 비옥합니다. 식량 생산 잠재력이 높은 그곳에서 아프리카 전체를 먹여 살리기에 충분한 식량을 생산할 수 있다고 추정되죠. 그곳과 비슷한 다른 지역들도 있습니다. 아프리카에는 물이 풍부해서 곡물을 안정적으로 재배할 수 있는 내륙 유역 1,400만 헥타르가 있고, 우리는 그곳들을 개발할 기술도 가지고 있습니다. 그러나 그곳들을 개발하기 위해서는 다른 많은 요소들이 필요합니다. 예를 들면, 남부 수단의 농부들은 잉여 농산물을 생산할 의지가 있더라도 그것을 팔 수 없을 것입니다. 도로들이 워낙 열악해서 비료를 실어들이거나 농산물을 실어낼 수 없으니까 말이죠. 곡물을 오스트레일리아에서 케냐 몸바사까지 배로 운반하는 비용이 바로 인근의 남부 수단에서 몸바사까지 운반하는 비용보다 더 싼 실정입니다. 우리에게는 도로와 시장과 낮은 운임이 필요하죠. 이 조건들만 갖추어지면, 우리는 진정한 세계의 곡창지대가 될 수 있습니다."

아프리카 농업의 잠재력이 그렇게 크다면, 바이오 연료용 작물을 재배하는 것도 좋지 않을까? 존스는 그에 반대한다. "저는 바이오 연료 생산과 식량 생산이 경쟁하는 일이 잦다는 느낌을 강하게 받습니다. 특히 정부가 바이오 연료 생산을 위해서 보조금을 지급하여 식량 생산을 그만둘 동기를 제공하면, 그런 경쟁이 발생하죠. 에탄올은 절대로 생산하지 말아야 합니다. 에탄올을 생산하는 데에 드는 에너지가 에탄올이 제공하는 에너지의 1.5배입니다. 또한 생산 과정에서 온실기체도 배출되죠." 또한 그는 에너지 가격과 식량 생산은 밀접하게 연관되어 있다고 지적한다. "유가는 농업 생산에 여러모로 영향을 끼칩니다. 비료와 농기계와 운임이 더 비싸지면, 씨앗의 가격도 상승하죠. 2007년에 식량 가격이 급등했을 때, 씨앗의 가격은 많은 농부들에게 또 하나의 부담이었습니다. 일부 농부들은 씨앗을 살 돈이 없었고, 그래서 농지의 면적이 줄었습니다. 이처럼 위기가 닥치면 생산이 줄고, 따라서 위기가 더욱 악화되죠. 결국 모든 사람이 피해를 입습니다."

유전자 조작 품종들이 아프리카의 농업 생산을 증가시킬 수 있을까? 몬티 존스는 조심스럽다. 그는 식량 산업에서 자신의 정치적 역할을 잘 안다. "전통적이고 중요한 생명공학 기술들 외에 유전자 조작 작물도 아마 유용할 것입니다. 전통적인 교배를 통해서는 얻을 수 없는 특징들이 있기 때문이죠. 그 특징들은, 예를 들면 사람들의 건강을 향상시키는 양질의 농산물을 재배하는 데에 중요할 수 있습니다. 가장 중요한 것은 인간의 안전과 환경이죠. 그러나 이 전제를 명심하는 한에서 우리는 미래의 식량 수요, 병, 해충, 그리고 예상치 못한 환경 문제들에 대응할 수 있기 위해서 가능한 한 많은 선택지들을 열어두어야 합니다."

그러나 품종 개발은 아프리카에서 이루어져야 한다고 그는 생각한다. "발전된 육종 기술을 이용하기 위해서 아프리카가 비(非)아프리카 육종가들과 농부들에게 더 심하게 종속되는 것은 바람직하지 않습니다. 품종 다양성 증가, 관개시설 건설, 합성 질소비료 생산을 동반한 녹색혁명이 아프리카에서는 아직 일어나지 않았다는 것을 명심해야 하죠. 이제껏 녹색혁명에 충분한 자원이 투입된 적이 없었습니다. 그 원인들 중 하나는 아프리카의 엄청난 다양성이죠. 우리는 벼, 옥수수, 플랜테인(plantain), 바나나, 조, 수수를 비롯한 다양한 식용 작물들을 재배하며, 그중 일부(예를 들면 아프리카 토종 잎채소들)는 다른 곳에서는 재배되지 않습니다. 게다가 우리의 생산체계들도 정치, 사회, 환경의 측면에서 매우 다양하죠. 아프리카와 달리, 아시아는 농지의 90퍼센트가 벼농사에 쓰이고 쌀이 압도적인 주식입니다. 주요 작물과 생산체계가 단일하면, 자원을 집중하고 농업을 발전시키기가 더 쉽죠. 극단적인 다양성을 가진 아프리카에서는 기술들을 하나의 목표에 집중하기가 더 어렵습니다."

식량 자급

존스는 교육이 농업 발전에 필수적이라고 확신한다. "아프리카는 매년 2만5,000명의 전문가를 조건이 더 나은 다른 곳의 농장으로 빼앗깁니다. 아프리카의 지적능력이 북반구 세계에 기부되고 있는 것이죠. 한 사람을 대학원 수준까지 교육하는 데에, 이를테면 10만 달러가 든다면, 아프리카는 북반구의 발전을 위해서——유출된 인력들이 아프리카에 줄 수 있었을 혜택을 잃은 기회비용까지 계산하지 않더라도——매년 25억 달러를 기부하는 셈입니다. 이와 같은 인력 유출은 교육, 연구, 개발에 두루 악영향을 끼치죠. 유능한 선생과 트레이너가 없으면, 양질의 교육은 불가능합니다. 우리가 우리 대륙을 먹여 살리고 충분한 일자리를 창출하는 데에 필요한 혁신 역량을 확보하고자 한다면, 우리는 최고의 아프리카인들을 붙잡아야 합니다. 예를 들면, 계속해서 농작물을 개량하고 새로운 도전과 기회에 대응해야 하죠. 이런 과제들은 끝이 없을 것입니다."

존스가 언급한 아프리카의 다양성은 더 많은 융통성이 요구되는 시대, 효율의 저하 없이 규모를 줄이는 것이 가능한 시대가 시작되는 지금, 아프리카의 커다란 장점이다. 개량된 관개시설, 비료, 품종은 아프리카—또한 세계—의 식량 확보를 위해서 결정적으로 중요하다. 지구적인 규모에서 볼 때, 녹색혁명의 잠재력은 결코 소진되지 않았다. 우리는 환경에 해로운 결과들을 되풀이하지 않으면서 녹색혁명의 혜택을 아프리카 농촌 마을들에 전해야 한다. 그러면서도 지역적인 선택지들을 없애거나 국제적인 기술 연결망에 대한 아프리카의 종속이 너무 심해지도록 만들어서는 안 된다. 예를 들면, 모든 농촌 각각이 자체적으로 질소비료를 생산하는 것은 필수적이고 시급한 과제이다. 필요한 비료의 대부분을 수입하는 한, 아프리카는 계속해서 무력하게 국제 경제의 소용돌이에 휩쓸릴 것이다. 농업을 위한 더 안정적인 토대는 최종 사용자들과 밀접하게 연결된 소규모 생산단위들이다. 우리가 위험한 충격들을 예방하고자 한다면, 식량 공급의 융통성을 되살릴 필요가 있다.

제2부

지구

2.0
우리가 사는 행성

마하트마 간디가 이런 말을 했다고 한다. "영국은 부유한 나라가 되기 위해서 지구에 존재하는 자원의 절반을 소모했다. 인도 같은 나라가 부유해지려면 얼마나 많은 행성들이 필요하겠는가?" 현재의 세계질서에 맞게 그의 질문을 고치면 이렇게 될 것이다. "중국이 미국 수준의 삶을 열망한다면 어떻게 되겠는가?"

우리 행성은 확실히 고분고분하다. 지면의 4분의 1은 농지가 되었고, 많은 곳의 대기와 토양과 물은 근본적으로 달라졌다. 현재 인류가 추출하는 질소의 양은 자연이 추출하는 양보다 더 많다. 또한 우리는 모든 강물을 합친 것보다 더 많은 물을 사용한다. 지구의 시스템들이 이런 개입을 효과적으로 견뎌낸 것은 기적이다. 세계의 많은 곳들은 한 세기 전보다 더 깨끗하다. 배기가스에서 황, 질소, 미세입자 등의 오염물질을 걸러내는 작업은 이제 일상화되었다. 우리는 산성화와 스모그 문제를 극복했다. 그러나 이것들은 해결하기 쉬운 과제였다. 과거에 난관을 극복했다는 사실이 장밋빛 미래를 보장해주는 것은 아니다. 지금 환경에 대한 우리의 개입이 너무 큰 탓이다. 인류는 지구에 대한 공격을 계속하고 있다. 가장 어려운 문제들은 해결되지 않은 채 남아 있다.

실제로 우리의 소비는 이미 지구가 감당할 수 있는 수준을 넘어섰다. 기업이 자산을 매각함으로써 수입보다 많은 자금을 지출할 수 있는 것과 마찬가지로, 우리는 수천 년 동안 축적된 지구의 자본을 먹어치우고 있다. 선도적인 과학자 집단이 출판한 어느 보고서는 우리가 지구의 안전을 위한 한계선들을 이미 여러 면에서 넘었다는 결론을 내렸다.[1] 인구밀도는 지구 기후의 수용력이 감당할 수 있는 최대 수준의 1.5배, 생물다양성 감소는 받아들일 수 있는 수준의 10배, 인간이 자연적인 질소 순환에서 추출하는 질소의 양은 지속 가능하다고 간주되는 양의 4배이다. 자연적인 순환들의 교란, 바다의 산성화, 성층권의 오존 감소도 대책이 필요한 수준에 이르렀다. 인류 문명은 자연 환경과 조화하지 못하고 있다. 우리의 소비량은 하나뿐인 지구에 걸맞지 않다.

지구의 여러 하부 시스템들은 비선형적인 방식으로, 흔히 돌발적으로 반응한다. 세계가 지금처럼 계속 더워지면 여러 가지 임계 전이들이 일어날 것이다. 우리가 일으키는 기후 변화와 석유를 비롯한 천연자원의 고갈은 중대한 변화들을 예고한다. 우리는 도를 넘은 삶을 영위하고 있다. 그래서 연착륙하기가 어렵다. 2008년 금융 위기의 원인은 1달러를 벌면서 1.2달러를 지출한 사람들이었다. 우리가 하나뿐인 지구에서 1.2개의 지구를 사용한다면, 어떻게 위기를 막을 수 있겠는가? 자원과 비옥한 땅에 대한 절박한 욕구는 인간의 가장 어두운 면을 끌어냈다. 석유를 둘러싸고 전쟁들이 터졌다. 초원의 감소로 촉발된 적대적인 이주는 현재 아프리카에서 일어나는 분쟁의 주원인의 하나이다. 우리의 자연 수탈이 계속된다면, 우리는 지구적인 규모의 전쟁을 다시 겪게 될지도 모른다. 지금대로라면, 고갈과 멸종이 일어날 수 있다. 우리가 직면한 중대한 과제는 지구의 시스템을 안정적으로 유지하는 것이다.

가장 시급한 것은 아마 기후 변화의 문제일 것이다(2.1). 화석연료가 고갈되는 때보다 훨씬 더 먼저 우리는 화석연료 사용의 귀결들에 직면해야 할 것이다. 지구 온난화는 지금보다 앞으로 20년 후에 훨씬 더 큰 위협이 될 것이다. 대기가 지금처럼 빠르게 변화한 적이 없다. 현재 우리의 수단들과 사회구조들은 우리가 기후를 관리하고 척박한 환경에서 번영시키기에 충분할 만큼 효율적이지 않다. 우리는 기후를 우리에게 이롭게 변화시키는 방법을 터득하거나 아니면 우리가 다른 환경들에서 생존할 수 있게 해주는 기술들을 개발해야 한다. 양쪽 모두 지금은 전혀 없다. 그러므로 이 분야의 과학과 기술은 가장 우선시되어야 마땅하다. 우리가 앞으로 몇십 년 동안 이 문제들을 해결해낸다면, 우리의 후손들이 먼 미래까지 생존하리라는 희망을 품어도 좋을 것이다.

에너지는 기후 변화 이외의 다른 이유들에서도 핵심 논제이다. 우리 사회는 생존과 발전과 번영을 위해서 에너지를 필요로 한다. 음식을 요리하고 편안하게 생활하려면 에너지가 필요하다. 과학과 기술을 발전시키고 탈것들과 통신망과 가전제품들을 가동하려면 에너지가 필요하다. 긴 설명이 필요 없다. 지구 내부에서 추가로 생산되는 석유는 없다. 우리가 보유한 석유가 2040년에 고갈될지 아니면 2060년에 고갈될지는 불확실할 수 있지만, 그 보유량이 유한하다는 것만큼은 확실하다. 우리는 2.2에서 임계 전이들을 늦추는 방법을, 2.3에서 전이 이후를 위한 대비를 논할 것이다. 기술과 관련된 논의는 새로운 에너지원을 찾는 문제에 국한되지 않을 것이다. 에너지 분배와 저장도 핵심 논제들이다. 연료들은 먼 곳으로 운반되어야 하고, 전력은 대개 국제 연결망을 통해서 공급된다. 양쪽 모두에서 우리는 지금까지 규모의 경제에서 비롯된 혜택을 누려왔다. 지금까시는 더 크고 더 효율적이고 더 저렴한 수단들을 개발하는 것이 목표였다. 그러나 이런 추세로 인해서 에너지 기반시설은 더 취약해지고 변화하기가 더 어려워졌다. 우리는 이 상황을 개선하는 방법을 논할 것이다.

천연자원 소비는 세계 인구보다 더 빠르게 증가하고 있다. 이어질 두 챕터에서 우리는 일반공장(2.4)과 화학공장(2.5)에서 천연자원 소비를 줄이는 방법을 모색할 것이다. 이 챕터들은 우리 산업 시스템들의 타성(惰性)과 그것을 변화시키기 위해서 기술자들이 할 수 있는 일을 보여줄 것이다. 예를 들면, 기술자들은 자연에서 많은 교훈을 얻을 수 있다. 자연적인 물질과 과정은 흔히 우리가 생각해낼 수 있는 것들보다 더 우수하다. 게다가 자연은 흔히 지속 가능성이 더 높은 방식으로 물질들을 생산한다.

새로운 공정 기술은 화학공장을 더 지속 가능하고 작고 융통성 있게 만들 것이다. 그러면 공장들이 외딴 산업단지에 격리될 필요가 없을 터이므로, 사용자 근처에서 생산이 이루어질 수 있을 것이다.

생명은 하나뿐인 지구에 항상 흔적을 남겨왔다. 그 사실을 대기의 조성에서 분명하게 확인할 수 있다. 우리의 생존에 필요한 산소는 반응성이 높고, 탄소와 쉽게 결합한다. 지구의 식물들이 신선한 산소를 끊임없이 공급하지 않는다면, 대기 중의 산소는 장기적으로 남김없이 사라질 것이다. 대기는 지구의 생명에 의해서 유지되는 불안정한 혼합물인 것이다. 지구와 지구가 지탱하는 생명은 함께 진화해왔다. 엄청난 자연 재앙들이 발생했지만, 결국에는 항상 생명과 산소 생산이 주도권을 되찾았다. 그러나 이제는 심각하게 걱정할 이유가 있다. 인류가 지구에 엄청난 충격을 점점 더 강하게 주고 있다는 사실이 명백하다. 지구가 인류의 존속을 계속 허용할지에 대해서 아무도 장담할 수 없다. 2억 년 전에 알려지지 않은 원인으로 엄청나게 많은 이산화탄소가 대기 중으로 방출되어서 온도가 극적으로 올랐을 때, 인류는 존재하지 않았다. 그러나 그때보다 덜 심각한 재앙만 일어나도, 오늘날 우리가 아는 인류 문명은 끝이 날 것이다.

2.1
기후 변화에 대한 대처

우리는 독일 포츠담의 텔레그라펜베르크(Telegrafenberg : 전신[電信] 산이라는 뜻) 꼭대기에 위치한 천문대 옆에 서 있다. 신고전주의풍의 관측소 건물은 주변보다 우뚝 솟아 있다. 텔레그라펜베르크의 위치는 과거의 동독 지역, 한때 베를린 장벽이 있던 곳의 근처이다. 옅은 안개 너머로 베를린의 윤곽과 연기를 내뿜는 발전소들의 굴뚝이 보인다. 오른쪽에는 토이펠스베르크라는 또다른 산이 있다. 냉전의 유물인 미군의 비밀정보 수집지가 있는 산이다.

텔레그라펜베르크는 19세기에 여러 황제들에 의해서 개발되어서 선도적인 과학자들의 활동무대가 되었다. 카를 슈바르츠실트는 이곳의 망원경을 이용하여 별 목록을 만들었고, 그보다 약 30년 전에 앨버트 마이컬슨은 같은 건물의 지하실에서 빛의 속도를 측정하고 그 과정에서 설명할 수 없는 현상을 발견했다. 마이컬슨의 발견을 토대로 특수상대성 이론을 구성한 알베르트 아인슈타인도 이곳에서 연구했다.

현재 텔레그라펜베르크의 기슭에 위치한 포츠담 기후영향 연구소의 소장인 한스 요아힘 셸른후버는 말한다. "근본적인 자연현상들이 이곳에서 발견되었습니다. 오랫동안 과학자들은 이 고요한 산에 은둔한 채로 연구를 해왔죠. 이제 저의 임무는 그런 관행을 뒤집는 것입니다. 우리는 지식을 고립시키지 않고 공유하기를 원합니다. 또한 우리는 은둔하는 대신에 세상에 참여해야 합니다. 기후가 어떻게 변하고 있는지를 사람들에게 분명하게 알려야 하는 것이죠."

셸른후버는 대단한 열정으로 자신의 임무에 헌신해왔다. 그는 독일 총리 앙겔라 메르켈과 과학적인 사안들을 놓고 토론하기도 했다. 그는 기후에 관한 그의 메시지가 복잡하다는 것을 안다. 그래서 상세한 통계적 예측을 피하고 중대한 "임계점들"에 초점을 맞춘다.

귀환 불능 지점들

"지구는 얼마나 큰 변화를 감내할 수 있을까요? 서아프리카의 우기가 사라져도 우리는 무사할까요? 히말라야의 빙하가 녹아 없어진다면 어떨까요? 우리는 남극의 얼음을 보존할 수 있을까요? 아마존 우림이 사라진다면 어떻게 될까요?" 한스 요아힘 셸른후버는, 만일 실현된다면 우리의 생물권(生物圈)을 돌이킬 수 없이 바꿔놓을 위협들을 열거했다. 그는 우리의 기후 시스템이 지구 온난화를 가속시킬 잠재력을 가진 여러 양성 피드백(positive feedback) 메커니즘을 포함하고 있다고 설명한다. 그린란드의 눈과 얼음이 녹는 것을 한 예로 들 수 있다. 그 거대한 지역의 흰 표면은 태양복사의 상당량을 반사하여 우주로 되돌려보낸다. 그러나 얼음이 녹으면서 그린란드의 표면은 점점 더 어두워지고 점점 더 많은 태양열을 흡수하고 있다. 추가된 열은 북반구에서 가장 큰 섬인 그린란드가 다시 얼음으로 뒤덮일 가능성을 낮춘다. 그린란드 대륙 빙하의 해빙은 돌이킬 수 없는 임계점, 곧 귀환 불능 지점이다.[1]

또 하나의 예는 아마존 우림이다. 현재 많은 물을 보유한 그 숲은 습도 높은 대기를 창출하여 풍요로운 자연을 육성한다. 만일 그 숲이 사라진다면, 아마도 초원이 생겨날 것이며 밀림과 풍부한 물을 복구하기는 매우 어려울 것이다. 과학자들은 이런 복잡한 시스템을 일컬어서 **쌍안정 시스템**(bistable system)이라고 한다. 아마존 생태 시스템은 두 가지 상태 중 하나만 취할 수 있다. 즉, 열대림 아니면 초원일 수 있고, 그 둘 사이의

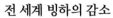

전 세계 빙하의 감소

출처 : J. 외를레만스(2005)

하얀 빙하는 햇빛을 반사하여 열 방출에 기여한다. 빙하가 감소하면, 그 밑에 있는 어두운 땅이 드러나서 더 많은 열을 흡수할 것이다. 그러면 기후 변화의 속도가 빨라져서 빙하가 재생되기가 더 어려워질 수 있다. 이런 돌이킬 수 없는 임계점들을 발견하고 그것들을 피하는 방법을 터득하는 것은 시급한 과제이다. 출처 : J. 외를레만스 (2005). 빙하 169곳에서 얻은 기후 신호. 「사이언스(*Science*)」, 308(5722), 675–677.

중간 상태는 취할 수 없다. 셸른후버는 경고한다. "아마존 우림은 21세기 말 이전에 붕괴할지도 모릅니다. 기후 변화뿐만 아니라 불법 벌목도 아마존 우림의 소멸을 재촉하고 있어요."

그가 지적한, 걱정스러울 정도로 임박한 다른 임계점들 중에는 북극해의 얼음이 녹는 것도 있다. 2008년 여름, 북극해의 얼음이 녹아서 사상 최초로 러시아 북쪽의 항로가 열렸다. 빙산들이 녹아감에 따라서 어두운 색깔 때문에 열을 흡수하는 표면이 드러나면, 온난화 과정은 더욱 가속된다. 일부 과학자들은 북극해의 얼음이 이미 임계점에 도달했다고 믿는다.

인도에서 우기가 소멸할 가능성 역시 섬뜩하다. 인도의 계절성 강우는 또 하나의 쌍안정 시스템인 것으로 보이며, 지속적인 환경오염은 인도의 기후를 건기 상태에 고착시킬 가능성이 있다. 그러면 10억 이상의 인구가 사는 인도 아대륙은 식량 부족에 시달릴 수밖에 없을 것이다. 혹은——역시 섬뜩한 전망이지만——우기가 있는 해와 그렇지 않은 해가 교대로 나타나는, 도저히 적응할 수 없는 기후 패턴이 최종 결과일 수도 있다.

셸른후버는 생각한다. "여러 임계점들이 임박한 듯합니다. 그러나 임계점 도달의 최대 효과는 여러 해가 지난 뒤에 나타날 수도 있죠. 일단 임계점에 도달하여 전이 과정이 시작되면, 그 과정을 멈출 방법이 없다는 것을 명심해야 합니다. 좋은 예로 심해에 갇혀 있는 메탄을 들 수 있습니다. 그런 메탄의 양은 엄청나게 많죠. 지구의 온도가 높아지면 그 메탄이 기화하여 상승하면서 퇴적층들과 바닷물을 거쳐서 해수면에 도달하게 되는데, 그 과정이 1,000년은 걸립니다. 그러나 일단 그 과정이 시작되고 나면, 우리는 그 과정을 멈출 수가 없죠. 우리는 그린란드 임계점에 아주 가깝게 접근했습니다. 우리가 계속 '평소대로' 온실기체를 방출한다면, 그린란드 시스템은 늦어도 2050년경에는 돌이킬 수 없는 임계점에 도달할 것입니다. 그 다음에는 전이를 멈출 수 없죠. 약 300년 동안, 해빙 과정이 진행되어서 해수면이 6미터나 추가 상승할 것입니다. 이런 유형의 돌이킬 수 없는 기후 임계점들은 막대한 변화를 함축하고 있습니다."[2]

문명의 요람

이것은 인류의 역사에서 완전히 새로운 도전이다. 대기의 이산화탄소 함량은 최초의 문명들이 출현한 이래로 최근까지 거의 변함이 없었다. 그 안정성은 어떤 의미에서 우리 문명의 산파였다고 할 수 있다. 대기 중의 온실기체들은 지구의 열을 가두는 담요의 구실을 한다. 그 기체들이 없으면, 지구의 온도는 섭씨 0도보다 훨씬 아래로 떨어져서 인류의 발전 가능성은 사라졌을 것이다. 거의 안정적인 이산화탄소 함량은 우리 조상들이 정착하고 환경에 적응할 수 있게 해주었다.

이집트의 파라오들과 바빌로니아의 왕들은 대기 중에 있는 탄소의 양을 정확히 측정하지 않았지만, 우리는 과거의 대기가 남극의 두꺼운 얼음층에 남긴 흔적을 통해서 대기 변화의 역사를 추적할 수 있다. 그 흔적 덕분에 우리는 지난 65만 년 동안의 변화 패턴을 꽤 정확하게 알아냈다.[3] 기후는 서로 영향을 주고받고 간섭하고 보강하는 다양한 과정들 덕분에 안정성을 유지하면서 생명의 존속을 허용해왔다. 기후는 안정 상태에 묶여 있는 복잡한 시스템의 전형적인 예인 것이다.

그러나 인류가 산업화를 시작한 이후, 대기 중으로 방출되는 이산화탄소의 양이 전례 없이 늘었다. 우리는 식물들이 수백만 년에 걸쳐서 변화한 산물인 석유와 천연가스를 겨우 몇 세대 동안에 대규모로 태우면서 대기 중으로 탄소를 방출했다. 현재 대기 중의 이산화탄소 함량은 산업화 이전보다 35퍼센트 증가하여 인류의 역사를 통틀어서 가장 높다.[4] 이산화탄소 함량이 이 정도로 높았던 마지막 시기는 2,500만 년 전의 올리고세였다. 당시에 호모 사피엔스(*Homo sapiens*)는 아직 없었고, 지구에 사는 동물들은 브론토테륨(*Brontotherium*), 엔텔로돈트(*Entelodont*), 장비류(*Proboscidea*) 등이었다.

"그 시대에 지구의 온도는 지금보다 3-4도 더 높았고 해수면은 75미터 더 높았습니다." 셸른후버는 새삼 단위를 강조한다. "75센티미터가 아니라, 75미터입니다."

이산화탄소 함량이 다시 한번 상승하면, 기후를 결정하는 미묘하고 복잡한 메커니즘들은 새로운 평형을 찾아낼 것이 틀림없다. 그러나 그 새로운 상태는 지금 우리가 아는 상태와 크게 다를 수 있다. 셸른후버가 열거한 임계점들은 그 새로운 기후로의 전이가 시작되는 지점들이다. "지구 온난화를 우리가 적응할 가망이 있는 수준으로 제한하려고 애써야 합니다. 우리가 감당할 가망이 없는 변화를 촉발할 것이기 때문에 무슨 수를 써서라도 피해야 하는 임계점들이 정확히 어떤 것들인지 알아내야 하죠."

시급하게 필요한 연구

한스 요아힘 셸른후버는 기후 임계점들을 결정하는 피드백 메커니즘들에 대해서 우리가 아직 충분히 알지 못한다고 지적한다. "우리는 임계점들이 있다는 것은 알지만 그것들이 얼마나 빨리 다가오는지, 임계점에 도달하면 무슨 일들이 일어날지는 모릅니다. 훨씬 더 면밀한 감시가 필요하죠. 대양 해류의 순환과 계절풍의 패턴 등을 추적하는 관측소가 수천 곳은 있어야 합니다. 우리에게는 그렇게 할 수 있는 기술이 있지만 정치경제적 의지가 부족하죠. 실제로 기상관측소의 수는 1950년대 이후에 줄어드는 추세입니다.

셸른후버는 임계점들이 상호작용하는 방식은 시급하게 연구할 필요가 있는 또다른 주제라고 말한다. 그린란드 대륙 빙하의 융해는 연쇄반응의 첫걸음에 불과할지도 모른다. "그린란드 대륙 빙하가 녹으면 북대서양에 민물이 유입되고 해수면이 높아져서 해수의 열염분 순환(thermohaline circulation)이 느려질 수 있습니다. 이 변화는 서아프리카의 계절성 기후 패턴과 상호작용하여 또다른 생태 시스템들의 붕괴를 유발할 수 있죠. 거침없는 지구 온난화의 도미노 효과는 지구 전체에 재앙을 가져올 수 있습니다. 놀랍게 들리겠지만, 이와 같은 임계점들의 상호작용에 대한 연구는 거의 이루어지지 않았죠. 과학자들은 한 곳의 임계 전이가 다른 곳에 어떤 영향을 미칠지 전혀 모릅니다."

임계점들의 상호작용을 연구하려면, 대기와 대양과 대륙 빙하들과 생명권과 해양 탄소 순환과 산업의 물질대사까지 포함해서 지구 시스템 전체를 모방한 컴퓨터 모형이 필요하다. 셸른후버는 설명한다. "우리는 이 요소들을 모방한 하부 모형들을 빠짐없이 가지고 있습니다. 그러나 그 하부 모형들을 종합하여 단일하고 포괄적인 지구 시뮬레이터(Earth Simulator)를 만들 필요가 있죠. 그 하부 모형들은 대개 제각각 다른 규모에서 작동하기 때문에 이것은 어려운 과제입니다. 그러나 우리가 미래 세대들을 위해서 환경을 보존하는 활동을 제대로 하고 있다는 확신을 얻고자 한다면, 그 과제를 해결해야 합니다. 지구 시뮬레이터는 앞으로 10년 안에 확실히 성취될 것입니다."

온난화를 막는 힘들

다행히 지구 온난화에 저항하는 힘들이 존재한다. 대기오염——특히 황과 기타 미세입자들에 의한 오염——은 기후에 냉각 효과를 발휘한다. 계산 결과들은, 만일 우리가 "커튼"과도 같은 대기오염을 걷어낸다면, 지구의 온도가 현재보다 1.5도 넘게, 다시 말해서 산업화 이전 시기보다 2.5도 넘게 상승할 것임을 시사한다.[5]

셸른후버도 인정한다. "결국 우울한 시나리오입니다. 우리가 대기오염을 성공적으로 제거한다면, 지구 온난화가 가속되어서 곧바로 기후 재앙이 닥칠 것입니다. 그린란드 대륙 빙하는 확실히 소멸할 것이고, 그 다음에 역동적인 자체 증폭 과정이 시작될지는 불분명하죠. 반면에 대기오염이 있는 한에서는 지구 온난화가 저지될 것입니다. 그러므로 우리는 냉각 효과를 발휘하는 대기오염을 너무 빨리 줄이지 말아야 합니다. 그럼으로써 기후 변화에 대처할 기회를 늘려야 하죠."

지구 온난화를 늦출 수 있는 다른 대기 효과들에 대한 발상도 매력적이다. 무해한 에어로솔을 대기 중에 장기간 머물게 해서 햇빛을 가리거나 환경 친화적인 물질로 만든 막으로 해수면을 덮어서 햇빛을 반사하는 식으로, "깨끗한 오염(clean pollution)"을 이용하여 지구 온난화를 막자는 발상 말이다. 과학자들 사이에서는 이런 수단들을 채택하거나 적어도 그 효과에 대한 대규모 연구를 시작하자는 목소리가 커지기 시작했다. 셸른후버는 말한다. "우리가 절체절명의 위기에 몰렸다면, 그런 유형의 지구공학(geo-engineering)을 활로로 삼을 수도 있습니다. 그러나 그런 조치들은 지극히 위험할 것입니다. 만일 특정 국가가 한동안 동참을 중단하면, 큰 기후 충격이 발생할 수 있죠. 또한 관련 피드백 메커니즘들에 관한 우리의 지식은 아직 충분히 정확하지 못합니다. 모든 대기오염이 냉각 효과를 발휘하는 것은 아니에요. 예를 들면, 탄소 입자들은 지구 온난화를 가속시킵니다. 우리는 우리의 적——대기오염——이 너무 가파른 지구 온난화를 막는 데에 어떻게 기여하는지를 이해할 필요가 있습니다. 우리는 우리의 공기정화 장치들을 절묘하게 지휘해야 합니다."

탄소 제거

한스 요아힘 셸른후버는 음악적 비유를 즐긴다. 그는 지구 온난화에 맞서는 행위들의 "교향곡(symphony)"을 여러 번 언급한다. "단 하나의 악기에 의지해서 온실기체 배출을 줄일 수는 없습니다. 감축 수단들의 교향곡이 필요하죠. 그것은 매우 복잡한 교향곡일 것이며, 그 교향곡의 주요 부분들은 아직 작곡되지 않았습니다. 그러나 때가 되면 우리는 목숨을 건 연주를 해야 할 것입니다."

셸른후버는 우리가 온실기체 배출을 공격적으로 줄인다면, 상당한 시간을 벌 수 있을 것이라고 지적한다. "우리의 에너지 효율을 향상할 여지는 어마어마하게 큽니다. 우리는 화석연료를 태양 에너지를 비롯한 재생 가능 에너지로 대체할 수 있죠. 우리는 연료에서 나오는 탄소를 포획하여 지하 깊숙이 격리할 수 있습니다. 이런 활동들의 교향곡을 통해서 늦어도 2050년까지 지구의 온실기체 배출을 쉽게 반감할 수 있을 것입니다."

국제사회는 셸른후버가 지적한 방향으로 나아가기 시작했다. 1997년의 교토 의정서가 한 예이다. 그러나 온실기체 배출을 반감하는 것만으로는 부족할 가능성이 매우 높다. "지구의 온도가 1도 상승하면 해수면이 15-20미터 상승한다는 것을 명심해야 합니다. 우리가 지금 적극적으로 대기 중의 이산화탄소를 제거하기 시작한다면 이야기가 달라지겠지만, 우리는 이미 재앙의 도래를 막을 수 있는 마지막 시점을 지나는 중이죠.

오늘 당장 이산화탄소 배출을 중단한다고 하더라도, 이미 대기 중에 있는 이산화탄소는 수천 년 동안 존속할 것입니다." 이산화탄소는 광합성에 의해서 흡수될 수도 있지만, 모든 탄소가 식물 안에 고정되지는 않는다. 일부 탄소는 토양에 의해서 다시 대기 중으로 방출된다. "자연적인 탄소 순환을 통해서는 대기 중의 이산화탄소가 완전히 제거되지 않는다는 것을 우리는 압니다. 대기에 포함된 탄소의 4분의 1은 1,000년 이상 대기 중에 머물죠. 따라서 우리는 산업혁명 초기의 잔재가 유발한 기후 변화를 앞으로도 몇백 년 동안 겪어야 할 것입니다. 장기적으로 우리의 안전을 지키는 유일한 길은 대기 중의 이산화탄소 농도를 산업혁명 이전의 수준으로 낮추는 것입니다. 즉, 생화학 과정들을 이용해서 대기 중의 탄소를 제거하는 것이죠. 과학자들과 기술자들은 관련 연구를 시작해야 합니다. 현재 우리는 엄청난 에너지 소모 없이 거대한 규모의 탄소를 제거할 방법을 전혀 알지 못합니다."

사회를 변화시키기

이 문제들이 과학에 부과하는 부담은 두려울 정도로 크다. 셸른후버는 주장한다. "어떤 의미에서 우리는 지구와 도박을 하는 중입니다. 우리는 우리의 교향곡을 지극히 현명하게 작곡하고 연주해야 하죠. 기술의 혁신이 없으면, 우리가 성공할 가망은 전혀 없습니다. 그러나 진짜 문제는 혁신적인 기술을 사회에 적용하는 일일 것입니다. 우리 사회가 혁신을 수용하는 속도는 얼마나 빠를까요? 아마 그리 빠르지 않을 것입니다. 우리는 필요한 제약들을 받아들일 수 있을까요? 이런 질문들은 지구적인 규모에서 대답되어야 합니다. 그렇지 않으면, 우리가 성공할 가망은 없습니다."

중대한 임계점들을 피하기 위해서 방향을 돌릴 시간이 얼마 남지 않았다. "사회의 수용 속도를 높이는 방안을 모색해야 합니다. 어쩌면 이것이 가장 시급한 과학적 현안일 것입니다. 우리는 인류의 미래를 위험에 빠뜨리는 중이죠. 새로운 기술들을 보급하는 데에 도움이 되는 통신 방법과 유인책을 개발해야 합니다. 그러나 궁극적으로는 다른 유형의 사회적 결속력이 필요하죠. 우리는 사람들의 선호를 바꾸어야 합니다. 그것은 극도로 미묘하지만 반드시 해야 할 작업이죠. 사회학자, 철학자, 신학자, 그리고 선의(善意)를 가진 사람들이 협력할 필요가 있습니다. 이 문제에 접근하기 위해서 사회공학 분야의 연구가 시급하게 필요하죠. 그 분야의 연구는 지금까지 거의 이루어지지 않았습니다. 우리가 직면한 과제들은 두렵지만 또한 매혹적이죠."

다른 가능성도 두렵기는 마찬가지이다. 부족한 자원에 대한 수요는 너무나 자주 인간성의 어두운 면을 드러내는 계기가 되었다. 석유를 둘러싼 전쟁들이 일어났고, 초원의 축소로 인해서 시작된 적대적인 이주는 현재 아프리카에서 분쟁의 한 원인이다. 우리가 임계점의 도래를 막지 못한다면, 생태 시스템들이 붕괴할 수 있고, 거주 불가능 지역이 훨씬 더 늘어날 것이다. 결국 우리는 다시 한번 지구적인 규모의 전쟁을 치르게 될지도 모른다. 이 끔찍한 전망의 실현은 오직 사회공학을 통해서만, 환경 친화적 기술을 수용하도록 사실상 사람들을 강제함으로써만 막을 수 있다.

텔레그라펜베르크에서 걸어내려오는 길에 우리는 독일의 수도 베를린을 마지막으로 바라보았다. 그 도시가 실험한 사회공학은 인류가 이제껏 고안한 사회공학들 가운데 가장 악질적이라고 할 만하다. 그곳에서 너무 많은 지휘자들이 목청을 높였고, 인민 전체가 설득되어서 유럽의 유대인들을 살해하는 데에 동의했다. 그러나 또한 그곳은 거역할 수 없는 저항과 소망의 힘에 의해서 장벽이 무너진 곳이기도 하다. 그곳에서 하나의 대륙이 통일되었다. 베를린의 역사는 하나가 된 인민에게 너무 큰 과제는 없다는 것을 증명해왔다.

2.2
에너지 효율 향상

임박한 기후 변화는 그야말로 "불편한 진실"이다. 그 진실은 원유나 천연 가스의 부족이 체감되기 시작할 시점보다 훨씬 더 먼저 우리에게 에너지 소비의 변화를 강제할 것이다. 기후에 관한 경고들이 제기된 시점은 우리의 화석 에너지원 사용을 제지할 만한 것이 앞으로도 수십 년 동안 없을 것처럼 보이던 최근이었다. 아닌 게 아니라 기후 변화만 없다면, 우리의 문명사에서 지속적인 석유 사용의 전망이 지금처럼 밝았던 적은 없었다. 1970년대 초, 알려진 석유 매장량은 당시의 소비량을 기준으로 겨우 25년 동안 쓸 만큼에 불과했다. 21세기의 첫 10년이 지난 지금, 석유 소비는 1970년대에 비해서 거의 두 배로 늘었지만, 우리는 석유가 42년 후까지 고갈되지 않으리라고 전망할 수 있다. 새로 발견된 유전들과 기술들은 늘어난 수요를 감당하고도 남는다. 알려진 석유 매장량은 우리가 체계적인 통계를 작성한 이래로 현재가 최대이다. 그러나 이것이 미래에도 에너지 공급이 순조로울 것이라는 말은 아니다. 이 챕터에서 보겠지만, 충격들이 발생하기 시작했다. 우리는 가까운 미래에 여러 차례 위기를 겪을 가능성이 높다. 확실히 느껴지는 지구 온난화는 위기를 심화할 것이다.

석유 수요와 공급의 동역학

수십 년 전부터 피크 오일이 정확히 언제인지를 놓고 전 세계에서 열띤 논쟁이 벌어지고 있다. 피크 오일이란 석유 생산이 최대에 이르는 순간이며, 그 순간 이후부터 석유 생산은 채굴할 만한 경제성이 있는 석유가 고갈될 때까지 감소한다. 피크 오일 예측들은 예외 없이 틀린 것으로 판명되었다. 기존에 생각했던 것보다 더 많은 석유를 채굴할 수 있다는 것이 번번이 드러났던 것이다. 이 책의 도입문(0.2)에서도 보았듯이, 위협적인 계산결과들이 거듭 빗나갔다. 에너지 가격이 요동칠 때마다 공황이 일어났다. 2008년 신용 위기 직전에 유가는 최고 기록을 경신했고, 석유 시대가 끝났다는 예언이 엄청나게 쏟아져나왔다. 그러나 위기가 지나자 유가는 급락했고, 종말의 예언자들은 논점을 바꿔서 국제 금융의 몰락, 지구화의 종말, 자유주의 경제의 죽음을 설교했다. 에너지 가격은 실제 에너지 생산비용이나 입증된 매장량과 거의 상관이 없다. 장기적인 가격 변동은 에너지 수요 증가에 발맞춘 유전 발견과 기술 진보를 반영한다. 지구의 내부에서 새로 생겨나는 석유는 없지만, 우리의 기술로 채굴할 수 있는 석유 매장량은 매년 증가한다. 일정한 시간 간격으로 새로운 유정들이 발견되고, 채굴 기술도 끊임없이 발전한다. 최신 채굴시설들은 10년 전의 시설들보다 훨씬 더 넓은 면적에, 훨씬 더 깊게 매장된 석유를 뽑아낼 수 있다. 또한 최신 시설들은 구멍을 비스듬히 뚫어서 여러 위치의 석유를 한꺼번에 뽑아낼 수도 있다. 이런 기술들을 소규모 유전에 적용하는 것 역시 가능하다. 이와 같은 기술의 발전 덕분에, 전 세계에서 채굴 가능한 석유의 양은 지난 20년 동안 30퍼센트 증가했다. 요컨대 석유 공급의 전망은 해마다 달라졌다.[1]

그 변화의 패턴을 더 자세히 살펴보면, 흥미로운 점들이 발견된다. 석유 공급의 전망은 다음의 그래프에서 보듯이 1970년대와 1980년대 초에는 여러 번 요동한 반면, 1990년대에는 거의 요동하지 않았다. 또 자세히 보면, 큰 요동과 작은 요동이 특정한 방식으로 교대된다. 결론적으로, 다음의 그래프는 눈사태와 지진이 나타내는 패턴과 여러모로 유사하다. 석유 공급 전망의 요동과 지진과 눈사태는 모두 멱법칙을 따른다. 이 사실

확인된 석유 매장량

출처 : V. 스밀(2008)

석유를 계속 사용할 수 있을 전망은 현재가 과거의 어느 때보다 더 밝다. 석유 기술의 발전은 소비의 증가를 앞지르고 있다. 그래프가 명백하게 보여주듯이, 새로운 매장량의 발견과 인정은 돌발적으로 일어나는 경향이 있다. 이 사실은 석유 공급과 수요를 지배하는 힘들의 평형이 존재하지 않는다는 것을 시사한다. 석유 매장량의 고갈이 가까워지면, 변화가 더욱 돌발적이 될 가능성이 있다. 효율적인 에너지 사용은 충격을 완화하는 데에 도움이 될 것이다. 출처 : V. 스밀(2008). 「사회와 자연의 에너지 (*Energy in nature and society*)」. Cambridge, Mass. : MIT Press.

은 석유 공급과 수요를 지배하는 힘들의 평형이 존재하지 않는다는 것을 시사한다. 오히려 석유 시장의 특징적인 움직임은 눈사태가 발생하기 전에 긴장들이 형성되고 상호보강되고 축적되어서 결국 작은 변이가 눈사태로 이어지는 과정과 유사하다. 사용 가능한 석유 매장량이 크게 요동할 가능성은 우리가 바라는 정도보다 더 높다. 석유 경제는 어느 지점에서도 평형에 접근하지 않으므로, 대규모 변이들이 발생할 개연성이 높은 것이다. 이것은 우리가 잦은 위기와 가격 급등을 예상하는 한편, 예기치 못한 새로운 매장량과 긴장을 완화하는 에너지 관련 신기술의 등장도 예상해야 한다는 의미이다. 우리의 에너지 경제는 임계성을 스스로 조직하는 시스템이다. 그 시스템은 충격을 겪으면서 변화에 적응한다.

그리고 변화는 우리가 대비하든지 말든지 찾아올 것이다. 우리가 뒷짐 지고 앉아서 기다리면, 변화가 충격의 형태로 찾아올 것이고, 그렇게 되면 파국적인 격변이 발생할 수 있다. 이를 피하려면, 대비가 필요하다. 우리는 완고한 기반구조에 쉽게 투입하여 그 구조가 변화에 더 민감해지도록 만들 수 있는 청정 기술들을 통해서 충격을 완화할 수 있다. 그 기술들 자체는 비가역적인 기후 변화나 언젠가 닥칠 화석연료의 고갈을 막을 수 없을 수도 있다. 그러나 그 기술들은 적어도 우리에게 숨 쉴 틈을 주어서 우리가 더 영구적인 해법을 모색할 수 있게 해줄 것이다.

이 챕터의 나머지 부분에서는 에너지 시스템들의 융통성과 여건 변화에 대한 반응성을 높일 수 있는 과도적인 기술들을 살펴볼 것이다. 저탄소 에너지 경제를 성취하기 위해서 필요한 더 근본적인 대책들은 다음 챕터에서 다룰 것이다.

에너지 절약의 이면에 숨은 문제들

시간을 버는 방법으로 가장 쉽게 떠오르는 것 하나는 효율적인 에너지 사용이다. 에너지 사용의 효율성을 높일 여지는 놀랍도록 크다. 우리가 생산하고 사용하는 거의 모든 것과 관련된 에너지 효율은 지역에 따라서 상당히 다르다. 일본 경제의 GDP 대비 에너지 사용량은 미국 경제의 절반에 불과하다. 다시 말해서 1달러를 생산할 때 미국인들은 일본인들이 필요로 하는 양보다 두 배나 더 많은 에너지를 사용한다. 이 사실은 대부분의 국가들이 에너지 효율을 크게 향상시킬 수 있다는 것을 의미한다. 텔레비전, 냉장고, 컴퓨터의 에너지 소비는 대폭 낮아질 수 있다. 우리 모두가 이용 가능한 최고의 상용 기술만큼의 에너지 효율을 달성한다면, 전 세계 에너지 소비는 반감될 수 있다.[2] 이를 위해서 새로운 기술이 필요하지는 않을 것이다. 우리는 에너지 소비 줄이기를 당장 시작할 수 있다. 대개 에너지 소비를 줄이면 지출도 절감된다.

한 예로 자동차를 유선형으로 설계하는 것을 생각해보자. 현재의 설계자들은 차량의 공기저항을 줄일 필요성을 별로 느끼지 않는다. 바꿔 말해서 현재의 차량들은 불필요한 에너지를 소비한다. 겉보기에 날렵한 모델들도 훨씬 더 개량될 수 있다. 그린피스는 몇 가지 간단한 조정을 통해서 르노 트윙고의 공기저항을 30퍼센트 줄이는 데에 성공했다.[3] 그러나 설계자들과 소비자들의 관심이 다른 것들에 더 많이 쏠려 있기 때문에, 이런 기술들은 적용되지 않는다. 돌출된 사이드미러는 유선형 사이드미러보다 더 잘 팔린다. 우리가 사용하는 다른 제품들도 거의 다 마찬가지이다. 에너지 절감 기술은 이미 있고, 많은 경우에 경제적으로 유익하다. 그러나 그 비용 절감 효과를 소비자와 생산자가 대뜸 무시하기 때문에 에너지 효율 향상은 규제와 홍보를 통해서 실현되어야 한다. 민주사회에서 에너지 절감 노력은 개인의 자유와 공익 사이의 갈등을 야기할 것이 분명하다.

그러나 에너지 효율 향상은 또 하나의 단점을 가지고 있다. 고효율이 반드시 장기적인 에너지 소비의 감소를 뜻하는 것은 아니다. 정반대로, 효율 향상은 거의 불가피하게 소비 증가를 가져온다. 이런 반직관적인 결과가 발생하는 이유는 간단하다. 절약된 돈이 어김없이 추가 소비에 쓰이기 때문이다. 현재의 주택들은 과거보다 더 경제적으로 냉난방을 하지만, 우리는 더 큰 주택에서 더 적은 식구들과 함께 산다. 항공기의 효율성은 더 높아졌지만, 우리는 항공기를 더 자주 이용한다. 텔레비전의 소비전력은 줄었지만, 우리는 거실뿐만 아니라 침실, 부엌, 욕실에서도 텔레비전을 본다. 또한 우리는 화면이 훨씬 더 큰 텔레비전을 산다. 그러므로 에너지 효율이 향상되면, 처음에는 에너지 절약 효과가 발생하지만, 곧이어 소비가 증가하여 그 효과가 사라지는 것이다. 에너지 효율 향상은 지속적인 과정이어야 한다. 끊임없이 이어지는 조치들을 통해서 효율 향상을 위한 투자가 지속되도록 강제해야 한다.

우리와 자연의 에너지 사용을 비교하면, 흥미로운 유사성이 발견된다. 종들은 에너지 사용에서 효율성을 최대화하는 방향으로 진화하지 않았다. 찰스 다윈의 말처럼, 종들은 적합성을 최대화하는 방향으로 진화했다. 1922년에 미국 물리화학자 알프레드 로트카는 이 적합성을 에너지 관련 용어로 번역하는 작업을 시도했고, 훗날 열역학 제4법칙(the Fourth Law of Thermodynamics)이라는 논란 많은 이름으로 명명된 원리를 발견했다.[4] 그의 주장에 따르면, 에너지 사용 속도가 최대인(일률이 최대인) 생물들이 생존한다. 바꿔 말해서, 생물은 자신을 통과하는 유용한 에너지의 흐름을 최대화하는 경향이 있다. 에너지 효율 향상은 일률 밀도 향상의 필요성과 상충한다. 생물의 힘과 성취는 일률 밀도에 의해서 결정된다. 로트카 원리는 생물뿐만 아니라 다양한 에너지 소비 시스템들에서도 타당하다. 제품, 건물, 운송을 비롯한 여러 경제활동들도 로트카 원리를 따른다. 최적의 기술들은 일률 밀도를 최대화한다. 물론 에너지 효율도 소중하다. 에너지 효율은 유용한 목적에 사용할 수 있는 에너지의 양을 증가시키기 때문이다. 그러나 에너지 사용 효율은 에너지 흐름을 최대화할 필요성에 의해서 제약된다. 에너지 흐름을 최대화하려면, 흔히 에너지 효율 최대화를 포기해야 한다. 요컨대 생존경쟁은 전반적인 에너지 효율 저하를 부추긴다. 생존을 위해서는 일률을 높여야 하는데, 그러다보면 에너지 효율이 떨어진다.

산업에서나 생물에서나 화학적 과정들은 반드시 생산성이 높아야 한다. 즉, 에너지 소비를 최적화하는 것이 아니라 단위시간과 단위공간당 생산량을 최적화해야 한다. 빠른 속도로 일어나는 화학반응은 흔히 평형 상태와 전혀 다르고, 따라서 평형 상태와 흡사한 느린 반응보다 덜 효율적이다. 많은 실제 상황들을 고려한 계산에 따르면, 50퍼센트 이상의 에너지 효율은 생존투쟁에 이롭지 않다. 에너지 효율이 향상되면, 일률(따라서 생산량)이 제한되고 유사시 에너지원을 바꿀 융통성이 줄어든다. 에너지 효율을 극단적으로 높이면, 한 가지 에너지 기술에 얽매이게 된다. 이러한 상황은 토머스 호머-딕슨의 생각을 연상시킨다(0.2 참조). 그의 주장에 따르면, 에너지 효율 향상은 여건 변화에 따른 충격의 발생 가능성을 높인다. 그 결과는 다윈이 말한 의미의 적합성과 적응력의 감소이다. 그러나 최신 기술은 에너지를 절약하면서도 에너지 시스템들의 융통성과 적응성을 높이는 수단들을 허용한다. 다음 절에서 우리는 한 예로 교통연료를 살펴볼 것이다.

교통연료

자동차가 먼저 생겼을까, 아니면 주유소가 먼저 생겼을까? 연료를 주입할 수 없다면, 자동차는 무용지물이다. 그러나 지나다니는 자동차가 없다면, 아무도 주유소를 세우지 않을 것이다. 자동차와 휘발유는 100년 넘게 함께 진화했다. 그 결과로 형성된 현재의 기반구조는 쉽게 변화시킬 수 없는 완고한 시스템이다. 정유공장들은 기술적인 기적이다. 여러 세대의 화학자들이 창조력을 쏟아부어서 그 공장들의 점진적 발전에 기여했다. 바이오디젤 공장을 세우기로 마음먹은 사람들은 바닥부터 시작해야 할 것이다. 다시 말해서 50년 전에 석유 화학자들이 도달한 지점에서부터 기술 개발을 시작해야 할 것이다. 태양 에너지 자동차를 목표로 삼은 사람들은 어떨까? 그들 역시 비슷한 난관에 직면할 것이다.

새로운 기술들은 바닥부터 시작해야 하는 반면, 기존의 기반구조는 쉽게 확장될 수 있다. 옛 정유공장 곁에 새 정유공장이 건설되어서 똑같은 항구를 이용하는 사례는 흔하다. 새 유조선들은 과거의 유조선들에서 우수성이 입증된 설계 원리들을 따라서 사실상 단순 조립공정을 통해서 생산된다. 심지어 고속도로의 경우에도, 새 도로를 건설하는 것보다 기존 노선을 확장하는 것이 더 쉽다. 구조는 그것을 이루는 요소들보다 수명이 더 길다. 그러므로 효율성과 융통성을 높이는 것이 목표라면, 시스템 자체가 아니라 요소들을 바꾸는 전략이 가장 유망하다. 예를 들면, 휘발유와 전기 모두를 연료로 사용하는 자동차는 유망하다. 휘발유와 전기를 위한 기반구조는 이미 갖추어져 있으니까 말이다. 그런 하이브리드 자동차는 에너지를 적게 소비한다. 자동차에 설치된 발전기와 전지가 휘발유 엔진이 항상 최적의 효율로 작동하도록 해주기 때문이다. 또한 하나의 에너지 기반구조에 의존하는 정도가 덜하므로 융통성도 좋다. 그러므로 하이브리드 자동차는 도입하기가 수월하다. 반면에 수소 자동차의 미래는 훨씬 더 험난하다. 수소 기반구조가 갖추어져 있지 않기 때문이다.

비슷한 맥락에서, 정유공장들을 다른 연료 생산공장들로 대체하는 것도 어려운 일이다. 오히려 기존의 정유공장들이 복수의 원료를 수용할 수 있도록 적응시키는 편이 더 수월하다. 그러면 정유공장들이 단일한 화석 에너지원에 덜 의존하게 될 것이다. 또는 한걸음 더 나아가서, 천연가스와 석탄으로부터 액체연료를 생산하는 기술을 정유공장에 편입시킬 수도 있을 것이다. 그러면 정유공장들은 더 큰 융통성을 얻을 뿐만 아니라 수요의 변화에 더 잘 적응할 수 있을 터이므로, 에너지를 절약하고 탄소 배출을 줄일 수 있을 것이다. 개량된 정유공장들은 생물자원도 원료로 수용할 수 있을 것이다. 바이오 연료는 액체연료들을 부분적으로 대체하여 탄소 배출을 줄일 것이다. 바이오 연료용 작물 재배는 식량 생산 및 물 비축과 상충하기 때문에 일반적으로 나쁜 발상이다. 그러나 지푸라기와 버려지는 목재 자투리를 바이오 연료의 재료로 삼을 수도 있다. 훨씬 더 유망한 발상은 조류(藻類)를 이용하는 것이다. 단위면적에서 수확한 조류는 콩보다 10배나 더 많은 에너지를 제공한다. 육지 식물은 토양에서 물을 끌어올리고 이웃 식물과의 경쟁에서 이기기 위해서 대부분의 에너지를 소비하는 반면, 조류는 모든 에너지를 번식에 쓸 수 있기 때문이다.

이런 지속 가능한 바이오 연료들은 연료를 전기로 대체하는 것이 불가능한 항공기에 쓰일 수도 있다.[5] 그러면 항공기들이 석유에 덜 의존하게 되고, 고속 철도와 고속 연락선을 비롯한 대안적인 장거리 교통망을 마련할 시간을 얻을 수 있을 것이다. 또한 우리는 수소를 교통연료로 사용하기 위해서 필요한 여러 기술 혁신들을 추구할 수 있다(다음 챕터 참조).

전력망의 경직성

전력망은 우리의 에너지 기반구조를 이루는 또 하나의 융통성 없는 요소이다. 쉽사리 형태를 바꿀 수 없는 전력망은 변화를 가로막는 주요 장애물이라고, 네덜란드 에인트호벤 공과대학의 전력 시스템 전공 명예교수 얀 블롬은 말한다. 그는 네덜란드의 전력 연구 및 규제 기관 KEMA의 소장을 지낸 인물이기 때문에 전력 공급 기반구조를 속속들이 잘 안다. "육중한 송전선들을 많이 설치할수록, 전력망은 더 경직됩니다. 이는 정전이 발생할 가능성이 높아진다는 것뿐만 아니라, 변화를 실현하기가 어려워진다는 것을 뜻하죠. 송전선 하나의 경로만 바꿔도 심각한 문제들이 발생할 수 있습니다. 인구밀도가 높은 지역에서는 고압 송전탑들의 연결구조를 바꿀 수가 없습니다. 새 송전탑들을 세울 공간이 없기 때문이죠. 변화에 더 기민하게 대응할 수 있기 위해서 전력망의 경직성을 완화해야 합니다. 미래를 위해서 전력망과 발전소들의 융통성을 높일 필요가 있죠."

현존 전력망들은 전력 생산의 집중화를 원리로 삼아서 설계되었다. 발전소는 외딴 곳에 배치되고 거기에서 모든 방향으로 뻗어나간 고압선이 소비자들에게 전력을 공급한다. 현재의 전력 생산 집중화는 기술적인 이유에서 채택되었다. 오랫동안 큰 규모는 높은 효율과 낮은 비용을 의미했다. 예를 들면, 큰 보일러는 열손실이 적었다. 블롬은 설명한다. "규모를 확대하면, 비용이 절감되었죠. 그러나 지금은 기술이 워낙 발전해서 규모가 중요하지 않게 되었습니다. 예를 들면, 효율은 그대로이면서 규모는 더 작은 터빈을 만들 수 있죠. 따라서 발전소를 소비자 곁에 두는, 덜 집중된 형태의 전력망을 구성할 수 있습니다. 그러면 현재의 위계가 역전되겠죠. 우리는 중앙의 공급자와 수동적인 소비자들로 이루어진 현재의 구조를 벗어나서 소비자들 자신이 에너지를 생산하는 구조에 접근할 것입니다. 예를 들면, 가정용 난방시설이 전력도 생산하고, 가정들이 전력망에 에너지를 공급할 수 있겠죠." 이와 같은 위계 역전은 비록 작은 규모로나

마 이미 일어나고 있다. 블롬은 경고한다. "전력망의 중앙 통제실은 전력 공급자들의 수가 대폭 증가한 상황을 감당하지 못할 것입니다. 그러므로 전력 공급이 분산되면, 전력망 통제가 큰 문제로 떠오를 것입니다."

현재의 통제 전략은 전력이 한 방향으로만 흐른다고 전제한다. 전력망 내부의 센서들은 주로 대용량 송전선에 집중되어 있다. 모든 전력이 중심에서 흘러나간다면, 운영자들은 전력망의 모세혈관에서 무슨 일이 벌어지는지에 신경을 쓸 필요가 없다. 그들은 주요 송전선에서 측정한 전압과 주파수를 토대로 전력망의 전반적인 상태를 파악한다. 주파수는 원거리 정보를 제공하고, 전압은 국소적인 전력망의 상태를 알려준다. 예를 들어 당신의 이웃이 식기세척기를 켜면, 당신은 미세한 전압 강하를 탐지할 것이다. 이런 신호들 덕분에, 추가적인 통제용 컴퓨터 연결망이 없어도 전력망의 중앙 통제가 어느 정도 가능하다.

그러나 점점 더 많은 소비자들이 전력을 자체 생산함에 따라서 상황이 달라지고 있다. 분산된 전력 생산에서는 전력망의 행동에 대한 더 상세한 파악이 필수적이다. 그런 파악은 전압이나 주파수와 같은 광역적인 매개변수들을 통해서는 불가능하다. 더 역동적인 통제를 향한 첫걸음은 전력망의 국지적인 가지들에 설치된 센서들의 개수를 늘리는 작업일 것이다. 이어서 더 분산된 지능을 구현해야 한다. 얀 블롬은 말한다. "목표는 스스로 판단하는 수천 개의 단위들로 이루어진 자체 조절 전력망이죠. 이른바 행위자 기술(agent technology)은 이 목표의 달성을 가능하게 할 것입니다. 분산화는 전력망 위계의 역전을 뜻합니다. 분산화를 통해서 전력 공급은 더 큰 융통성을 얻을 것이며, 우리는 전력망에 소규모 발전소들을 훨씬 더 많이 추가할 수 있습니다. 핵심 문제는 이 분산화된 기술을 위해서 얼마나 큰 규모의 추가 통신이 필요한가이죠. 별도의 추가 통제망은 전력망의 신뢰성을 저해할 것이므로, 그런 통제망이 불필요하다면 아주 좋을 것입니다. 그래서 이상적인 전력망에서는 국지적인 행위자들이 각자의 망내 위치에서 측정한 전압과 주파수를 토대로 기능할 수 있어야 하죠.

그러나 그런 전력망이 가능할지 여부는 아직 모릅니다."

현재의 위계를 뒤집는 또 한걸음은 소비자들이 더 영리하게 에너지를 사용하는 것이라고 블롬은 말한다. "전력망 운영은 항상 공급이 수요를 따른다는 원리를 기초로 삼아왔습니다. 부하(負荷)가 변하면, 거기에 맞게 발전량이 변하죠. 그러나 풍력 에너지나 태양 에너지를 비롯한 다양한 에너지원들이 전력 생산에 추가되면, 원리를 바꿔서 수요가 공급을 따르게 하는 것이 타당합니다. 예를 들면, 바람이 충분한 전력을 제공할 때 식기세척기를 가동하는 식으로 말이죠. 그러면 재생 가능한 에너지원을 최대로 이용할 수 있을 것입니다."

분산화는 장거리 연결이 덜 중요해진다는 것을 의미한다고 블롬은 말한다. "우리는 송전선이 점점 더 굵어지도록 만들어서는 안 됩니다. 오히려 새로운 송전선들을 중복 연결이 증가하도록 설치해야 하죠. 각각의 구역이 여러 경로로 연결된다면, 수요나 공급의 변화에 맞춰서 전력의 이동 경로를 재설정할 수 있을 가능성이 커집니다." 전력망을 분산화하려면 에너지 저장도 중요하다. 만일 전력을 소비자들 근처에 저장해놓을 수 있으면, 국소적인 전력 부족을 국소적으로 해결함으로써 장거리 연결에 대한 의존도를 낮출 수 있다. 전지 기술이 빠르게 진화하는 중이므로, 이것은 먼 미래의 가능성이 아니다. 얀 블롬은 생각한다. "특히 전기 자동차의 도입은 이 저장 방안의 발전에 박차를 가할 것입니다. 당신의 자동차 안에 있는 전지를 밤에 전력망에 연결하여 전기 저장 장치로 쓸 수 있을 테니까요."

결국 우리는 새로운 발전 장치들이 추가되면 스스로 그 변화에 적응하는 자체 조직 전력망을 가지게 될 것이다. 블롬은 말한다. "그러면 새로운 기술들이 기반구조에 훨씬 더 신속하게 진입할 수 있게 될 것입니다. 이 진정한 혁명은 우리를 집중된 발전에서 멀어지고 민주주의에 접근하게 만들 것이고요." 그의 아이디어는 다른 분야들에서 일어난 발전들도 반영한다. 인터넷 역시 동시에 수많은 제공자들과 사용자들을 위해서 작동한다. 자체 치유, 경로 재설정, 중복 연결, 분산화는 우리 사회의 또다른 핵심 기반구조인 인터넷에서도 추구된다. 우리의 전력망을 더 영리하게 만드는 것은 중대한 기반구조들의 융통성을 높이는 작업의 첫걸음에 불과하다. 우리는 에너지 공급의 근본적인 변화에도 대비할 필요가 있다. 장기적으로는 다른 에너지원들이 석유를 누르고 주도권을 잡아야 할 것이다. 이것이 다음 챕터의 주제이다.

2.3
새로운 에너지를 찾아서

앞의 챕터에서는 현재의 에너지 기반구조가 맞이할 미래를 내다보면서 그 구조를 더 융통성 있고 지속 가능하게 만들 방안을 이야기했다. 이번 챕터에서는 성큼 더 나아가서 석유 시대 이후의 새로운 에너지 경제를 논할 것이다. 이용 가능한 에너지의 양은 탄소 이후 시대(post-carbon era)의 주된 걱정거리가 아니다. 우리 주변에는 엄청나게 많은 에너지가 있다. 태양 광선의 에너지는 우리가 화석 에너지원을 발견하기 훨씬 전부터 존재했고, 지구 표면에는 우리가 에너지원으로 이용할 수 있는 바람과 물이 있다. 지구의 내부에 열의 형태로 들어 있는 에너지의 양도 방대하다. 이제껏 우리는 이런 자연적인 에너지원들의 작은 일부를 건드려보았을 뿐이다. 우리는 장기적인 전략들을 구상할 때 이런 질문을 던져야 한다. 그런 자연적인 에너지원들을 이용하되, 인류 문명이 심하게 후퇴하지 않는 방식으로 이용하려면 어떻게 할 수 있을까? 이 질문에 대한 답이 나와야 비로소 우리는 새로운 에너지 시대로의 점진적 전이를 희망해도 좋을 것이다.

역사의 흐름 속에서 우리는 점점 더 밀집된 형태의 에너지를 사용해왔다. 나무를 때서 몸을 덥히고 농작물을 먹던 시절에는 이용 가능한 에너지 1와트를 얻으려면 약 1제곱미터의 토지가 필요했다. 풍력과 수력을 이용할 줄 알게 되자 땅 1제곱미터의 에너지 생산량이 10배로 증가했다. 석탄, 석유, 천연가스의 등장은 단위토지당 에너지 생산량이 다시 100배

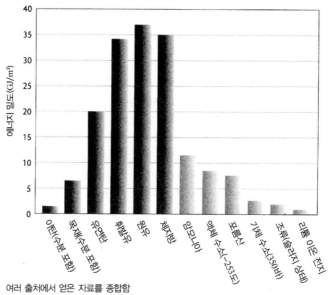

탄소 이후 시대의 에너지 밀도 감소

여러 출처에서 얻은 자료를 종합함

현재까지는 우리 문명이 발전함에 따라서 우리가 사용하는 연료의 에너지 밀도가 향상되어왔다. 그러나 위에 열거한 탄소 이후 시대의 연료들은 현재의 연료들보다 에너지 밀도가 낮다. 태양이나 바람과 같은 대안 에너지원들도 마찬가지이다. 우리의 거대 도시들과 고속 기반구조들에 계속 연료를 공급하려면, 에너지 밀도가 더 높은 에너지원들을 찾아내거나 에너지 밀도를 높이는 변환 기술을 개발해야 한다.

증가하는 계기가 되었다. 이 수치들은 에너지 운반체를 캐내서 유용한 형태의 에너지로 전환하는 데에 필요한 땅의 면적을 계산한 결과이다. 에너지 운반체가 가진 에너지양을 기준으로 삼아서도 비슷한 계산을 할 수 있다. 더 밀집된 형태의 에너지는 더 밀집되고 노동이 더 복잡하게 분업된 사회를 가능하게 했다. 오늘날 우리는 유용한 칼로리를 얻기 위해서 넓은 땅을 뒤질 필요가 없다. 덕분에 우리는 복잡한 편의제품들을 만드는 데에 시간을 할애할 수 있다.[1] 이것은 앞의 챕터에서 언급한 알프레드 로트카의 진화 원리의 또다른 표현이다. 사회는 최대 일률 밀도(maximum power density)를 향해서 진화하는 듯하다.[2]

그러므로 에너지에 관한 논의는 화석연료를 캐내고 햇빛을 포획하는 과정뿐만 아니라, 에너지를 이용 가능하게 만드는 과정도 포함해야 한다. 쉽게 말해서 우리는 에너지를 **집중**시키고, **운반**하고, **저장**해야 한다. 우리는 이 세 요소를 에너지 **삼화음**이라고 부를 것이다. 우리의 복잡한 사회에 에너지를 공급하려면 집중, 운반, 저장이 모두 중요하다. 미래 사회는 정교한 구조들을 지탱하기 위해서 고밀도 에너지를 운반하고 저장해야 한다. 에너지 공급이 원활하지 않으면, 복잡한 인위적 구조들은 쇠퇴할 테니까 말이다. 토머스 호머-딕슨은 로마 제국이 보유했던 최고의 에너지원인 농경지가 고갈되었을 때, 제국의 쇠퇴가 시작되었다고 주장한다.[3] 로마 제국은 식량에 기반을 둔 에너지 시스템을 가졌던 탓에 더 척박한 지역으로 진출해야 했고, 제국의 주요 도시들로 이어진 에너지 공급선들은 점점 더 길어졌으며, 로마 사회의 복잡한 구조들을 건설하는 데에 쓰인 소들을 먹이기 위해서 사람들은 점점 더 열심히 일해야 했다. 그리하여 에너지 삼화음, 곧 에너지 집중, 운반, 저장에 문제가 발생했다. 다른 사회들도 이와 유사한 문제를 겪었다. 17세기에 네덜란드가 세계를 지배할 수 있었던 기반은 이탄과 바람의 에너지라고 할 수 있다. 그 지배는 다른 국가들이 당시의 네덜란드는 보유하지 못했던 고밀도 연료들을 사용하기 시작하면서 종결되었다.

현재의 화석연료 기반 에너지 경제를 대체할 대안을 발견하려면 '시스템 전체를 두루 살피는 접근법(system approach)'이 필요하다. 우리는 에너지 삼화음의 세 요소들을 모두 고려해야 할 뿐만 아니라 사회구조의 변화도 감안해야 한다. 그러므로 전이에 대비하는 작업에 사회와 정치가 동참할 필요가 있다.

태양에서 오는 에너지

우선 태양 에너지부터 분석해보자. 이론적으로, 태양이 우리에게 제공하는 에너지는 우리 문명 전체가 쓰고도 남는다. 지구의 표면이 받는 태양 에너지는 우리가 소비하는 에너지의 1만 배에 달한다. 지구 표면에 2시간 동안 쏟아지는 태양복사 에너지는 전 인류가 1년 동안 소비하는 에너지와 맞먹는다. 그러나 햇빛은 넓은 면적에 분산되기 때문에 밀도가 낮다. 평균적으로 지구의 표면 1제곱미터는 태양 에너지 170와트를 받는데,[4] 그중에서 현재 최고의 태양전지 기술로 뽑아낼 수 있는 에너지는 고작 30와트, 즉 전구 하나를 켤 만큼에 불과하다. 현대적인 광전지들의 단위면적당 성능은 풍력 발전용 터빈보다는 우수하지만, 우리에게 익숙한 집중된 형태의 화석 에너지에 비해서는 턱없이 낮다. 표준적인 교외 주택의 지붕 면적은, 그 주택의 단열성이 극도로 좋고 가전제품들의 효율이 가능한 최고 수준이라면, 주택의 에너지 수요를 충당할 만큼의 태양전지들을 설치하기에 충분할 수도 있다. 그러나 인류의 대다수가 사는 낡은 주택이나 고층 건물의 지붕 면적은 그렇게 넓지 않은 것이 확실하다. 우리 시대는 더 집중된 형태의 에너지를 요구한다. 전력 소비의 상당 부분을 태양에너지로 충당해야 한다면, 도시는 절대로 에너지 자급을 이룰 수 없다. 이것이 현재 태양 에너지 사용이 극히 미미한 수준에 머무는 이유이다. 주택의 지붕을 태양전지들로 뒤덮기는 쉽다. 그러나 그렇게 해서 얻을 수 있는 전력은 가사에 필요한 전력의 작은 일부에 불과하다. 그 이상을 얻으려면 에너지를 집중하고 운반하고 저장하는 전혀 다른 기반구조들이 필요하다. 태양 에너지를 실질적인 대안으로 만들려면, 에너지 삼화음 전체를 고려해야 한다. 우리는 태양전지를 더욱 발전시켜야 할 뿐만 아니라, 태양전지를 자동차와 사무실과 가정에 도입하는 데에 필요한 새로운 기반구조를 마련해야 한다.

진정한 태양 에너지 경제에서는 엄청난 면적이 태양전지로 덮여야 할 것이며, 따라서 전력의 장거리 수송이 요구될 것이다. 먼 사막에서부터 도시까지 장거리 송전선을 건설하고 다양한 시간대에 속한 지역들이 전력을 주고받을 수 있도록 동서 연결망을 확보해야 할 것이다. 이런 계획들은 고비용, 공사 기간의 장기화, 경로 선정과 관련된 정치적 분쟁의 문제에 직면한다. 예를 들면, 아프리카에서 태양 에너지로 생산한 고압 전류를 유럽으로 전송하는 계획의 일환인 유메나 초전력망(Eumena supergrid)은 리비아, 알제리, 튀니지 등을 통과해야 할 것이므로 새로운 국제적 의존관계의 형성이 불가피할 것이다.[5]

에너지 삼화음을 이루는 요소들은 서로 연결되어 있다. 장거리 연결의 필요성을 줄이고자 한다면, 국지적인 태양 에너지 발전과 저장의 효율성을 높여서 외부에서 에너지가 유입될 필요성을 줄여야 한다. 에너지 삼화음의 세 가지 요소 가운데 두 가지의 요소에서 전력은 최적의 매체가 아닌 듯하다. 우선 전력의 장거리 운반은 번거로운 작업이며 앞의 챕터에서 지적한 안정성 문제들을 일으킨다. 장거리 송전선들의 대륙 규모 혹은 심지어 지구 규모의 연결망은 전력 시스템들이 충격에 더 민감해지게 만들 것이다. 또한 전력을 저장하는 것도 쉬운 일이 아니다. 태양복사가 단속적이라는 것을 감안할 때, 이것은 심각한 단점이다. 사람들은 대개 태양이 지는 저녁에 텔레비전을 켠다. 전지들과 양수식 발전용 저수지들로는 햇빛과 에너지 소비의 시간적 변동에 따른 전력 수급 문제를 매끄럽게 해소하기에 턱없이 부족하다. 이 분야에서 혁신들이 필요하다는 것은 명백하다.

또 하나의 중대한 과제는 태양전지의 대량 생산이다. 거의 모든 기술은 재료비와 기계비를 낮추는 소형화 및 대량 생산과 결합되면 비용이 절감된다. 예를 들면, 중앙난방 시스템이 그러한 변화를 겪었다. 때로는 대량 생산과 대형화가 짝을 이루기도 하는데, 이 경우에도 기술은 저렴해진다. 오래 전부터 발전소들의 성공 비결은 대량 생산과 대형화였다. 그러나 태양전지에는 위의 두 전략이 통하지 않는다. 태양전지의 면적을 최소화하면, 포획할 수 있는 빛의 양이 줄어든다. 반대로 태양전지 기술의 규모를 늘리면, 필요한 재료의 양이 증가한다. 태양전지에는 무어의 법칙에 빗댈 만한 것이 없다. 이것은 풍력 발전이나 수력 발전 등 다른 형태의 재생 가능 에너지에 대해서도 마찬가지이다. 이 기술들을 통한 발전량은 태양전지의 표면적에, 풍력 발전기에 쓰인 재료의 양에, 또는 저수지의 용량에 정비례한다.

태양전지의 원료들은 충분히 신속한 태양전지 생산을 가로막는 장애물이다. 2007년 이래로 태양전지 생산에 쓰이는 실리콘의 양은 마이크로전자공학(microelectronics)에 쓰이는 양보다 더 많다. 이 때문에 소중한 실리콘 웨이퍼의 부족이 빠르게 심화되는 중이다. 현재 일부 실리콘 생산자들은 기간이 10년 이내인 계약을 거부한다. 태양전지 생산에 쓰이는 기계를 제작하는 회사들도 필요한 수요를 따라잡지 못한다. 그 결과, 태양전지 공장을 차리려는 사람은 필요한 장비와 원료를 확보하기 위해서 여러 해 동안 기다려야 한다. 우리가 태양 에너지 발전의 비율을 유의미한 수준으로 끌어올리고자 한다면, 대량으로 구하기 쉬운 원료와 4–5년 동안 대학교육을 받지 않아도 운영할 수 있는 기계들에 의지하기 때문에 규모를 쉽게 확대할 수 있는 그런 기술을 발견해야 한다. 전도성 고분자(conducting polymer)를 원료로 가볍고 유연한 태양전지를 생산하는 기술은 한 가지 혁신일 수 있다. 그러한 태양전지는 롤 투 롤(roll-to-roll) 공정으로 마치 인쇄하듯이 신속하게 생산할 수 있다. 이 기술은 생산량에서 다른 모든 태양전지 기술들을 훨씬 능가한다. 물론 당장은 최첨단 고분자 태양전지도 효율이 6퍼센트 수준에 불과할 정도로, 이 기술은 아직 걸음마 수준의 단계에 있다. 그러나 효율성을 향상시키는 유망한 아이디어들이 있다.

풍력 에너지

태양 에너지가 가진 단점들의 다수는 풍력 에너지의 단점이기도 하다. 풍력 에너지를 대규모로 이용하려면 태양 에너지에서와 거의 마찬가지 이유로 에너지 삼화음의 세 요소 전부를 강화할 필요가 있다. 바람은 변동성이 크고 밀도가 낮은 에너지이다. 풍력 발전을 유의미한 수준으로 증가시키려면, 큰 면적과 장거리 연결망과 대량 저장이 필요하다. 태양 에너지 이용과 달리, 풍력 에너지 이용은 완전히 성숙한 기술이다. 17세기에 네덜란드 기술자들이 거주 가능한 새 땅을 간척하기 위해서 풍차를 이용하기 시작한 이래로, 풍력을 이용하는 기술은 엄청나게 발전했다. 오늘날의 풍차들은 바람에 들어 있는 에너지의 50퍼센트를 뽑아낼 수 있다. 이정도면 이론적인 최대치인 59퍼센트에 거의 근접했다고 할 만하다.[6] 기술 향상을 위한 노력이 매우 성공적이었던 셈이다. 최신 풍력 발전기들은 바람이 매우 강할 때에도 작동할 수 있으며 유연한 재료와 설계 덕분에 폭넓은 조건에서 높은 성능을 발휘한다. 안정성과 내구성의 향상도 괄목할 만하다. 이런 발전들의 결과로 풍력 발전으로 생산한 전력의 가격은 천연가스를 연료로 삼는 발전소에서 생산한 전력과 비슷한 수준으로 낮아졌다. 풍력 발전 기술은 진정한 의미에서 성년에 이른 것이다. 이 기술은 더 개량할 여지가 별로 없다. 따라서 풍력 발전에서 단위전력당 비용의 대폭 절감은 기대할 수 없다. 그러나 동일한 면적에서 얻을 수 있는 전력의 양을 비교하면, 여전히 풍력 발전은 현대적인 태양전지 발전의 절반 수준에도 미치지 못한다.[7] 태양전지가 계속 개량되면, 태양 발전이 풍력 발전을 앞지를 것이다.

풍력 발전은 그 괄목할 만한 성장에도 불구하고, 여전히 모든 국가에서 전력 공급의 작은 일부만을 담당한다. 인구밀도가 낮고 바람이 많은 덴마크는 풍력 발전의 비율이 전체의 20퍼센트로 세계 최고이다. 풍력 발전 시설에 적합한 장소를 찾는 일은 점점 더 어려워지고 있다. 이는 풍력 발전이 추가로 성장하려면 덜 적합한 장소도 받아들여야 할 것임을 의미한다. 17세기와 18세기의 네덜란드 경제처럼 산업용 에너지의 절반 이상이 바람에서 나오는 풍력 경제는 이제 결코 상상할 수 없다. 이미 말했듯이, 풍력 이용은 성숙한 기술이며 우리에게 필요한 에너지 총량의 작은 일부만 제공할 수 있다.

수력 에너지

적합한 장소를 찾는 일은 수력 발전과 관련해서도 중대한 사안이다. 수력 발전용 댐과 저수지를 건설하려면 넓은 땅이 필요하고 흔히 지역주민들의 이주가 필요하다. 20세기에 수력 발전 때문에 강제로 이주한 인구는 4,000만 명에서 8,000만 명 정도이다. 게다가 저수지의 면적과 생산되는 전력을 비교하면, 수력 발전은 흔히 태양 발전보다도 더 효율이 떨어진다. 많은 댐들의 단위면적당 발전량은 태양전지 발전의 10분의 1에 불과하다. 그러나 단위면적당 발전량은 개별 수력 발전소마다 크게 다르다. 지금 중국에서 건설되는 중인 싼샤(三峽) 댐은 단위면적당 발전량이 태양전지 발전을 능가할 것이다. 또 수력 발전용 저수지가 환경에 끼치는 악영향은 그 저수지에서 나오는 기체들 때문에, 흔히 생각되는 수준보다 더 심하다. 부패하는 식물은 흔히 상당량의 메탄──이산화탄소보다 더 강력한 온실기체이다──을 대기 중으로 방출한다. 그래서 일부 댐들은 발전량이 비슷한 전통적인 발전소들 못지않게 지구 온난화에 기여한다. 수력 발선의 또다른 딘점은 시간이 흐를수록 저수지에 많은 퇴적물이 쌓여서 발전용량이 떨어진다는 것이다. 또한 저수지에 가두어진 물의 엄청난 무게가 지질학적 균형에 예상할 수 없는 영향을 끼쳐서 지진이 발생할 가능성을 높일 수 있다.

　이런 이유들 때문에 일부 전문가들은 수력 에너지를 재생 가능한 에너지로 보지 않는다. 수많은 댐이 건설된 1960년대와 1970년대에는 사정이 전혀 달랐다. 그 당시에는 20년 내내 매년 500개의 댐이 건설되었다. 그러나 최근 들어 미국에서는 건설된 댐보다 해체된 댐이 더 많다. 댐은 영구적으로 사용할 의도로 설계한 듯한 구조물이므로, 댐 해체는 말하기는 쉬워도 실행하기는 매우 어렵다. 여러 댐들의 건설자들은 댐의 유용성이 없어지면 저수지를 비워야 하리라는 점을 미처 생각하지 못했다. 이런 실수는 에너지 공급 분야에서 흔히 발생한다. 생각과 필요가 바뀔 가능성을 그냥 무시해버리는 실수 말이다. 수력 발전용 댐은 배수구가 없는 욕조와 같다. 그러므로 퇴역한 댐을 해체하려면, 댐의 두꺼운 콘크리트 벽에 구멍을 뚫는 수고를 해야만 한다.

수력 발전의 큰 장점들 중 하나는 에너지 삼화음 가운데 저장과 관련이 있다. 수력 발전소는 에너지 소비의 요동을 무마하는 데에 기여할 수 있다. 가득 채워진 저수지는 언제든지 전력 생산에 이용될 수 있다. 터빈은 수요에 부응할 필요가 생기면 몇 초 안에 가동될 수 있기 때문이다. 이 때문에 수력 발전은 풍력 발전과 태양전지 발전을 뒷받침하는 예비 수단으로 이상적이다. 바람이 잠잠해지거나 구름이 끼어서 햇빛이 약해지면, 수력 발전량을 늘려서 전체 발전량을 유지할 수 있다. 그러므로 수력 발전도 다른 녹색 에너지원들의 성장에 기여할 잠재력을 가지고 있다고 할 수 있다.

주로 태양 에너지에 의존하는 에너지 경제에서 수력 발전만으로는 전력 수급의 요동을 무마하기에 불충분하다. 세상에는 산이 그리 많지 않기 때문에 수력 발전량을 대폭 늘리는 것은 불가능하다. 실제로 수력 발전량을 늘릴 여지는 거의 없을 것이다. 가장 매력적인 장소들은 아프리카를 제외한 거의 모든 지역에서 이미 사용되었기 때문이다.

그러나 댐들은 또 하나의 중요한 기능을 한다. 물 소비의 요동을 완충하는 기능 말이다. 이 때문에 댐은 아프리카의 국가들에 두 배로 매력적일 수 있다. 아프리카에는 댐을 짓기에 좋은 장소들이 여러 곳 있다(1.1 참조).

지열 에너지

지열은 지속 가능한 에너지원 중의 하나임에도 일관되게 간과되어왔다. 아마 그 에너지원이 지표면에서 발휘하는 무시무시한 파괴력 때문일 것이다. 화산은 짧은 시간 동안에 엄청난 에너지를 폭발적으로 토해낸다.

그보다 훨씬 덜 파괴적인 온수의 형태로 지구의 자연적인 열이 솟아오르는 운 좋은 장소들도 있다. 예를 들면, 필리핀에서는 전체 전력의 4분의 1을 지열 에너지에서 얻는다. 아이슬란드는 유명한 간헐천들에서 나오는 에너지를 수출한다. 이런 유형의 열은 다른 곳의 지하 깊은 곳에서도 발견될 수 있다. 그 열을 현재 이용 가능한 기술로 사용하려면, 말하자면 인공 간헐천을 만들어야 한다. 이런 "심부 지열 발전(enhanced geothermal system)"의 방법들이 여러 가지 제안되었다. 어떤 설계에서는, 특별히 뚫은 수직갱으로 찬물을 내려보내서 끓이고 수증기가 또다른 수직갱을 통해서 지면으로 올라오게 만든다. 이때 수직갱들은 아주 깊은 곳까지, 최대 지하 10킬로미터까지 내려가야 한다.

지열 에너지는 현재의 에너지 기반구조와 완벽하게 어울릴 것이다. 지열 에너지 이용은 상당량의 에너지를 단일한 원천에서 얻을 수 있는 방법이므로 전력 생산에 유리하기 때문이다.

프랑스, 오스트레일리아, 스위스에서 인공 간헐천 건설이 시험되었다. 가장 큰 인공 간헐천은 사우스오스트레일리아의 이나밍카에서 상용화되었다. 그 간헐천은 이미 전력 생산에 착수했고, 늦어도 2012년에는 발전 용량 50메가와트를 달성할 것이다. 그것은 인구 5만 명의 도시에 충분한 전력을 공급할 수 있는 양이다. 지열 에너지의 전망은 매우 밝다. 지구의 내부는 미래의 문명 전체에 수천 년 동안 공급할 만큼의 에너지를 보유하고 있다.[8] 그러나 여전히 큰 장애물들을 극복해야 한다. 물을 주입해서 데우는 방식은 지진을 유발할 위험이 있다. 실제로 스위스에서는 지열 발전으로 인한 지진이 발생했었다. 또한 우리는 뜨겁고 조밀한 화강암 등의 암석을 뚫어본 경험이 부족하다. 그런 암석 속에는 원유가 없기 때문에, 원유 채굴 회사들은 전통적으로 그런 암석을 피해왔다.

지열 에너지 이용과 관련해서는 에너지 삼화음 가운데 저장과 운반이 순조롭다. 지열 에너지는 거대한 저장소에 들어 있는 셈이고, 우리는 그 저장소에서 필요에 따라서 열을 뽑아낼 수 있으니까 말이다. 태양 에너지나 풍력 에너지와 달리, 지열 에너지는 하루 종일, 1년 내내 이용이 가능하고 쉽게 통제할 수 있다. 지열 에너지의 분포도 우리의 집중형 전력 기반구조와 잘 어울린다. 그러나 생산의 측면, 정확히 말해서 추출의 측면에서 지열 에너지 기술은 아직 초보 단계이다. 그러나 상황은 달라질 수 있다. 앞으로 20년 내에 구멍 뚫기 기술과 열을 소비 가능한 에너지로 전환하는 기술이 혁신적으로 발전하여 우리가 다량의 지열 에너지를 사용하게 될 수도 있다. 현재의 기술로 지열 에너지를 이용하는 것은 경제적이지 않기 때문에 지열 에너지는 장기적인 에너지 시나리오들에 등장하지 않는다. 그러나 새로운 기술이 개발되어서 비용이 대폭 낮아지는 일은 드물지 않다. 게다가 규모를 확대하면 지열 에너지 기술의 비용은 더욱 낮아질 것이다. 결론적으로 지열 에너지 경제가 태양 에너지 경제보다 덜 유망한 것은 아니다.

원자력 발전

지열 발전과 마찬가지로 원자력 발전은 현재의 집중형 전력 생산 및 분배 방식과 잘 어울린다는 장점이 있다. 원자력 발전에서 전력은 전통적인 발전소에서와 다를 바 없이 대규모로 생산된다. 따라서 원자력 에너지 사용이 증가해도 전력망을 재편할 필요성은 발생하지 않을 것이다. 또한 원자력 발전은 지구 온난화를 부추기지도 않는다. 그러나 현재 새로운 원자력 발전소들이 추가되는 속도는 에너지 소비의 증가를 따라잡기에는 너무 느리다. 앞으로 20년 동안 원자력 발전량을 두 배로 늘리려면, 원자력 발전소를 1,000곳 정도 새로 지어야 할 것이다. 그러니까 일주일에 한 곳씩 지어야 하는 셈이다. 탄소 배출을 유의미할 정도로 줄이려면, 원자력 발전량을 최소한 세 배로 늘려야 한다. 그러나 그러려면 엄청나게 많은 비용이 들 것이다. 스리마일 섬과 체르노빌에서 일어난 사고의 여파로 개발된 안전 원자로 기술들은 원래부터 높았던 원자력 발전비용을 더욱 높여놓았다.

무탄소 경제에 장기적으로 에너지를 공급하려면 거의 모든 원자로에서 쓰는 우라늄-235보다 더 풍부한 핵연료들도 이용해야 할 것이다. 원자로의 한 유형인 증식로는 스스로 연료를 만들기 때문에, 다시 말해서 연료 순환경로가 닫혀 있기 때문에 우라늄 부족의 영향을 덜 받는다. 증식로는 우라늄-235보다 훨씬 더 흔한 우라늄-238을 연료로 쓴다. 그러나 안타깝게도 증식로 기술은 이상적인 핵폭탄 제작 기술이기도 하다. 게다가 증식로는 통상적인 원자로보다 더 복잡하고 훨씬 더 비싸다. 핵무기 확산에 대한 공포와 감당하기 힘든 비용 때문에 증식로 기술은 본궤도에 오르지 못하고 있다. 핵무기 확산의 문제는 5.6에서 자세히 다룰 예정이므로, 지금은 네덜란드와 독일이 합작하여 독일 칼카르에 증식로를 건설하려던 계획이 격렬한 저항에 부딪혀서 끝내 완성에 이르지 못했다는 사실만 언급해두겠다. 그곳에 미완성으로 남은 콘크리트 구조물은 결국 '핵과 물의 원더랜드'라는 테마파크로 전용되었다. 증식로의 핵심 장점들 중 하나는 흔히 간과된다. 그것은 증식로를 적절하게 설계하면, 핵폐기물 배출을 최소화할 수 있다는 점이다. 이 장점은 증식로 개발을 정당화한다. 그러나 증식로가 큰 규모에서 유용하려면 안전성의 측면에서 여러 혁신들이 이루어져야 할 것이다. 요컨대 원자력 발전은 에너지 삼화음 중 생산과 관련해서 근본적인 연구를 필요로 한다. 게다가 원자력 발전소들은 대개 출력 조절이 어렵기 때문에 저장의 문제에도 관심을 기울여야 한다.

에너지 운반체들

새로운 에너지 시대로의 전이를 가능하게 하려면, 이 신기술들 모두를 연구해야 한다. 이런 유형의 기술을 개발하는 데에 걸리는 시간은 상당히 길기 때문에 당장 시작할 필요가 있다. 또한 에너지 저장과 분배도 연구해야 할 것이다. 이 연구의 필요성은 특히 자동차, 열차, 항공기에서의 에너지 사용을 생각해보면 명백하게 알 수 있다. 무탄소 교통을 원한다면, 휘발유, 디젤유, 등유, 제트 연료의 대안을 찾아내야 한다. 이것이 이 챕터의 마지막 부분에서 다룰 주제이다. 이 분야에서는 이용 가능한 대안이 거의 없으므로 중요한 혁신들이 필요하다. 앞의 챕터에서 우리는 조류를 비롯한 생물자원에서 얻은 연료를 과도적인 해결책으로 언급했다. 그러나 이미 이야기했듯이, 지속 가능한 방식으로 생산할 수 있는 바이오연료는 소량에 불과하다. 몇 가지 다른 가능성들이 있다. 가장 눈에 띄는 가능성은 전기를 연료로 이용하는 것이다. 실제로 우리가 이 챕터에서 언급한 혁신적인 에너지 기술들의 대부분은 전력을 생산한다. 그러나 전기는 대규모로 저장하기가 극도로 어렵다. 전기에 대해서는 에너지 삼화음 가운데 저장을 위한 기술이 사실상 없다고 할 수 있을 정도이다. 전지는 에너지 밀도에서 휘발유에 훨씬 못 미친다. 단위전력을 저장하는 데에 드는 비용 역시 여전히 극도로 높다. 전기 자동차에 필요한 전력은 전지에 저장할 수 있겠지만, 대형 선박과 항공기는 다른 유형의 에너지 운반체를 필요로 한다. 그런 운반체가 개발되려면 적어도 수십 년은 걸릴 것이다.

또다른 가능성은 합성연료이다. 가장 두드러진 후보인 수소는 중학교 전기분해 실험에서와 똑같은 방식으로 전기를 써서 쉽게 생산할 수 있다. 물속으로 전류가 흐르면, 산소와 수소가 발생한다. 그러나 전기분해는 그다지 효율적이지 못하다. 투입된 에너지의 30−40퍼센트가 소실된다. 또한 전기분해 장치들은 값이 비싸서 훨씬 더 저렴해질 필요가 있다.

수소의 장점은 전기보다 저장하기가 훨씬 더 쉽다는 것이다. 수소는 에너지 삼화음 중 저장의 측면에서 우수하다. 또한 극도로 가볍다. 수소 1킬로그램에 들어 있는 에너지는 같은 무게의 휘발유에 들어 있는 에너지의 3배에 가깝다. 액체 수소는 이 대단한 무게 절감 효과 때문에 우주왕복선의 연료로 선택되었다. 수소연료는 자동차에도 이로울 수 있다. 특히 연료전지와 결합된 수소는 육상 탈것들에 유용하다. 연료전지는 매우 효율적인 과정을 통해서 수소에서 전기를 생산하여 전동기에 공급한다. 연료전지는 내연기관보다 효율이 더 높다. 그러나 연료전지의 가격을 낮추려면 큰 발전이 필요하다. 우리는 연료전지의 가격을 현재의 10분의 1 정도로 낮추어야 한다. 현재 연료전지의 가격이 비싼 이유 중 하나는 연료전지에 백금이 쓰인다는 사실에 있다. 저렴하고 진정한 대량 생산이 가능한 연료전지를 개발하는 것은 과학이 해결해야 할 과제이다. 우리가 갈 길은 아직 멀다. 수소 저장과 관련해서도 기술 혁신이 필요하다. 수소는 가벼운 대신에 너무 큰 공간을 차지한다. 수소는 밀도가 낮은 기체이다. 따라서 충분한 양을 작은 통에 담으려면 고압으로 압축해야 한다.

장기적으로 볼 때, 수소는 진정으로 청정한 교통의 전망을 열어준다. 그러나 수소가 참된 녹색 교통을 실현할 수 있으려면 먼저 중요한 혁신들이 필요하다. 주요 과제들은 수소의 효율적 생산과 압축 저장에 관한 것들이다. 이 분야에서 우리는 오랜 연구를 요구하는 진정으로 새로운 아이디어들을 모색해야 한다. 그런 아이디어들을 최첨단 화학 연구에서 발견할 수 있다.

우리 저자들은 뮌헨 공과대학의 화학공학 교수 요하네스 레르히어에게 조언을 구했다. 그는 석탄을 수소로 변환하는 신기술을 제안한다. 그는 석탄이 석유보다 더 많은 곳에서 발견된다고 지적한다. "화석화된 탄소의 양은 앞으로 600년에서 1,000년 동안 쓰기에 충분합니다. 그러므로 석탄을 지속 가능한 에너지원으로 변환하는 기술을 개발할 필요가 있죠. 석탄의 단점은 석유나 천연가스보다 단위탄소당 에너지 산출량이 적다는 것입니다. 그래서 얼핏 보면, 석탄은 탄소 이후 시대의 에너지원으로 부적합하다는 생각이 들죠. 에너지 회사들은 이산화탄소를 포획하여 다시 지하로 되돌려보내는 기술을 개발하는 중입니다. 그러나 이 방법은 비용과 에너지가 많이 들죠."

레르히어는 땅속 깊은 곳의 석탄층 내부에 일종의 지하 화학공장을 건설하여 석탄을 매장된 상태 그대로 처리하는 혁명적인 기술을 제안한다. "매장된 석탄을 그 자리에서 기화시켜서 수소와 이산화탄소를 산출하고, 이 두 기체를 필터로 분리하자는 것입니다. 수소는 지상으로 끌어올리고,

이산화탄소는 지하에 놓아두면 되죠." 석유 회사들은 이미 지하 기화 기술들을 실험하고 있다. 그러나 이 실험은 유전에서만 이루어진다. 석탄층에 적용할 수 있는 기술의 원리는 약간 더 까다롭다. 우선, 석탄을 지하에서 기화시키기 위해서는 석탄에 작은 구멍들이 무수히 생기게 만들어야 한다. 레르히어가 제안하는 한 가지 방법은 초음파를 이용하는 것이다. 또 하나의 문제는 변환 과정에 필요한 높은 온도이다. 지하 석탄층의 온도는 일반적으로 100도 아래인데, 기화가 일어나려면 300도가 넘는 고온이 필요하다. "촉매들을 이용해서 기화 온도를 낮출 수 있습니다. 적절한 촉매들이 개발된다면, 이 기술은 도약하듯이 발전할 것입니다. 그러면 우리는 지하에서 석탄을 수소로 변환할 수 있게 되겠죠. 정말 환상적이죠." 촉매란 자신은 변화를 겪지 않으면서 화학반응을 촉진하는 물질이다. 촉매들은 화학적 과정들이 일어나기 위해서 필요한 온도나 압력을 낮출 수 있다. 그리고 깊은 지하에서 수소 생산에 기여할 수 있을지도 모른다.[9]

이 가능성은 물론 아직은 먼 미래의 이야기이지만, 전기분해보다 더 효율적인 수소 생산 방법이 있을 수 있다는 것을 보여준다는 점에서 주목할 만하다. 덴마크 링비 대학교의 화학공학자들은 수소 저장을 위한 아이디어를 내놓았다.[10] 앞으로도 지금처럼 수소를 작은 통에 저장하기가 어렵고 따라서 휴대하기가 어렵다면, 수소 사용은 늘어나지 못할 것이다. 수소가 우리 사회 곳곳에서 성공적인 연료로 자리잡으려면, 수소의 밀도를 훨씬 더 높여야 한다. 한 가지 방법은 수소를 더 큰 분자에 편입시키는 것이다. 예를 들면, 암모니아(NH_3)는 수소보다 훨씬 더 조밀하게 저장될 수 있다. 암모니아의 수소 함유량은 아주 높은 압력인 300바로 저장한 수소기체의 3배에 달한다. 대기 중의 질소를 재료로 암모니아를 생산하는 과정은 화학 산업에서 가장 오래되고 보편화되고 최적화된 공정의 하나이다. 현재 그 공정으로 연간 1,000억 킬로그램의 비료가 생산되고 있다. 생산된 암모니아를 다시 분해하면, 수소가 발생한다. 그렇게 발생시킨 순수한 수소는 연소 과정이나 연료전지의 전기 생산에 쓰일 수 있다.

암모니아를 분해할 때 수소와 함께 발생하는 질소는 안전하게 대기로 돌려보내거나 새로운 암모니아 생산 공정에 재사용할 수 있다. 이 과정 전체의 효율은 대략 80퍼센트에 이를 것이다.

암모니아는 독성이 강하기 때문에 교통연료로는 적합하지 않다. 그러나 수소를 더 큰 분자에 편입시킨다는 아이디어는 더 확장할 수 있다. 수소는 이산화탄소와도 결합할 수 있다. 독일 로스토크의 화학자들은 이 결합을 연구한다.[11] 이산화탄소를 사용하는 기술은 충분한 효율로 대기 중의 이산화탄소를 직접 포획하는 기술이 아직 없기 때문에 질소를 사용하는 기술보다 더 복잡하다. 어려움은 이산화탄소의 대기 중 농도가 낮다는 점에서 비롯된다. 질소는 대기의 78퍼센트를 차지하는 반면, 이산화탄소는 고작 0.038퍼센트를 차지한다. 그러나 발전소의 배기가스에서 이산화탄소를 추출할 수 있다. 현재 몇몇 발전소들은 이산화탄소 배출을 줄이기 위해서 탄소 포획 저장(CCS) 기술을 사용하고 있다. 이때 포획된 이산화탄소를 지하의 저장소에 넣어두는 대신에 에너지 운반체로 재사용할 수 있다. 기술이 더 발전하면, 대기 중의 이산화탄소를 추출하는 것도 가능해질 수 있다.

수소와 이산화탄소는 결합하여 포름산(HCOOH)을 형성할 수 있다. 이 반응은 오래 전부터 연구되었고, 이 반응을 효율적으로 일으키는 공정들이 있다. 반응의 산물인 포름산은 쉽게 저장하고 운반할 수 있는 액체이다. 포름산에 들어 있는 수소의 양은 350바로 압축한 수소기체의 2배에 달한다. 포름산은 휘발유나 에탄올보다 인화성이 낮다. 또 독성이 없어서, 미국에서는 소량일 경우에 식품 첨가물로도 허용된다. 포름산을 분해하면 다시 수소와 이산화탄소가 나온다.

한걸음 더 나아간 단계는 수소와 일산화탄소를 결합하여 휘발유와 유사한 탄화수소들을 만드는 기술일 것이다. 이 기술까지 실현되면, 탄소 순환이 완결된다. 연료를 태워서 이산화탄소를 얻고 그것을 다시 연료로 변환할 수 있다. 대기에서 추출한 이산화탄소는 결국 대기로 돌아간다.

물론 이 과정에 에너지가 소모되지만, 그 에너지는 태양전지, 지열 발전 등의 지속 가능한 기술로 생산할 수 있다. 합성연료들은 저장과 운반의 문제를 해결함으로써 에너지 삼화음을 완성할 것이다.

합성연료의 생산 공정은 1920년대에 독일에서 석탄을 기화시켜서 대체연료를 생산하기 위해서 개발되었다. 그런 대체연료는 독일의 석유 수입을 불필요하게 만들 것이었다. 오늘날 그 공정은 천연가스나 생물자원을 원료로 액체연료를 생산하는 데에 상당한 규모로 쓰인다. 이제 과제는 한 세기 동안 발전한 화석연료 기반의 석유화학과 동등한 수준의 선택성, 효율성, 융통성에 도달하는 것이다.

이런 아이디어들이 대규모로 실현되려면, 아직 많은 발전이 필요하다. 그러나 이미 이용 가능한 요소들도 많다. 물론 수소 사용을 당장 내일 실현할 수는 없다. 앞의 챕터에서 우리는 수소와 같은 전혀 새로운 연료로의 전환이 교통 시스템에 부과할 난점을 강조했다. 그러나 필요한 혁신들이 이루어진다면, 장기적으로 수소는 가능한 대안일 수 있다. 물론 향후 20년 동안, 재생 가능한 에너지는 주도적인 지위에 오르지 못할 것이다. 새로운 에너지 기술들의 규모를 확대하고 에너지 삼화음을 갖추는 일이 워낙 어렵기 때문이다. 에너지 삼화음을 갖추지 못할 경우, 새로운 에너지 시대로의 전이는 매끄럽지 못하고 외적인 자극들에 의해서 거칠게 추진될 것이다. 사회는 이 새로운 에너지원들에 지속적인 관심을 기울여야 한다. 또한 이 모든 것을 성취하려면 많은 기술적 발전이 필요하다. 새로운 기술들을 도입하려면 엄청난 창의성과 자본이 필요할 것이다. 그러므로 정치인들의 과감한 행동이 요구된다. 아직은 에너지가 충분히 있고 기후 변화가 행동을 불가피하게 만들 정도로 심각하지 않다. 지금도 세계 곳곳에서 석탄을 연료로 쓰는 발전소들이 건설되고 있다는 끔찍한 사실은 정치인들의 무관심을 증명한다.

그 무관심을 몰아낼 수만 있다면, 새로운 성장의 가능성은 풍부하다. 우리 저자들이 보기에 장기적으로 잠재력이 가장 큰 방안은 지열 에너지와 태양 에너지를 두 축으로 삼고, 거기에 약간의 풍력 에너지를 추가하는 것이다. 그리고 새로운 화학 공정들은 에너지 삼화음을 완성할 수 있다. 우리가 성공하지 못한다면, 우리의 손자들이 곤란해질 것이다. 에너지는 모든 활동의 기초이다. 산업이나 교통뿐만 아니라 플라스틱부터 의약품까지 모든 것의 생산에 에너지가 쓰인다. 지속적인 에너지 공급은 인류가 직면한 가장 큰 과제들 중 하나이다.

2.4
지속 가능한 재료

폴크스바겐의 신설 자동차 공장은 드레스덴의 중심이라고 할 만한 곳에 있다. 거리에서 그 공장을 보면, 유리벽 너머로 노동자들이 조립 라인에서 일하는 모습이 보인다. 다른 층에서는 로봇들이 차체에 밝은 색 페인트를 분사한다. 잘못 분사되어서 창에 묻는 페인트는 한 방울도 없다. 20세기에는 공장들이 거주 환경에 있기에는 너무 더러웠기 때문에, 도시의 경계 밖에 공장을 짓는 것이 관행이었다. 그러나 이제 깨끗하고 매력적이고 밀집된 공장들이 도시로 돌아오고 있다. 생산 기술은 남들에게 보여주고 싶을 정도로 완벽한 수준에 이르렀다. 공장과 주택이 다시 나란히 있을 수 있게 된 것이다. 드레스덴에서 100킬로미터 떨어진 라이프치히에도 현대적이고 청결한 공장의 상징이 있다. 자동차 회사 BMW 공장이다. 그 신설 공장의 생산 라인은 식당을 관통한다. 자동차들이 공중에 떠가는 동안, 그 아래의 식탁들에서 노동자들이 점심을 먹는다. 오늘날의 자동차 생산 기술은 어느 모로 보나 노동자들의 식판에 음식을 공급하는 기술 못지않게 청결하다.

자동차는 하나의 사례일 뿐이지만, 다른 한편으로 우리 산업의 상징이다. 실제로 자동차 생산 과정의 모든 세부는 정밀하게 조정되어 있다. 그러나 그 과정의 청결함은 현실을 가리는 겉치레에 불과하다. 그 과정의 산물은 완벽한 자동차가 아니다. 정반대로, 자동차들이 환경에 주는 부담은 여전히 커지는 중이다. 20년 전에 비해서, 자동차 한 대를 생산하는 데에 드는 원료의 양은 증가했고 자동차의 연비는 변함이 없다. 우리가 20년 뒤에도 자동차를 타고 먼 곳으로 가서 친구를 만나기를 원한다면, 이런 상황을 방치해서는 안 된다. 자동차의 에너지 효율과 환경 친화성을 높일 필요가 있다. 열차, 항공기, 배 등의 다른 교통수단들에 대해서도 마찬가지이다. 새로운 발명품들은 논외로 하더라도, 기존 교통수단들의 미래를 연장하려면 전혀 새로운 재료, 제작 방법, 생산 기술이 필요할 것이다. 문제는 우리의 산업이 그런 혁신들을 이룰 융통성을 여전히 가지고 있는가 하는 것이다.

자동차 제작 과정의 경직성

설계자들은 현대적인 자동차의 모든 부품 각각에 수천 시간의 노력을 투자해왔다. 아무리 작은 부품이라도 형태를 완벽하게 다듬고 최선의 재료를 선택하고 생산 방법을 최적화했다. 그러나 그 와중에 더 큰 그림을 보는 안목은 잃었다. 런던 퀸 메리 대학교의 재료공학 교수 톤 페이스는 이것이 어처구니없는 일이리고 생각한다. 그는 도장(塗裝) 기술을 예로 든다. 최신 자동차 공장에서는 로봇들이 마지막으로 광택이 있는 페인트를 극도로 정확하게 분사한다. 또 차체에 전기를 주입해서 페인트가 고르게 덮이도록 만든다. "도장 작업은 마지막 세부까지 최적화되었고, 그 결과로 광택이 두드러진 자동차가 생산됩니다. 비용이 훨씬 덜 들고 환경에 끼치는 악영향도 훨씬 덜한 다른 공법들도 있어요. 그러나 그런 공법들을 채택하려면 생산 공정 전체를 바꿔야 하죠." 애초부터 색깔이 있는 열가소성 플라스틱(thermoplastic)으로 차체 판재를 만들 수도 있다. 그러나 이런 변화를 도입하려면 생산 과정의 한 요소를 조정하는 것 이상의 작업이 필요하다. 조립 순서 전체를 바꿔야 할 것이고, 따라서 완전히 새로운 공장을 건설해야만 이룰 수 있는 근본적인 재조직화가 필요할 것이다. 그런 건설의 사례가 실제로 있었다. 독일의 자동차 회사 다임러 벤츠는 플라스틱 차체 판재를 다수 사용하는 '스마트' 모델을 생산하기 위해서 최신 공장을 건설했다. 이는 중대한 투자이다. 특히 '스마트' 모델처럼 특이한 모양의 자동차가 소비자들의 호응을 받으리라고 확신할 수 없는 상황에서의 투자라면 더더욱 그렇다. 페이스는 설명한다. "미리 색이 정해진 플라스틱 판재들을 쓰면 우리에게 익숙한 자동차 표면과 달리 광택이 없는 표면이 만들어집니다. 또 판재의 색을 금속 부품의 색과 맞추기도 극도로 어렵죠. 그래서 '스마트' 모델들은 의도적으로 플라스틱 부품의 색깔을 금속 부품의 색깔과 전혀 다르게 정합니다."

요즈음의 자동차 생산업체들은 하나의 생산 라인에서 여러 차종을 생산한다. 그러나 그런 생산 라인이라고 하더라도 변화를 쉽게 수용할 수 있는 것은 아니다. 오히려 정반대로 융통성과 거리가 먼 제약들에 묶여 있다. 라이프치히에 신설된 BMW 공장의 구조는 자동차 생산이 얼마나 경직되게 조직되어 있는지를 잘 보여준다. 그 공장의 생산 라인에서 만들어지는 다양한 모델들은 설령 부품들이 다르다고 하더라도 똑같은 방식, 똑같은 순서로 제작된다. 어느 자동차나 똑같은 위치에서 도장된다. 대시보드가 조립되는 위치, 배선이 이루어지는 위치, 좌석이 조립되는 위치도 어느 자동차나 똑같다. 10년 후에도 그럴 것이다. 물론 그때는 틀림없이 다른 모델들이 생산되겠지만 말이다. 배선을 섀시 속에 집어넣고 싶은 기술자는 섀시와 차체를 한 덩어리로 만들고 싶은 설계자와 마찬가지로 자신의 뜻을 이룰 가망이 없다. 이런 변화들은 제작 과정 전반을 변화시킬 것이기 때문에 자동으로 배제된다. 제작의 원칙들은 대개 기술자들이 다음 모델을 생각하기도 전에 확정된다.

심지어 최신 공장도 기존 공장들의 아이디어들을 통째로 채택하고 근본적인 변화는 거의 채택하지 않는 경향이 있다. 헨리 포드가 자신의 첫 생산 라인을 설치한 이래로 지금까지 일어난 변화는 놀라울 정도로 미미하다. 휘발유 엔진과 디젤 엔진이 지금까지 100년 넘게 진화해왔기 때문에, 다른 유형의 엔진들은 거의 주목받지 못한다. 만약에 전 세계가 휘발유 엔진과 디젤 엔진의 개량에 들인 만큼의 시간을 스털링 엔진에 투자했더라면, 지금 스털링 엔진이 어떤 모습일지 상상해보라.

기술자들은 꼭 필요할 때만 매뉴얼에서 벗어난다. 경험은 전승되고 계속 축적되어서 대안의 채택을 점점 더 어렵게 만든다. 이와 같은 융통성 부족은 산업의 진화를 방해하는 장애물의 구실을 한다. 자동차 조립 방식은 실제 조립이 시작되기 10년 전에 정해진다. 바꿀 수 있는 것은 개별 부품들뿐이고, 그래서 자동차 설계자들은 개별 부품들에 초점을 맞춘다.

다양성이 항상 좋은 것은 아니다

설계자들이 개별 부품에 집중한다는 것은 자동차가 재료들과 기술들의 뒤범벅이 된다는 것을 의미한다. 자동차에 쓰이는 강철의 상당 부분은, 더 가볍고 많은 경우에 더 저렴하며 생산하기 쉬운 플라스틱으로 대체되었다. 흔히 부품마다 재료로 삼는 플라스틱의 종류가 다르다고 톤 페이스는 지적한다. "자동차 한 대에 25종 이상의 플라스틱이 쓰이는 경우가 흔합니다. 그린 자동차는 재활용하기가 어렵죠, 우리는 이 방면에서 진보하는 중입니다. 최신 자동차들에 쓰이는 플라스틱의 종수는 줄어드는 경향이 있죠. 그러나 재활용의 측면에서는 과거의 강철 자동차가 훨씬 더 나았습니다. 강철 자동차는 재료가 단일하기 때문에 쉽게 녹여서 재활용할 수 있었으니까 말이죠. 플라스틱 재료의 다양성을 더 줄여야 합니다. 그렇게 하지 않으면, 앞으로도 자동차를 재활용하는 것은 매우 어려울 것입니다."

이 문제와 관련된 성취는 아직 제한적이다. 아우디와 재규어는 알루미늄을 주재료로 삼은 자동차를 개발하는 중이다. 그러나 알루미늄은 비싼 금속일 뿐만 아니라 쉽게 우그러진다. BMW와 벤츠는 서너 종류의 플라스틱만 사용하는 자동차를 연구한다. 그러나 특정 부분의 플라스틱을 유리섬유로 강화해야 하는 등의 예외 조치들이 다수 필요하다는 것이 드러나고 있다. 그런 예외 조치들에 의해서 만들어진 재료는 너무 강해서 쉽사리 재활용할 수 없다. 도요타는 생물 분해성 플라스틱과 합성 재료에 희망을 걸고 있는데, 페이스는 이것도 유치한 발상이라고 본다. "이 발상으로는 재료 순환을 완성할 수가 없습니다. 플라스틱에 투입된 에너지가 소실되기 때문이죠. 또 당신이라면 수명이 다한 자동차를 비료로 쓰고 싶겠습니까? 그렇게 많은 생물 분해성 재료로 무엇을 할 것인지는 아무도 모릅니다. 자동차의 재료에는 어느 농부도 자신의 농지에 뿌려지기를 바랄 리 없는 첨가물들이 잔뜩 들어 있죠. 이런 문제들을 제대로 고민해야 합니다. 그렇지 않으면, 도요타의 발상은 무의미하죠."

자동차에 들어가는 재료의 종류는 꾸준히 늘고 있다. 전문가들은 특수 합성 재료를 점점 더 많이 개발하는 중이라고 페이스는 설명한다. "전문가들은 투명하거나 전도성이 높거나 불에 잘 견디거나 강하거나 가볍거나 이런 속성들을 동시에 갖춘 합성 재료를 연구하고 있습니다. 소량의 첨가물을 집어넣어서 재료의 속성들을 특정 부품을 만들기에 적합하도록 조정하는 방식이 대세죠. 그런데 이 방식으로 개발한 재료는 재활용할 수가 없어요. 하지만 플라스틱의 화학적 조성은 그대로 둔 채 물리적 속성을 바꾸는 것은 가능합니다. 이것이 더 나은 해법이죠." 페이스는 21세기 초에 개발된 폴리프로필렌(polypropylene)의 한 유형을 언급한다. 그 재료는 섬유에 의해서 강화되어 있는데, 그 섬유의 재료 역시 폴리프로필렌이다. 또다른 가능성은 지름 1나노미터 정도의 가는 섬유를 생산하는 것이다. 그러면 첨가물을 적게 집어넣어도 충분히 강한 재료를 얻을 수 있을 것이다. 첨가되는 섬유의 양이 줄면, 재료의 재활용은 용이해진다.

더 가벼운 재료가 더 무거운 차를 만든다

플라스틱이 사랑받는다고 해서 자동차의 무게가 줄어드는 것은 아니다. 부품들과 재료들은 여러 해에 걸쳐서 수천 가지 방식으로 개량되었지만, 설

자동차들의 무게 증가

출처: T. 페이스(2009)

자동차의 재료는 수십 년 전보다 가벼워졌지만, 자동차들이 무거워지는 추세는 꺾이지 않았다. 엔진 효율 향상의 효과는 일관되게 자동차의 안전성과 편리성 향상에 쓰였고, 결과적으로 연료 소비량은 거의 변함이 없다. 이제 과제는 자동차의 기능을 향상함과 동시에 연료 소비를 줄이는 방향으로 자동차 설계를 다시 생각하는 것이다. 출처 : 페이스와의 사적인 통신(2009).

계자들은 모든 개량을 추가 기능 탑재의 기회로 삼는 경향이 있었다. 추가 기능 탑재는 자동차의 개념 자체를 변경하는 것보다 더 쉽기 마련이다. 결과적으로 자동차의 본질적인 성능은 향상되지 않았다. 이런 경향은 동일 모델에 속한 여러 세대의 자동차들을 비교하면 확연히 눈에 띈다. 여러 세대에 걸친 자동차의 진화를 수십 년 동안 생산된 몇몇 모델들에서 추적할 수 있다. 설계 방법이 발전함에 따라서 금속 부품들의 두께는 점점 더 얇아졌고, 많은 모델들에서 점진적으로 금속이 플라스틱으로 대체되는 변화가 일어났다. 방음, 전자 장치를 통한 좌석 조정, 파워 핸들 등이 새로운 기능으로 추가되었다. 차체가 강화되고 안전 벨트, 머리 받침대, 에어백이 추가되어서 안전성이 향상되었다. 묵직한 냉방 장치도 추가되었다. 자동차의 무게가 증가함에 따라서 성능이 더 좋은 제동 장치와 더 강력한 엔진이 필요해졌고, 따라서 자동차의 무게는 더욱 증가했다. 유럽의 자동차들은 매년 4킬로그램 꼴로 무게가 증가해왔다. 20년에 걸쳐서 도요타 코롤라와 복스홀 카발리어(오펠 벡트라)의 무게는 40퍼센트가 넘게 늘었고, 폴크스바겐은 무려 50퍼센트가 늘었다. 필요한 출력도 덩달아 높아졌다. 자동차의 무게가 두 배로 늘어나면, 연료 사용량도 두 배 가까이 늘어난다. 결국 더 효율적인 엔진 기술의 효과는 상쇄된다.[1] 이런 연유로, 엔진 기술의 발전에도 불구하고 자동차들의 연비는 10년 전이나 지금이나 다를 바가 없다. 게다가 에너지 소비 총량은 증가했다. 자동차의 대수와 연간 운행거리가 증가했기 때문이다.

페이스는 주장한다. "자동차의 무게가 꾸준히 증가하는 추세를 막아야합니다. 우리가 무게 증가의 악순환을 뒤집어서 앞으로 20년 동안 더 가볍고 단순한 자동차들을 생산할 수 있다면, 그것이야말로 진정한 혁신일 것입니다. 차체가 가벼워지면, 차축, 바퀴, 엔진도 가벼워질 수 있고, 자동차의 무게를 절반으로 줄일 수 있죠. 무게가 줄면, 엔진 소비가 줄고 속도와 가속도는 향상됩니다. 그러면 지구적인 규모에서 어마어마한 원료와 에너지가 절약될 것이고, 자동차들의 성능도 좋아질 것입니다."

아주 영리한 자연

많은 기술자들이 혁신의 실마리를 발견하기 위해서 생물학에 관심을 기울인다. 톤 페이스는 확신한다. "자연을 관찰하면, 아주 많은 것을 배울수 있습니다. 자연은 영리해요." 기술자들은 자연 세계를 본보기로 삼고 싶어한다. 그들은 애벌레가 어떻게 기어가는지, 나무가 어떻게 휘어지는지, 곤충이 어떻게 나는지, 도마뱀붙이가 어떻게 천장에 매달리는지 알아내려고 애쓴다. 자연은 온갖 기술적 문제에 대응하여 우아한 해법들을 마련했다. 오직 가장 강하고 가볍고 지속 가능하고 경제적인 형태만이 생존투쟁에서 승리한다. 까마득한 세월에 걸쳐서 개발된 그런 해법들은 예외

없이 최선일 뿐만 아니라 환경 친화적이다. 열등한 해법들은 진화의 과정에서 모조리 사멸했기 때문이다. 그러니 자연이 이미 발견한 것들을 우리가 독자적으로 다시 발견할 필요가 있겠는가?

페이스는 조개껍데기를 예로 든다. 조개껍데기의 성분은 5퍼센트만 고분자이고 나머지는 백악(白堊)을 비롯한 다른 물질들이다. 그런데도 평범한 백악보다 3,000배나 더 강하다. 페이스는 인정한다. "우리는 자연에 훨씬 못 미칩니다. 조개껍데기를 모방하기는 극도로 어렵죠. 갑각류, 조류, 나무들은 흔히 우리가 만들 수 있는 물질보다 더 우수한 물질을 생산합니다. 이것이 바로 우리가 자연에서 배워야 하는 이유입니다."

자연에서 배우면, 판매에도 도움이 된다. 벤츠의 설계자들은 자신들이 거북복에서 영감을 얻었다고 광고한다. BMW는 개량된 유선형 설계를 홍보하기 위해서 상어 가죽을 들먹인다. 오펠은 아스트라 모델을 위해서 개발한 현가장치(懸架裝置)의 원리를 나무의 성장 방식에 빗대어서 설명한다. 독일의 타이어 회사 콘티넨탈은 기어오르기의 명수인 청개구리의 다리에서 영감을 얻어서 타이어를 만들었다고 강조한다. 이와 같은 자연과의 대비는 흔히 피상적인 면이 없지 않으나 판매에는 확실히 도움이 된다.

독창성 없는 모방

톤 페이스는 지적한다. "사람들은 자연의 영리한 해법을 어리석게 모방하기도 합니다. 흔히 기술자들은 바탕에 깔린 원리와 방법을 연구하고 그다음에 그것들을 자신들의 설계에 적용하는 것이 아니라 자연을 흉내내기에만 지나치게 몰두하죠. 그러나 자연에서 아이디어를 얻어서 다른 맥락에서 써먹으려면, 저변의 원리와 방법을 연구할 필요가 있습니다. 그저 노예처럼 모방하는 것만으로는 부족하죠." 기술자들은 물리적 속성들을 중심으로 생각하기——물질을 강도, 유연성, 내구성 등에 따라서 선택하기—를 선호하지만, 자연은 그렇지 않다. 기술자들은 우수한 재료를 써서 질 좋은 제품을 만들기를 좋아하는 반면, 자연이 쓰는 재료들은 흔히 보잘것없다. 자연은 고성능 재료보다 영리한 설계에 중점을 둔다고 할 수 있다. 자연은 예를 들면, 적절한 위치들에 보강재를 덧붙임으로써 약한 물질을 강하게 만든다. 페이스는 말한다. "모양은 재료보다 더 저렴합니다. 이것은 중요한 자연의 원리이죠. 자연은 우리가 열등하다고 생각하는 재료를 적절한 구조로 빚음으로써 그 재료에 우월한 속성들을 부여합니다. 우수한 재료를 개발해서 얻을 수 있는 이득보다 영리한 설계를 통해서 얻을 수 있는 이득이 더 많죠."

또다른 자연의 원리는 복잡성이다. 페이스는 뼈를 예로 든다. "뼈에는 모든 것이 내장되어 있습니다. 뼈에는 자체 치유력이 있고 내장된 센서들이 있어요. 또 뼈는 나노 규모까지 정확한 섬유 보강 방식으로 구조가 짜여져 있어서 강할 필요가 있는 위치들이 그렇지 않은 위치들보다 더 강하죠. 뼈의 구조는 7개의 층위로 구분할 수 있는데, 층위들은 제각각 다른 메커니즘을 통해서 해당 규모에서 뼈의 속성들을 결정합니다. 모든 요소들이 밀접하게 연관되죠. 우리가 그 구조를 모방할 수 있다면, 그것은 대단한 성취일 것입니다. 우리가 사용하는 물질들은 최대 3개 층위의 구조를 가지고 있고, 흔히 단 하나의 속성—예를 들면, 강도—만이 최적화되어 있죠."

자연은 구조들을 만들 때 하나의 방법에 의존하지 않는다. 정반대로 자연은 거의 상상을 초월할 정도로 다양한 해법들을 사용한다. 자연은 무작위한 돌연변이를 통해서 대안 설계들을 시험한다. 반복되는 말이지만, 인간은 생산 방식들을 거의 완전히 표준화해놓았다. 지금 나오는 자동차들은 외양이나 특징에 상관없이 모두 똑같은 방식으로 제작된다. 자연은 우리에게 자동차 공장의 경직성을 완화하여 다른 설계 개념들을 더 용이하게 시험할 수 있도록 만들라고 충고한다.

톤 페이스는 덧붙인다. "자연은 또한 경제적입니다. 자연은 경량화 기술을 터득하면 정말로 더 가볍고 더 빠르고 에너지를 덜 쓰는 생물을 만들죠. 반면에 우리는 더 가벼운 자동차 재료를 개발하면 그 기회를 이용하여 자동차에 더 많은 호화 기능을 장착합니다." 그러나 자연은 때때로 느리다는 단점이 있다. 이 단점은 아마도 자연에서 영감을 얻기를 열망하는 설계자들에게 가장 큰 걸림돌일 것이다. 조개껍데기의 정밀한 구조가 짜여지려면 몇 개월이 걸린다. 자동차 공장은 그렇게 느린 제작 과정을 채택할 수 없다. "자연에서 배운 방법을 더 빠른 속도로 재현할 필요가 있습니다. 그렇게 하지 않으면, 자연의 방법은 우리에게 쓸모가 없죠." 톤 페이스는 이렇게 결론짓는다. "우리가 직면한 커다란 과제는 자연의 느린 창조 과정을 가속시키는 것입니다."

자연은 여전히 우리를 능가한다. 자연은 우리의 것들보다 우월한 재료와 제작 개념을 사용한다. 이것은 아직 우리에게 향상될 잠재력이 있다는 것을 의미한다. 우리가 환경에 점점 더 큰 부담을 지우는 현재의 추세를 바꾸기 위해서 진지하게 노력한다면, 우리가 가진 향상의 잠재력은 더 효과적으로 발현될 것이다.

2.5
청결한 공장

공장을 그려보라고 하면, 아이들은 거의 모두 거대한 굴뚝과 거기에서 뿜어져나오는 검은 연기를 그린다. 공장이라는 단어를 들으면, 어른들은 폭발, 황량한 공업지대, 에너지와 자원의 낭비 등을 떠올릴 수도 있겠다. 배관들이 끝없이 뻗어 있고 야릇하고 역겨운 냄새가 나는 화학공장들은 대기와 토양에 해를 끼치기로 악명이 높다. 우리는 현재의 화학이 전혀 이상적이지 않다는 것을 인정하지 않을 수 없다. 우리가 느끼는 공업의 폐해는 상당 부분 공업의 거대한 규모와 직결된다. 발전소들이나 플라스틱 생산공장들을 살펴보라. 그 시설들은 계속 규모가 커지는 중이다. 그곳들에는 과잉된 열을 제거하기 위한 거대 규모의 냉각시설이 필요한 경우가 많다. 바꿔 말해서 그곳들은 흔히 너무 많은 에너지를 사용한다.

공장의 규모가 커지면 위험도 커진다. 대규모 시설에서는 대형 참사가 발생할 수 있다. 사고의 연쇄 효과는 극적일 수 있다. 그래서 안전성은 발전소와 공장을 설계할 때 핵심으로 고려된다. 그러나 안전성을 추구하면 기능이 제한된다. 안전한 공장의 운영 방식은 최적의 방식과 거리가 멀 때가 많다. 운영자들은 재료와 에너지를 추가로 소비하는 대가로 안전을 확보한다. 부산물들은 트럭으로 실어내야 하는데 흔히 그 양이 어마어마하고 유용하게 쓸 곳은 거의 없다. 예를 들면, 고전적인 정유 기술에서는 생산되는 경유와 중유의 비율을 조절하기가 어렵다. 휘발유 수요가 늘어서 휘발유 생산을 늘리면, 등유나 디젤유의 생산도 늘어날 수밖에 없다.

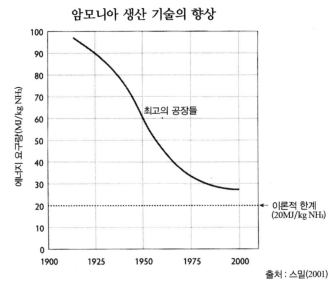

암모니아 생산 기술의 향상

최고의 공장들

이론적 한계
(20MJ/kg NH₃)

출처 : 스밀(2001)

수십 년 동안 기술이 발전한 덕분에 화학 공정들은 더 효율적이고 저렴해졌다. 위 그래프는 지구에서 가장 많이 쓰이는 공정의 하나인 암모니아 생산 공정의 발전을 보여준다. 이런 발전들의 다수는 규모 확대를 통해서 이루어졌다. 그러나 이제 큰 규모의 단점들이 나타나기 시작했다. 오늘날의 과제는 화학공장의 효율을 유지하면서 규모를 줄이는 것이다. 출처 : V. 스밀(2001). 「지구를 풍요롭게 만들기 : 프리츠 하버, 카를 보슈, 그리고 세계 식량 생산의 변환(*Enriching the earth : Fritz Haber, Carl Bosch and the thransformation of world food production*)」. Mass.: MIT Press.

규모 확대는 오래 전부터 화학공업의 구호였다. 그럴 만한 기술적, 재정적 이유가 있다. 예를 들면, 큰 그릇은 작은 그릇보다 단열하기가 더 쉽다. 투자비용, 직원들의 수준, 유지, 관리비용, 토지 사용을 생각해봐도 전통적으로 큰 공장이 유리했다. 최근까지만 해도 더 크면 더 효율적이고 더 저렴했다. 그러나 요즘은 그런 고전적인 접근법의 필요성이 점점 줄어들고 있다. 규모 확대를 통해서 얻을 수 있는 이득은 꾸준히 줄어드는 중이고, 대규모 공장에 필요한 물류체계는 까다롭기 그지없다. 요컨대 큰 규모의 단점들이 불거지기 시작했다. 예를 들면, 요즈음의 에틸렌 분해시설들은 워낙 거대해서 하나만 새로 건설되어도 즉각 지구적인 수급의 균형이 흔들린다. 그럴 경우, 공급의 지나친 도약과 지역적 쏠림을 막기 위해서 서로 경쟁하는 시설들이 생산물을 공동 출하할 필요가 있다. 이것은 유럽 전역의 생산공장들을 연결하는 에틸렌 파이프라인들이 설치된 이유들 중 하나이다.

크기가 중요하다

기술의 진보는 대규모 공장의 장점을 미미한 수준으로 격하시켰다. 예를 들면, 발전된 단열 기술은 소규모 공장에도 적용할 수 있다. 전자공학과 공정 자동화의 발전 덕분에, 센서들과 운영 시스템들의 질이 향상됨과 동시에 가격이 저렴해져서 소규모 공장도 채택할 만하게 되었다. 따라서 이제는 소규모 공장이라도 많은 직원을 고용할 필요가 없다. 요컨대 화학공장의 효율을 희생하지 않으면서 규모를 줄이는 것이 전적으로 가능하다. 게다가 작은 그릇들은 신속하게 알맞은 온도로 가열할 수 있다는 장점이 있다. 또한 열은 화학반응이 일어나는 자리에만 필요하므로, 정밀성에 있어서도 작은 그릇이 큰 그릇보다 더 낫다. 그뿐만 아니라 반응이 격렬한 경우에는 작은 그릇을 통제하기가 더 수월하다. 이런 장점들은 공장의 규모가 작아질수록 더 커지는 경향이 있다. 그렇다면 규모 확대의 경향을 뒤집어서 공장을 소형화하는 편이 더 유리하지 않을까? 화학공장의 모든 요소들은 지금보다 훨씬 더 작아질 수 있다. 화학공장을 구성하는 그릇들, 파이프들, 증류탑들은 모두 손바닥만 한 크기로, 또는 그보다 더 작게 축소될 수 있다.

전 세계의 연구자들이 마이크로 공장을 창조하기 위한 연구에 매진하고 있다. 기본 발상은 마이크로 전자공학에서 쓰이는 것과 똑같은 마이크로 에칭(etching) 기법을 이용하는 것이다. 오늘날에는 몇 마이크로미터의 정확도로 장치들을 만드는 것이 가능하다. 이 기법은 화학 공정들의 규모를 줄이는 온갖 방식들을 가능하게 한다. 일반적으로 한 전자부품을 다른 전자부품으로부터 격리할 때 쓰는 마이크로 구조들은 유체의 운반에 쓰기에도 더할 나위 없이 적합하다. 센서들도 실리콘에 새겨넣을 수 있을 것이다. 심지어 움직이는 소형 구조물을 칩에 새겨넣는 것도 가능하다. 마이크로 펌프와 마이크로 믹서는 이미 실현되었다. 이 분야의 기술은 DNA 연구의 필요성 때문에 대폭 발전했다. 1990년대에 기술자들은 유전자 분석에 필요한 모든 기술들을 통합하여 단일한 마이크로칩에 집어넣는 데에 성공했다. 그 결실인 "실험실 칩(lab on a chip)"은 인간 게놈 전체의 서열을 밝히는 데에 필요한 수많은 복잡한 실험들을 자동화할 수 있게 해주었다(4.2 참조).

클라브스 젠센은 이 실험실 칩의 발상을 한 단계 더 발전시키는 일에 종사하는 선구자이다. 그 발상은 지금까지 실험 장치에만 적용되었다. 다음 단계의 혁신은 그 발상을 화학 생산에 적용하여 칩 크기의 공장을 창조하는 것이다. 매사추세츠 공과대학의 화학공학 및 재료과학 교수인 젠센은 어떤 공정의 모든 단계들을 서로 연결된 장치들의 집단에 집어넣는 것을 최종 목표로 설정했다. 그 집단은 디스플레이, 중앙처리 장치, 저장 장치를 갖춘 컴퓨터와 매우 흡사하다. 그런 "공장 칩(factory on a chip)"은 대형 화학공장에서 이루어지는 과정들——혼합, 반응, 분리——을 수행할 수 있다. 젠센은 이런 접근법이 이상적인 화학공장을 실현하는 길일 수 있다고 말한다. "화학공장을 정말 작게 만들면, 화학반응들을 한 방울까지 정확하게 통제할 수 있습니다. 원료들을 딱 알맞은 양만 집어넣을 수 있고, 반응산물들을 즉시 다른 곳으로 옮김으로써 추가 반응 때문에 부산물이 형성되는 것을 막을 수 있죠. 최종 산물은 평범한 공장의 산물보다 질이 더 우수할 것입니다. 게다가 이런 소형 공장은 원료와 에너지를 덜 쓸 것이므로 지속 가능성이 더 높죠." 평범한 공장에서는 대형 반응 그릇에 모든 원료를 한꺼번에 쏟아붓는다. 또 반응산물은 흔히 마지막 순간까지 그 그릇에 머문다. 이런 대규모 공장과 공장 칩은 전혀 다르다.[1]

물방울이 모여서 강을 이룬다

마이크로 공장은 우리에게 익숙한 대형 공업시설보다 훨씬 더 안전하다고 젠센은 말한다. "설령 마이크로 반응기에 문제가 생기더라도, 방출되는 화학물질은 소량이어서 쉽게 가둘 수 있으며, 문제가 생긴 부위를 교체하는 작업도 쉽습니다." 그뿐만 아니라 소규모 공장에서는 최적의 반응 조건을 조성하기가 더 쉽다. "최적의 조건을 조성하는 작업을 더 적극적으로 할 수 있죠. 발열반응은 '걷잡을 수 없게' 되는 경향, 즉 연쇄반응을 일으키고 결국 폭발로 이어지는 경향이 있습니다. 이 경향은 예를 들면, 산화반응에서 항상 문제가 되죠. 그런 반응들은 극도로 조심스럽게 다루어야 합니다. 그래서 산화 공정들은 매우 조심스럽게 설계되죠. 반면에 마이크로 반응기를 가동할 때는, 걷잡을 수 없는 반응이 일어나기 직전의 조건에서 가동할 수 있습니다. 대규모 시설에서는 그런 과감한 시도를 절대로 할 수가 없죠."

마이크로 공장에서는 잉여 에너지를 이용하기도 쉽다. 흡열반응과 발열반응을 조합하여 후자에서 방출된 에너지를 전자에 공급할 수 있다. 또 다른 장점은 마이크로칩 내부의 유체들이 더 균일하다는 것이다. "왜냐하면 공정을 국지적으로 측정하고 통제하기가 더 쉽기 때문입니다. 더 높은 정확도에 도달할 수 있고, 따라서 부산물과 불완전 반응을 줄일 수 있죠. 정확도가 높아지면 대규모로는 실행할 수 없는 반응들도 실행할 수 있게 됩니다. 통상적인 설비에서 실행하기는 너무 어려운 반응들이 새롭게 가능해지는 것이죠." 좋은 예로 테플론(Teflon : 미국 듀폰 사가 개발한 불소 수지/역주)의 생산 공정을 들 수 있다. 테플론은 탁월한 불활성, 거의 모든 화학물질에 대한 저항성, 내열성을 가진 고체물질이다. 그러나 테플론 생산에 쓰이는 불소 화합 과정은 부식성과 발열성이 매우 강하다. 그 과정이 마이크로 공장에서 소규모로 일어난다면, 그 과정을 통제하기가 더 쉬울 것이다.

젠센은 의약품 생산에서 여러 성분들로 이루어진 유체가 결정을 형성하는 과정도 예로 든다. 그 결정들의 정확한 형태는 의약품이 인체 내에서 발휘하는 효과에 지대한 영향을 끼친다. 쉽게 말해서 그 결정들은 매우 정확하게 합성되어야 한다. 온도나 압력이 조금만 요동해도 흔히 전혀 다른 모양의 결정들이 만들어진다. 마이크로 반응기는 가장 효과적인 결정 형태를 보장하는 완벽한 도구이다. 더 나아가서 결정 형태를 체계적으로 변화시키는 것을 가능하게 함으로써 신약의 설계와 검사를 신속하게 진행할 수 있게 해준다. 이 기술은 이미 널리 보급되어 시도와 오류를 통해서 신약을 발견하는 과정의 자동화에 쓰이고 있다.

소형화는 신선한 전략의 채택을 용이하게 한다는 점을 추가로 고려하면, 이런 소형 공장들의 미래는 더욱 밝아 보인다. 고전적인 화학 생산에서는 새 공정을 우선 실험실 규모에서 조심스럽게 시험한 다음에 한 단계씩 점진적으로 규모를 늘려서 마지막에 산업적 생산에 적용해야 한다. 그러나 마이크로 공장에서는 그 모든 단계들을 건너뛸 수 있다. 생산량을 늘리려면, 간단히 마이크로 공장의 개수를 늘리면 된다. 동시에 작동하는 단위들의 개수를 점차 늘리기만 하면 되는 것이다. 클라브스 젠센은 생각한다. "점점 더 큰 공장을 짓는 대신에, 똑같은 것을 더 많이 만들기만 하면 되죠. 따라서 시장의 변화나 소비자들의 요구에 신속하고 유연하게 반응하기가 더 쉬워질 것입니다." 또한 그 마이크로 공장들을 한 곳에 모아놓을 필요도 없을 것이다. "산물이 필요한 곳이라면 어디에나 마이크로 공장을 설치할 수 있을 것입니다. 따라서 시안화물과 같은 독성 중간 산물들을 운반할 필요도 없을 테죠. 그것들도 필요한 곳에서 바로 생산하면 될 테니까요." 수명이 짧은 산물들도 마찬가지이다. 젠센은 양전자 단층촬영 등의 의료검사에 쓰이는 조영물질들을 예로 든다. 그것들은 대개 사용 가능 기간이 몇 시간에 불과하다. 젠센은 말한다. "양전자 단층촬영기 옆에 마이크로 공장을 설치해놓고, 조영물질을 즉석에서 생산할 수 있을 것입니다."[2]

마이크로 공장은 심지어 가정용 기기에 내장될 수도 있다. 세탁기가 세제를 생산하고, 탄산수 병이 탄산수를 제조할 수 있을 것이다. 원료가 있는 그 자리에 마이크로 공장을 설치할 수도 있다. 그러면 예를 들어 원유를 유정 안에 있는 채로 정유하고 생물자원을 재배 현장에서 처리할 수 있을 것이다. "필요한 곳 근처에서 작은 규모로 정확하게 생산하는 것에 미래가 달려 있습니다." 마이크로 공장은 물류에 대한 전혀 다른 접근법도 가능하게 한다. 현재의 생산 시스템은 집중형이다. 그래서 우리의 생산은 균일화를 향해서 진화하고 교란에 취약하다. 마이크로 공장들은 소규모 생산, 최종 사용자 근처에서의 생산, 시장의 변화나 새로운 수요에 신속하게 대처할 수 있는 생산을 가능하게 할 것이다.

전체를 통제하기

마이크로 공장을 실현하기 위해서 해결해야 하는 핵심 과제는 공장의 다양한 부분들을 단일한 설계에 집어넣는 것이다. 전통적인 절차는 우선 화학적 과정을 연구하고 이어서 반응기를 설계하는 것이다. 많은 경우에 통제는 나중에 추가로 고려할 사항에 지나지 않는다. 반면에 마이크로 공장을 위해서는 모든 것을 한꺼번에 창조해야 한다. 반응기와 화학적 과정은 구분되지 않는다. 센서들과 전자 장치들도 마이크로 공장 안에 조밀하게 자리잡아야 할 것이므로, 마이크로 반응기와 칩을 생산하는 것은 진정한 의미에서 여러 분야에 걸친 과제이다. 클라브스 젠센은 말한다. "그러므로 외부에서 새 지식을 들여와야 합니다. 저는 연구 팀에 생물학자와 화학자를 충원했습니다. 그들은 필요한 존재들이죠. 모두가 서로에게 배워야 합니다." 젠센의 연구 팀은 마이크로 공장의 발전을 가로막는 장애물들을 극복하려고 애쓰는 중이다. "우리는 참된 3차원 구조를 칩 위에 구현하고자 합니다. 고전적인 화학공장을 구성하는 그릇들과 배관들과 기둥들은 복잡한 매듭구조를 이루죠. 대형 공장의 시설 배치는 운반을 최소화하는 쪽으로 최적화됩니다. 아직까지 마이크로 공장에서는 요소들을 겹쳐놓는 것이 불가능합니다. 그래서 요소들의 배치를 최적화하는 데에 한계가 있죠." 고체 입자는 미세한 통로를 막을 수 있기 때문에, 고체 물질 처리와 결정화도 어렵다.

마이크로 공장은, 정확성이 결정적으로 중요하고 생산물을 흔히 소량으로 취급하는 두 분야인 제약 산업과 정밀 화학에 가장 먼저 적용될 것이다. 특히 의약품 생산에서 정확성은 이득과 직결된다. 마이크로 공장이 제공하는 정확성은 합성 플라스틱의 질 향상도 가져올 가능성이 있다. 마이크로 공장은 합성 분자들의 길이를 정확하게 통제하고 속성들을 정밀 조정할 수 있게 해줄 것이기 때문이다. 그러나 마이크로 공장은 생산물을 그램이 아니라 톤 단위로 측정하는 대규모 생산과 관련해서도 매우 이로울 것이라고 클라브스 젠센은 확신한다. 마이크로 공장이 산화 과정을 아주 유리한 조건에서 수행한다면, 수많은 마이크로 공장들을 동시에 가동하는 것이 경제적으로 유리할 것이다. 마이크로 공장에 대한 연구는 더 나아가서 공정들의 통합에 관한 신선한 통찰을 제공함으로써 대규모 공장의 실계를 발전시킬 수 있다. 그러면 복잡한 공정들을 더 효과적으로 통제할 수 있게 될 것이다.

결국 우리는 모든 것이 완벽하게 통제되고 조화를 이루며 부산물도, 잉여물도, 에너지 낭비도 없는 공장, 사용자들 근처에 있으며 조건의 변화에 자동으로 적응하는 공장에 더 접근하게 될 것이다. 마이크로 공장은 궁극적으로 "만능 공장"의 출현을 가능하게 할지도 모른다. 그런 만능 공장은 다양한 요소들을 하나의 칩에 통합하는 기술이 낳은 매우 다재다능한 장치의 형태일 것이다. 우리는 단 하나의 공장에서 다양한 생산물을 만들어낼 수 있을 것이다. 언젠가는 분자의 하부단위들을 마음대로 조작해서 마치 인쇄기가 다양한 활자를 찍어내듯이 다양한 분자들을 만드는 것까지 가능해질 수도 있다.

제3부

도구

3.0
우리를 돕는 것들

캐나다의 미디어 전문가 마셜 매클루언은 일찍이 1962년에 "지구촌(global village)"의 도래를 예언했다.[1] 그는 시간과 공간은 통신을 가로막지 못하게 되고, 사람들은 세계 규모에서 관계를 맺을 것이라고 말했다. 지난 10년 동안 급속하게 이루어진 통신 기회의 증가는 매클루언의 분석이 대부분 옳다는 것을 입증했다. 그러나 세계는 아직 커다란 마을로 바뀌지 않았다. 세계의 인터넷 연결망 지도에서 확인할 수 있듯이, 지구의 많은 구역들은 예나 지금이나 동떨어져 있다. 주요 연결선들은 아프리카 대륙을 우회한다. 대서양에서 출발한 연결선들은 희망봉을 스쳐서 태평양으로 뻗어가고, 가끔 작은 곁가지만 아프리카 해안을 향해서 갈라진다. 그 연결선들은 과거 네덜란드와 영국의 동인도 회사들이 오가던 교역로들과 아주 흡사하다. 설령 아프리카에 고속 인터넷 연결의 비용을 감당할 수 있는 현지 주민이나 기업이 있다고 하더라도, 아프리카 대륙을 관통하는 케이블은 유지와 관리가 턱없이 어려울 것이다. 그러므로 하나의 대륙 전체가 통신혁명의 혜택을 받지 못할 위험에 처해 있다. 사업자들은 아프리카를 기피한다. 소프트웨어 회사들은 카메룬이 아니라 중국과 인도에서 프로그램을 개발한다.

통신망이 조밀해지면, 사람들이 지구 경제에 참여할 기회가 많아진다. 또한 물 공급에 대한 통제력이 강화되고, 지구 규모의 변화에 대한 조기 경보도 가능해질 수 있다. 인류가 직면한 다른 많은 문제들과 그것들에 맞서기 위해서 필요한 도구들은 본성상 기술적이다. 마이크로 전자공학은 우리의 건강을 더 잘 점검할 도구들을 제공한다. 더 융통성 있고 오류를 스스로 깨닫는 컴퓨터들은 우리로 하여금 위기에서 멀어지게 할 수 있다. 우리는 민감하게 반응하고 어디에나 설치할 수 있는 도구들을 필요로 한다. 우리는 현재 가능한 수준보다 더 짧은 시간에 더 큰 면적을 훨씬 더 정확하게 측정하고 통제할 필요가 있다. 기후나 지진을 감시하는 센서들은 아직도 부족하다. 우리가 공정들을 더 정확하게 통제하는 방법을 모르기 때문에, 우리의 공장들은 너무 많은 에너지와 원료를 소비한다. 새로운 도구들은 우리가 맥박을 재듯이 공정을 점검하고 문제의 소지가 발생하면 신속하게 대응할 수 있게 해줄 것이다. 큰 그림과 장기적인 예측만이 인류의 운명에 영향을 끼치는 것은 아니다. 작은 변화들에 기민하게 대처하는 것도 중요하다.

도구를 발전시키려는 노력들은 항상 불안을 일으켰다. 인류의 역사는 새로운 기술이 우리에게 돌이킬 수 없는 해를 끼치고 결국 우리를 노예화할 것이라는 경고들로 가득 차 있다. 소크라테스는 글쓰기를 만류했고, 인쇄술의 발명이 우리를 알아볼 수 없을 정도로 변화시킬 것이라는 주장도 있었다. 실제로 우리는 엄청나게 달라졌다고 할 수 있다. 그러나 중세 후기의 교회 지도자들이 두려워했던 변화는 일어나지 않았다. 도구가 인간을 지배하게 되는 것에 대한 심층적인 두려움은 우리 시대에도 나타난다. 예를 들면, 미국의 분자과학자 에릭 드렉슬러는 분자 규모의 시스템들이 번식할 수 있고 언젠가는 새로운 유형의 자체 복제 나노 로봇이 창조될 수 있다고 생각한다.[2] 드렉슬러는 이용 가능한 원료가 충분히 많을 경우, 자체 복제가 매우 빠르게 진행되어서 머지않아 무수한 나노 로봇들이 모든 구멍과 틈 속에서 마치 단세포 생물들처럼 주위의 물질을 먹어치우면서 순식간에 번식할 것이라고 경고한다. 나노 로봇 수천 대——머지않아 수십억 대——가 지구 전역으로 퍼지면서 마주치는 모든 것을 게걸스럽게 먹어치울 것이다. 드렉슬러를 지지하는 사람들의 계산에 따르면,

지구 전체가 3시간 내에 싹쓸이되고 모든 것이 "회색 진창(gray goo)"으로 바뀔 것이다. 실험실에서 탈출한 나노 로봇 한 대가 180분 내에 지구에 사는 모든 생물을 없애버린다는 것이다.

이 악몽 같은 회색 진창 시나리오는 갖가지 유사 형태들로 제기된다. 컴퓨터 회사인 선 마이크로시스템스의 연구 책임자를 지낸 빌 조이는 약간 더 정교한 시나리오를 내놓았다. 그 시나리오에서 나노 로봇들은 인간의 것과 유사한 지능을 획득한다.[3] 미국의 미래학자 레이 커즈와일은 나노 로봇이 우리의 몸에 끼칠 수 있는 영향에 대해서 숙고했다.[4] 나노 로봇들은 혈관을 따라 움직이면서 우리 몸의 기능들을 장악할 수 있을 것이다. 그 기계들은 우리의 뇌의 적절한 위치에서 전자를 발사함으로써 뉴런들을 활성화할 수 있을 것이다. 그러면 우리의 눈이 실제로 보는 것이 무엇이든 상관없이, 우리는 열대의 섬에서 일몰 광경을 보고 있다고 믿게 될 수도 있을 것이다. 우리는 육중한 기계 장치가 돌아가는 공장 안에 있으면서도 새들이 지저귀는 소리를 들을 것이다. 나노 로봇들은 우리의 감각을 속여서 실재와 환상을 구분할 수 없게 만들 것이다. 영화 「매트릭스(The Matrix)」는 이런 생각을 논리적 종착점까지 펼쳐간다. 인류는 언젠가 자신들이 전혀 모르는 사이에 착취되어왔음을 깨닫게 될지도 모른다.

드렉슬러, 조이, 커즈와일 등이 표출하는 불안은 우리 사회에서 강한 반향을 일으킨다. 그러나 우리가 개발하는 도구에 대한 과장된 공포는 우리가 기술로 유토피아를 이루게 될 것이라는 주장과 마찬가지로 근거가 없다. 양쪽 모두 우리가 직면한 진짜 문제들을 가릴 뿐이다. 우리가 생존하고 번영하기 위해서는 과학과 기술의 진보가 명백하게 필요하다. 우리는 기술의 위험한 측면 때문에 기가 죽어서는 안 된다. 모든 성공적인 발전에는 부정적인 면이 있기 마련이다. 칼은 수술실에서 많은 목숨을 구하는 데에 쓰이기도 하지만, 사람을 죽이는 데에 쓰이기도 한다. 헬리콥터는 지진이 발생한 외딴 마을에 도달할 수 있는 유일한 탈것일 때가 많지만, 치명적인 무기가 될 수도 있다. 요컨대 우리는 사회가 이용하는 과학과 기술 때문에 마음을 졸일 필요가 없다.

　제3부에서는 우선 전자공학과 컴퓨터 연결망들이 어떻게 한계에 도달할지, 그리고 어떻게 그 한계를 새로운 혁신으로 돌파할 수 있을지 살펴볼 것이다(3.1, 3.2). 이어서 다룰 문제는 통신 주파수 할당의 딜레마이다(3.3). 사생활과 사유재산을 보호하는 중요한 도구들은 암호 기술에서 나온다(3.4). 결함 관리는 소프트웨어와 하드웨어 개발(3.5), 물류(3.6), 로봇 제어(3.7)에서 중요한 관심사이다.

3.1
더 영리한 전자공학

새 컴퓨터를 산 직후에 전자제품 상점에 가면 기분이 상당히 언짢아질 수 있다. 같은 가격으로 살 수 있는 컴퓨터의 성능은 매달 향상되는 듯하다. 컴퓨터의 덩치도 매년 작아진다. 발전의 속도는 매우 빨라서, 당신이 산 컴퓨터는 몇 개월 안에 구형이 되어버린다. 10년 전에 최고의 성능을 자랑했던 컴퓨터들이 지금은 꼴사나운 고물로 보인다. 앞으로 10년이 지나면, 현재의 최신 컴퓨터 역시 어처구니없을 만큼 원시적인 기계가 될 것이 분명하다. 허망하다는 생각이 들 수도 있지만, 그런 신속한 발전은 인류에게 중요한 희망의 이유를 제공한다. 우리는 이제껏 컴퓨터의 진입을 허용하지 않았던 분야들에도 컴퓨터를 적용할 수 있게 될 것이다. 전자 장치 가격의 지속적인 하락과 계산 및 통신 장치의 꾸준한 소형화는 건강 관리와 지구 경제 분야의 온갖 시급한 문제들을 해결하는 데에 큰 도움이 된다. 이것이 이 책의 나머지 부분에서 제시할 많은 해결책들의 중심에 전자공학이 있는 이유이다.

전자공학이 미래와 관련해서 내놓는 약속은 먼지 없는 실험실에 틀어박혀서 세상 물정 모르고 마이크로칩이나 연구하는 멍청이들의 희망사항에 불과한 것이 아니다. 그 약속은 우리가 직면한 새로운 문제들의 본성과 연결되어 있다. 전자공학은 통제하기 어려운 복잡한 상황들에서 점점 더 중요한 구실을 하고 있다. 예를 들면, 지구 내부의 미세한 진동은 지진을 유발할 수 있다. 그러므로 그 진동 신호를 조기에 포착하여 경보를 발령하는 장치를 저렴한 비용으로 제작해서 지구 곳곳에 설치하는 것은 필수적인 조치이다. 다른 많은 복잡한 현안들과 관련해서도 마찬가지이다. 강력한 컴퓨터들을 이용하여 방대한 금융 데이터를 정기적으로 분석함으로써 위기의 조짐을 포착할 수 있을 것이다. 앞으로 몇 년 후에는 기후의 임계점들을 식별할 수 있을 정도로 강력한 컴퓨터들이 등장할지도 모른다. 빠른 계산, 정확한 측정, 자동 제어는 복잡한 문제들을 더 확실하게 처리할 수 있게 해줄 것이다. 저렴하고 어디에나 있으며 강력한 전자공학은 인류의 처지를 향상하는 결정적인 구실을 할 것이다. 그러므로 전자부품들이 꾸준히 저렴해지고 강력해지는 것은 아주 좋은 변화이다. 마이크로칩 제조회사 인텔의 공동 창업자 고든 무어는 이와 같은 믿기 힘든 계산성능 향상과 가격 하락을 예견했다. 일찍이 1965년에 그는 칩 하나에 설치되는 트랜지스터의 개수가 2년마다 두 배로 늘어날 것이라고 예언했다. 실제 발전은 그의 예언을 능가했다. 마이크로 프로세서에 설치되는 부품들의 개수는 약 18개월마다 두 배로 증가해왔다. 이 증가 추세는 지난 40년 동안 흔들림 없이 유지되면서 무어의 법칙이라는 명칭까지 얻었다.[1]

전자공학 부품들의 소형화가 이처럼 예측 가능하게 진행된 이유 중 하나는 그 부품들을 설계하는 데에 쓰이는 도구들의 진화에 있다. 최초의 컴퓨터들은 펜과 종이로 설계되었고, 전선과 나사돌리개로 제작되었다. 당시의 마이크로칩 설계자들은 그러한 최초의 컴퓨터들을 이용하여 다음 세대의 프로세서를 설계하는 데에 필요한 계산을 수행했다. 그때 이후, 매 세대의 컴퓨터는 다음 세대의 컴퓨터를 생산하는 도구로 쓰여왔다. 오늘날의 설계자들은 고도로 추상화된 칩들을 구상할 때 고성능 컴퓨터와 지능적인 소프트웨어를 일상적으로 사용한다. 수십억 개의 부품들을 장착한 최신 마이크로 프로세서들은 인간이 직접 만드는 방식으로는 실현될 수 없었을 것이다. 현재의 칩에 설치되는 부품들은 사실상 인간의 개입 없이 컴퓨터에 의해서 설계된다. 요컨대 새 컴퓨터가 새 프로세서를,

새 프로세서가 새 컴퓨터를 만든다. 이를 비롯한 여러 요인들이 무어의 법칙을 경제학과 마이크로 전자공학의 자명한 이치로 만들었다. 전문가들이 그리는 '로드맵'[2]에서 무어가 예언한 지수 성장 곡선은 자명한 목표로 설정된다. 이런 식으로 무어의 법칙은 자기 실현적 예언이 되었다. 기술자들은 무어의 법칙에 맞춘 로드맵을 손에 쥐고 부품들의 크기를 줄이는 작업에 착수한다.

가시권에 들어온 한계

마이크로칩 산업에 종사하는 많은 이들은 무어의 법칙이 앞으로 몇 세대 동안 지켜질 것이라고 확신한다. 그러나 계속 축소되는 장치들의 물리학은 매혹적인 로드맵이나 희망에 좌우되지 않는다. 과연 우리는 무어의 법칙이 앞으로 20년 동안 계속 지켜져서 전자 장치의 가격이 꾸준히 떨어질 것이라고 확신할 수 있을까? 우리는 세계의 모든 사람들이 구입할 수 있을 만큼 저렴한 장치들을 개발할 수 있을까? 이런 질문들에 답하기 위해서 저자들은 위고 드 만에게 조언을 구했다. 그는 직업경력을 온통 전자공학에 바쳐온 인물이다. 그의 경력은 어렸을 때 진공관으로 라디오 수신기를 제작한 것에서 시작되었다. 그는 10대 시절에 트랜지스터 라디오 수신기를 제작했다. 그는 벨기에 루뱅에서 복잡한 집적회로 설계 방법론을 가르치고 연구하면서 마이크로칩에 점점 더 많은 트랜지스터를 집어넣는 법을 터득했다.

위고 드 만은 IMEC의 공동 창립자이다. 벨기에에 위치한 연구소 IMEC는 무어의 법칙이 지켜지도록 만들어온, 전 세계에 몇 곳 되지 않는 기관 중 하나이다. 인텔, 삼성, NXP 등의 마이크로칩 제조업체들은 세계적으로 유명한 이 연구소와 협력하여 새로운 마이크로 전자공학 기술을 개발해왔다. 최근에 루뱅 대학교와 IMEC에서 은퇴한 드 만은 지금이 소형화 과정의 마지막 단계라고 믿는다. "1980년대와 1990년대에 우리는 '행복한 축소'의 시절을 길게 누렸습니다. 우리는 트랜지스터의 구조와 재료를 그대로 유지하면서 세대가 바뀔 때마다 모든 장치들의 크기를 계속해서 줄였죠. 인텔이 단일 프로세서의 클록 속도(clock speed)를 10기가헤르츠나 20기가헤르츠까지 꾸준히 올릴 수 있을 것이라고 선언한 것도 그 즈음이었어요." 그러나 세기가 바뀔 무렵에 100나노미터 규모의 세부구조가 가능해지면서 사정이 갑자기 심각하게 나빠졌다. 드 만은 설명한다. 그 정도의 소형화에 도달하면, "다양한 한계들에 직면하게 되죠. 수많은 문제들이 불거져서 다음 단계의 진보를 극도로 어렵게 만들고 있습니다."

무엇보다 먼저 모든 계산활동이 열을 발생시킨다는 점을 명심해야 한다. 프로세서의 계산 속도가 빨라지면, 더 많은 열이 발생한다. 현재의 마이크로 프로세서들이 몇 세제곱센티미터 부피에서 방출하는 열은 무려 100와트 전구의 열 방출량과 맞먹는다. 마이크로 프로세서의 세대가 바뀔 때마다 열 방출량은 두 배로 늘어난다. 그 열을 공기냉각 방식으로 식히는 것은 중요한 과제가 되었다. 열 방출을 막는 한 가지 방법은 프로세서의 작동 전압을 낮추는 것이다. 전압을 절반으로 낮추면, 열 방출은 4분의 1로 줄어든다. 그러나 안타깝게도 전압을 낮추면, 계산 속도도 느려진다. 따라서 단일 프로세서의 속도를 지금보다 훨씬 더 높일 길은 없다. "인텔이 얼마 전에 언급한 속도들은 지금 판단하면 공상입니다. 지금 우리가 도달한 수준에서는 단일 프로세서의 클록 속도를 조금만 더 높여도 열 방출량이 대폭 증가하죠. 이 때문에 신뢰성이 있으면서 클록 속도가 5기가헤르츠 이상인 칩을 만드는 것은 사실상 불가능합니다. 그런 칩은 그냥 녹아버릴 것입니다."[3]

그럼에도 불구하고 프로세서의 초당 계산횟수를 늘리는 방법들이 여러 가지 개발되었다. 더 빠른 트랜지스터들을 쓰는 대신에, 예를 들어 다수의 코어들을 하나의 칩에 통합하여 병렬로 작동하게 만들면, 여러 계산들을 한꺼번에 수행할 수 있다. 그런 다중 코어 프로세서는 낮은 전압에서 작동하여 열 문제를 해결할 수 있다. 그러나 계산 속도 향상이 모든 프로그램에서 일어나는 것은 아니다. 드 만은 말한다. "병렬구조를 최적으로 이용하려면 사실상 거의 모든 소프트웨어를 다시 설계할 필요가 있습니다. 그러나 그것은 실질적으로 불가능한 일이죠. 지금 우리가 가진 소프트웨어는 수십 년에 걸쳐서 점진적으로 형성되었습니다. 그것을 단박에 없앨 수는 없죠. 오히려 모든 대형 제조업체들은 소프트웨어를 병렬 계산(parallel computing)에 자동으로 적응시키는 방법들을 연구하고 있습니다. 비록 아직까지는 아무런 성과가 없지만 말이죠. 다목적이고 프로그램 가능한 전통적인 응용 소프트웨어를 위해서 8개가 넘는 프로세서들을 병렬로 배치하는 것은 현실적으로 무의미합니다. 병렬 프로세서가 8개보다 더 많아지더라도, 속도는 전혀 빨라지지 않아요. 현재 우리는 대략 그 한계에 도달했습니다. 그러나 영상 처리, 컴퓨터 그래픽, 언어 처리 등의 특수 응용 소프트웨어는 사정이 달라요. 이런 프로그램들은 본래 병렬구조를 많이 가지고 있기 때문에 병렬로 작동하면서 열을 덜 발생시키는 작은 프로세서 수백 개를 통합한 특수 용도의 칩에 효과적으로 설치될 수 있습니다. 이 사실은 점차 개인용 컴퓨터를 대체하는 중인 스마트폰과 노트북에서도 결정적으로 중요하죠."

속도 문제를 해결하는 또다른 방식은 고전적인 트랜지스터의 속도를 향상시키는 것이다. 예를 들면, 트랜지스터에 새로운 물질을 첨가하는 방법이 있다. 그러나 새로운 물질을 첨가한 트랜지스터는 적절하게 끌 수가 없기 때문에, 이 방법에도 물리적 한계가 있다. 따라서 그런 트랜지스터는 계산작업을 하지 않을 때에도 지속적으로 에너지를 소모한다. 설계 기술자들은 그 에너지 소모를 줄이는 기술들을 발명했지만, 그 기술들도 점차 고갈되는 중이다. 남아 있는 유일한 해결책은 다른 물리적 메커니즘을 기초로 삼은 트랜지스터——예를 들면, 터널 장효과 트랜지스터(tunnel field-effect transistor, TFET)——를 생산하는 것이다. 그러나 그러려면 40년 동안 축적된 마이크로 전자공학 설계 기술들을 버려야 한다. 또한 위고 드 만이 어린 시절에 라디오를 제작할 때 사용했으며, 그후 점점 더 작아진 고전적인 트랜지스터와 결별해야 한다. TFET로의 전환을 실현하려면, 예를 들면 아직 존재하지 않는 전혀 다른 설계 도구들이 필요할 것이다.

다음 세대의 마이크로칩에 필요한 32나노미터 이하의 구조를 생산하려면 또다른 문제도 해결해야 한다. 현재 그런 미세구조는 파장 193나노미터의 자외선(UV) 레이저를 이용한 석판인쇄 기술(리소그래피[lithography])로 제작된다. 드 만은 말한다. "놀라운 성과들이 나왔습니다. 우리는 자외선의 파장보다 거의 10배나 작은 구조들을 빛을 이용해서 제작하는 법을 터득했어요. 모두가 그런 제작은 물리학 법칙들과 상충한다고 생각했죠. 그러나 우리는 그런 제작을 가능하게 하는 기술들을 빠짐없이 개발했습니다. 2003년에는 90나노미터 규모의 구조들을 생산했죠. 2009년까지는 32나노미터 규모에 도달했습니다. 모두 파장 193나노미터의 레이저 광선을 이용한 성과였어요." 그러나 칩에 패턴을 새겨넣는 기술의 발전 여지는 이제 거의 사라졌다. 현재의 자외선 레이저들로는 아마 다음 한 세대의 마이크로칩까지만 제작할 수 있을 것이다. 설계자들은 물을 추가 렌즈로 이용하는 교묘한 기술을 개발했지만, 거기까지가 끝이다. 더 나아간 축소는 오직 파장 13.5나노미터의 극자외선(EUV) 레이저를 이용해야만 가능할 것이다. IMEC는 지금 세계 최초의 EUV 레이저 원형을 시험하고 있다. 그 레이저 장치는 네덜란드의 ASML이 제작했으며 세부구조의 폭이 22나노미터보다 작은 칩을 만들 수 있다. 극자외선 레이저 장치는 매우 비싸다. 워낙 파장이 짧은 광선을 만들어내는 까닭에 렌즈를 이용할 수 없기 때문이다. 렌즈 대신에 극도로 정밀한 거울들이 진공 상태에서 극자외선 광선을 집중시켜야 한다. EUV 레이저 장치에 필요한 거울들은 1,500킬로미터당 1밀리미터 이내의 오차만 있을 정도로 극히 평평해야 한다.

또다른 문제는 지속적인 축소가 불가피하게 야기하는 부정확성이다. 극도로 작은 트랜지스터 구조들의 기능은 겨우 수백 개의 원자들에 의존한다. 그 원자들은 실리콘 속에 무작위로 분포한다. 이 때문에 모두 똑같아야 할 트랜지스터들이 약간씩 다르게 행동하고 경우에 따라서는 오작동을 일으킨다. 이와 같은 무작위한 변이들을 무마하려면 전혀 다른 설계 방법들이 필요할 것이다(3.5 참조). 새로운 결함 허용 설계(fault-tolerant design)는 소프트웨어 기술자들에게 하드웨어에 대한 세부적인 고려를 강요할 것이라고 위고 드 만은 말한다. "소프트웨어 제작자들은 전통적으로 프로세서를 알 필요가 전혀 없는 블랙박스로 취급해왔습니다. 이제는 시각이 바뀌고 있어요. 소프트웨어 설계와 하드웨어 설계는 불가피하게 서로 엮일 것입니다. 하드웨어 제작자의 임무와 소프트웨어 설계자의 임무를 구분할 수 없게 되고, 따라서 소프트웨어 설계 과정은 훨씬 더 복잡해지겠죠."

마이크로 전자공학의 역사 40년을 통틀어서 이토록 많은 과제들이 한꺼번에 등장한 때는 지금이 처음이라고 드 만은 단언한다. "문제들이 쌓여 있습니다. 무어의 법칙이 지켜지게 하려면, 그 모든 문제들을 몇십 년 안에 해결해야 해요. 그 법칙의 핵심은 우리의 문제해결 속도가 점점 더 빨라져야 한다는 것입니다. 무어의 법칙을 그래프로 나타내보면 잘 알 수 있죠. 현재 우리가 가진 프로세서들에 도달하는 데에는 인류의 역사 전체가 걸렸어요. 우리는 그와 똑같은 성취를 앞으로 4년 안에 이루어야 합니다. 그 다음에는 2년, 그 다음에는 1년, 그 다음에는 6개월, 그 다음에는 3개월, 이것이 무어의 법칙이죠. 그 법칙에 대응하는 지수 곡선에 뒤처지지 않으려면 발전의 속도는 계속 빨라져야 합니다."

무어의 역법칙

드 만은 말한다. "우리가 현재의 과제들을 해결할 수 있다고 해보죠. 물론 지금까지처럼 신속하게 그렇게 될지는 의문이지만, 일단 그렇게 된다고 해보겠습니다. 그럼 우리는 무엇을 얻게 될까요? 우리는 10년 안에 1제곱센티미터 크기의 실리콘으로 초당 25조 번의 계산을 할 수 있는 프로세서를 만들 수 있게 될 것입니다. 그 정도 성능의 프로세서는 HDTV 채널 150개를 동시에 처리할 수 있죠. 그러나 그런 프로세서가 정말 필요할까요? 그런 프로세서를 기꺼이 구입할 사람이 있을까요?"

새 세대의 칩을 개발하려면 비용이 얼마나 들까? 드 만은 다음과 같이 말한다. "지금 새 프로세서를 위한 하드웨어와 소프트웨어를 개발하려면 1억 달러 정도가 듭니다. 10년 후에는 그 비용이 10억 달러에 가까워질 것이고요. 프로세서 개발비용은 18개월마다 두 배로 늘어나죠. 저는 이 추세를 무어의 역법칙이라고 부릅니다. 무어의 역법칙은 무어의 법칙보다 덜 거론되지만, 폭발적인 비용 상승이 이미 진보를 가로막고 있어요. 투자비용을 되찾으려면 수억 개의 칩을 판매해야 하는 상황입니다. 마이크로 프로세서에 필요한 다른 많은 기술들도 마찬가지이죠. 전자공학 공장을 신설하는 데에 드는 비용도 기하급수적으로 상승하고 있고요. 당신이라면 100억 달러를 들여서 새 공장을 짓겠습니까? 22나노미터 단계의 새 세대 프로세서 기술을 개발하기 위한 연구개발비는 12억 달러에 접근하는 중입니다."

지금까지 비용 상승에 대처하는 주요 방법은 엄청난 연구개발비를 분담하는 것이었다. 여러 주체들이 제공한 시설과 노하우를 바탕으로 위고 드 만 등이 창립한 연구소 IMEC는 그런 연구개발비 분담의 실례이다. 그러나 반도체 산업의 생태계 전체가 변화하고 있다. "가장 발전된 공정을 채택할 능력이 있는 칩 생산업체는 전 세계에 몇 곳밖에 없습니다. 인텔, IBM, AMD와 같은 마이크로 프로세서 생산업체나 삼성과 같은 메모리 생산업체이죠. 흥미로운 변화는 오직 칩 제작만을 전담하는 TSMC를 비롯한 실리콘 파운드리(silicon foundry)의 등장입니다. NXP, ST, 인피니온 등과 같이 소비자들을 상대하는 소규모 생산업체들은 공장을 줄이거나 없애고 칩 제작을 실리콘 파운드리에 맡기죠. 칩 생산장비인 웨이퍼 스텝퍼(wafer stepper)를 생산하는 업체들 중, 무어의 법칙에 뒤처지지 않은 업체는 ASML뿐입니다."

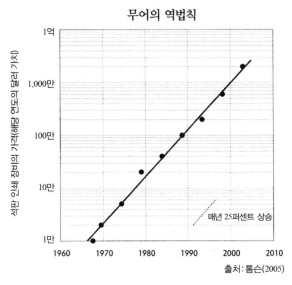

무어의 역법칙

세로축: 석판 인쇄 장비의 가격(해당 연도의 달러 가치)

가로축: 1960 1970 1980 1990 2000 2010

매년 25퍼센트 상승

출처:톰슨(2005)

컴퓨터 프로세서가 복잡해질수록, 프로세서 부품들의 크기는 꾸준히 작아진다. 새 세대의 프로세서는 현 세대보다 생산하기가 더 어렵고 생산비용도 상당히 더 높다. 지금까지는 이 비용 상승의 효과가 생산규모 확대에 의해서 상쇄되었다. 그러나 이제 그러한 상쇄가 더는 불가능한 때가 임박했는지도 모른다. 아직 새 세대 마이크로칩에 투자할 여력이 있는 생산공장들은 전 세계에 몇 곳밖에 없다. 그러므로 새 세대 칩들은 지금보다 훨씬 더 비싸질 가능성이 높다. 출처 : 톰슨, S. E., 파사사라시, S.(2005). 무어의 법칙 : 실리콘 마이크로 전자공학의 미래. 「머티리얼스 투데이(*Materials Today*)」, 9(6), 20.

드 만은 새 세대 마이크로 프로세서의 생산비 상승이 보상의 축소로 귀결된다고 확신한다. "성능이 두 배인 프로세서가 두 배로 유용한 것은 아닙니다. 제가 문서 작업을 하고 강연용 영상물을 만들 때 쓰고 있는 개인용 컴퓨터는 20년 된 제품이죠. 지난 20년 동안 프로세서들이 100만 배는 더 복잡해졌지만, 저는 지금도 그 개인용 컴퓨터로 똑같은 작업들을 합니다. 몇 가지 기능은 추가되었지만, 확실히 문서처리 소프트웨어는 프로세서 성능의 향상을 따라잡지 못했어요. 전자공학 전반이 다 그렇습니다. 유용성을 조금이라도 향상시키려면, 믿기 어려울 정도로 많은 추가 기술이 필요하죠. 더 축소된 트랜지스터들은 전자 장치의 기능 대비 가격을 낮출 수 있어야만 유용할 것입니다."[4]

위고 드 만은 힘주어 말한다. "이미 많은 회사들이 프로세서를 축소하기 위한 노력을 중단했죠. DVD 플레이어나 GPS 장치는 더 작은 프로세서를 필요로 하지 않습니다. 중요한 것은 오직 가격인데, 축소 경쟁은 가격 상승으로 이어지죠. 무어의 법칙과 이윤 창출은 공존할 수가 없어요. 저는 무어의 법칙이 조용히 퇴출되더라도 전혀 놀라지 않을 것입니다. 칩들은 이미 충분히 작고 충분히 강력합니다."

새로운 장치들

드 만은 믿는다. "만일 저의 수중에 우리의 삶을 윤택하게 만들 전자공학에 투자할 돈이 몇십억 유로 있다면, 저는 틀림없이 다른 쪽으로 시선을 돌릴 것입니다. 트랜지스터의 크기를 더 줄이는 작업에 투자할 생각은 전혀 없어요. 축소의 효과는 너무 제한적이기 때문이죠. 많은 응용 장치들을 위해서는 다른 유형의 발전들이 더 중요합니다. 이를테면, 전자 장치와 주위 환경을 더 효과적으로 연결하는 것이 중요해요. 칩에 센서들을 장착하여 운동을 감지하거나 온도를 측정하게 만들 수 있죠. 혹은 모터를 장착할 수도 있고요. 그러면, 예를 들어 당신의 심장 박동을 점검하거나 화학적 과정들을 조절하는 장치를 만들 수 있습니다."

이런 식으로 개인용 컴퓨터에서 "환경 지능(ambient intelligence)" 쪽으로 정보 기술은 신속하게 진화하는 중이다. 환경 지능의 세계에서는 계산보다 영리한 통신과 연결성이 더 강조된다. 언제 어디에서나 지구촌의 모든 사람 및 정보에 다가갈 수 있게 해주는 휴대용 디지털 장치들이 등장하고 있다. 그 장치들은 우리 주변의 영리한 장치들과 연결되고 작용을 주고받는 능력을 나날이 키우면서 우리가 환경을 경험하는 방식을 바꾸는 중이다. 이런 소비자 중심의 응용 장치들에서는 뛰어난 계산성능보다 낮은 가격과 적은 에너지 소비가 더 중요하다. 따라서 "무어의 법칙을 넘어선(more than Moore)" 신기술 개발과 장치들의 크기 확대가 이루어지고 있다. 환경 지능 기술은 예를 들면, 현재 컴퓨터칩들에 장착되고 있는 무수한 센서 기술들을 아우른다.

전자 장치 자체도 새로운 형태로 바뀌고 있다. 오늘날에는 고분자 등의 재료로 전자 장치를 만들 수 있다. 그런 재료를 쓰면 유연한 포일에 전자 회로를 인쇄하는 방식으로 전자 장치를 신속하게 대량 생산할 수 있다. 또한 몇 세제곱밀리미터 부피의 정육면체 내부에 전자부품들을 집어넣는 것도 가능하다. 드 만은 말한다. "그 정도면 전자 장치의 크기로는 충분히 작습니다. 이제 과제는 단일한 칩에 센서들을 집어넣는 영리한 방법을 발견하는 것이죠. 그렇게 되면 건강, 안전, 편의와 관련된 획기적인 진보가 일어날 것입니다. 진정한 의미에서 주변 환경을 인지하고 심지어 통제할 수 있는 전자 장치들이 등장하겠죠."

드 만은, 예를 들면 간질 환자를 지속적으로 감시하는 장치를 제안했다. 기본 발상은 뇌에서 나오는 전기 신호들을 분석해서 발작의 조짐을 포착하고 적절한 조치로 발작의 발생을 막는다는 것이다. "그런 장치는 지금 당장 실현이 가능합니다. 칩의 성능이 더 향상되기를 기다릴 필요가 없죠. 우리에게 진짜 필요한 것은 의학 및 심리학 전문가들과의 긴밀한 협력, 여러 분야들을 진정으로 아우르는 솜씨입니다. 다른 질병들에 대해서도 이와 비슷한 장치를 개발할 수 있을 것입니다." 이런 장치들을 개발하려는 노력은 "실험실 칩"(2.5 참조)을 중심으로 화학분석과 전자공학이 통합되는 경향과 관련이 있다. "피 한 방울을 분석하여 즉시 조치를 취하는 장치들이 만들어질 것입니다. 그런 장치들은 약에 기초한 치료의학보다 예방의학을 발전시키겠죠. 더 나아가서 약의 소비를 줄임으로써 제약 산업을 근본적으로 변화시킬 잠재력을 가지고 있습니다."

요컨대 계산능력과 센서를 겸비한 장치들이 등장하고 있다. 계속해서 더 빠르고 강력하고 복잡한 칩을 만들려고 애쓰는 대신에, 칩들을 더 다양화해서 새로운 기능들을 추가할 수 있다. 그러면 이제껏 컴퓨터화할 수 없었던 분야들에 적용할 수 있는 장치들이 만들어질 것이다. 그런 새로운 장치들에 내장된 센서와 마이크로 기계들은 완전히 새로운 방식으로 컴퓨터와 상호작용하면서 여러 분야들을 혁명적으로 바꿔놓을 것이라고 위고 드 만은 믿는다. "우리의 산업, 교통, 환경과의 상호작용 방식이 근본적으로 달라질 것입니다."

3.2
더 많은 통신

20년 전만 해도 전혀 다른 세상이었다. 인터넷도 없었고 이메일도 없었다. 원고를 보내려면 우편으로 부치는 수밖에 없었다. 많은 유럽 국가들은 여전히 국내 텔레비전 연결망을 보완하기 위해서 거대한 송신탑들을 세웠다. 그보다 20년 더 전에는 최초의 버튼식 전화기들이 시장에 등장했다. 당시의 컴퓨터는 거실 전체를 채울 정도의 덩치였다. 국제전화는 워낙 비싸서 사람들은 대개 초시계를 들여다보면서 통화했다. 그후 세계는 무척 좁아졌다. 연구 보고서를 이메일로 보내거나 온라인 채팅을 하는 것은 우리의 제2의 천성이 되었다. 우리는 이웃사람과 하는 것과 거의 다를 바 없이 쉽게 지구 반대편의 사람과 공동 연구를 할 수 있다. 회사들은 인터넷을 이용하여 인도의 업체에 일거리를 맡긴다. 사진작가들은 전 세계에 작품을 판다. 또한 원한다면, 유럽의 사무실에서 일본 라디오를 들을 수도 있다. 저자들은 이 책의 많은 부분을 멀리 떨어진 곳에 있는 전문가들을 인터뷰해서 썼다. 수백 통의 전화와 이메일이 오가고 수많은 화상 회의를 하는 동안, 우리를 갈라놓은 물리적 거리를 조금이라도 의식한 사람은 아무도 없었다.

세계는 좁아지고, 통신망 이용은 증가한다. 우리가 보내는 데이터의 양은 매년 두 배로 늘어나고, 컴퓨터 연결망과 전화 케이블의 용량도 서슴없이 증가한다. 통신 기술은 계속 신속하게 발전한다. 그리고 정보의 전송 용량이 두 배 증가할 때마다 비용은 절반으로 줄어든다. 앞으로 20년

이 지나면, 세상은 또 많이 달라져 있을 것이 분명하다. 예를 들면, 지금 인터넷이 없는 지역들도 그때는 인터넷이 연결되어 있을 것이다.

　이미 변화의 조짐들이 눈에 띈다. 전 세계의 자원봉사자들이 벌이는 컴퓨터 프로젝트들에서 아프리카인들은 중요한 역할을 담당하고 있다. 예를 들면, 리눅스(Linux)——윈도우즈와 맥에 맞서는 공개 소스 대안 운영체계——개발에 아프리카인들이 참여한다. 이런 프로젝트들은 프로그래머들에게 지구적인 기술 발전에 참여할 기회를 제공한다. 언젠가는 기업들도 아프리카인 전문가들을 더 많이 고용하게 될 것이다. 그런 식으로 기술은 계속 장벽을 허물어갈 가능성이 높다. 통신의 기회가 많아지면, 장벽은 허물어지기 마련이다. 통신이 더 빨라지고 더 저렴해지면, 더 많은 사람들이 통신할 수 있게 되고 결국 지구 경제에 편입된다. 통신과 발전은 철저히 연계되어 있다. 세계를 점점 더 좁혀온 장본인은 여러 가지 새로운 통신 기술들이다. 휴대전화 사업자들은 경쟁적으로 이메일과 영상 서비스를 제공한다. 이 때문에 그 모든 통신에 쓰이는 광섬유 연결망들에 더 큰 부하가 걸리고 있다. 화상회의, 온라인 게임, 인터넷 텔레비전, 원격 의료 영상화 등도 통신 수요를 부추긴다. 우리가 목격하는 데이터 전송량 급증의 배후에는 이런 혁신들이 있다. 전 세계 주요 인터넷 서버들에 걸리는 부하는 여러 해 전부터 기하급수적으로 증가해왔다. 이처럼 지구 전체를 휩쓰는 데이터의 격류가 잠잠해질 기미는 보이지 않는다.

　그러나 우리의 통신망에는 심각한 병목들이 존재한다. 그 병목들은 주요 마디점들(nodes)인데, 그곳에서 과부하가 발생할 위험이 있다. 오늘날 이러한 허브들(hubs)은 워낙 결정적인 구실을 하기 때문에 통신망의 아킬레스건이 되었다. 단 하나의 허브가 오작동하면, 대륙 전체의 통신 흐름이 끊길 수 있다. 한 예로 1990년에 뉴욕 전화교환국에서 발생한 오류의 여파는 통신망 전체로 퍼져서 미국의 큰 지역 여러 곳에서 전화 불통 사태가 벌어졌다. 기술자들이 서버 하나를 되살리는 순간, 통신망의 마디점들이 서로를 압박하여 다시 마비되는 일이 무려 9시간 동안 계속되었다.

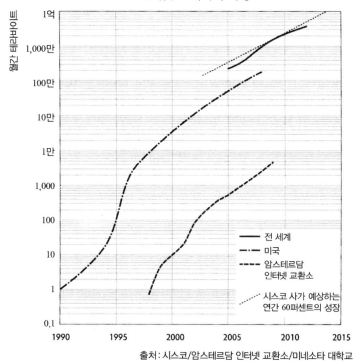

인터넷 트래픽의 폭증

월간 테라바이트

- 전 세계
- 미국
- 암스테르담 인터넷 교환소
- 시스코 사가 예상하는 연간 60퍼센트의 성장

출처 : 시스코/암스테르담 인터넷 교환소/미네소타 대학교

인터넷의 주요 마디점들에서의 트래픽은 매년 60퍼센트 성장하여 전자 서버들에 점점 더 큰 부담을 주고 있다. 오늘날의 통신경로 제어 센터들은 거대한 구역을 관할하면서 엄청난 에너지를 소비한다. 광학 기술의 혁신을 통해서 이 문제를 해결하고 지구적인 통신을 계속 팽창시키는 데에 기여할 수 있다.

그리하여 항공 운항이 1,000건이 넘게 취소되거나 지연되었고, 장거리 열차도 정상으로 운행될 수 없었다. 많은 기업들은 업무를 중단하고 직원들을 퇴근시켰다. 통신망의 흐름은 옛 버전의 소프트웨어를 설치한 다음에야 비로소 정상화되었다.[1] 이 사례는 역사상 가장 심각한 전기 통신망 사고였다. 이후 몇 년 동안 미국을 비롯한 여러 국가들은 전기 통신망의 신뢰성을 높이는 연구에 상당한 자금을 투입했다. 그 덕분에 미래에 그런 사고가 발생할 위험이 줄어든 것은 사실이지만, 지금도 통신망 속에는 결정적으로 중요한 허브들이 있기 때문에 지속적인 경계가 요구된다.

빛의 속도로

1980년대에 등장한 광섬유 케이블은 통신에 혁명을 일으켰다. 2009년에 노벨상을 받은 찰스 가오는 1966년에 전기통신 신호들을 빛의 형태로 유리섬유를 통해서 전달할 수 있다는 생각을 내놓았다. 그러나 당시에는 길이가 몇 미터 이상인 유리섬유를 만드는 것이 불가능했다. 유리 케이블을 통해서 빛 신호를 보낼 수 있다는 가오의 생각은 1960년대와 1970년대에 유리 케이블의 광학적 속성들을 향상시키는 기술들이 발명되면서 각광을 받게 되었다. 오늘날의 현대적인 광케이블들은 최대 150킬로미터 떨어진 두 지점을 증폭기 없이 연결할 수 있다. 구리 케이블을 훨씬 능가하는 성능인 것이다. 게다가 유리 전문가들은 중간 지점에서 섬유를 끊지 않으면서 빛 신호를 증폭하는 묘수를 발견했다. 그 덕분에 먼 거리를 도중에 복잡한 전자 장치를 설치할 필요 없이 광섬유로 연결하는 것이 가능해졌다. 같은 시기에 개발된 레이저도 광섬유 통신에 적합했다. 특히 작고 효율적인 반도체 레이저의 등장은 광섬유 기술의 발전을 또 한번 재촉했다. 그후에 광섬유 한 가닥을 통해서 전송할 수 있는 데이터의 양이 점점 더 늘어났다. 레이저들이 빛 펄스를 발사하는 속도가 꾸준히 향상되었고, 다양한 색깔의 레이저들이 도입되면서 여러 유형의 빛들을 동일한 섬유를 통해서 동시에 전송될 수 있게 되었다. 현재의 대서양 횡단 연결들은 40가지 색깔의 레이저들을 사용한다. 그 레이저들이 광섬유 한 가닥을 통해서 전송할 수 있는 데이터의 양은 초당 1테라비트를 넘는다. 실험실에서는 광섬유 한 가닥을 통해서 초당 26테라비트를 전송할 수 있다. 이러한 속도라면 인터넷의 전체 내용을 1분 내에 전송하기에 충분하다.

이 대단한 진보에 밀려서 구리 케이블, 마이크로파 통신, 통신 위성은 신속하게 구시대의 유물이 되었다. 유리섬유 연결들은 1980년대에 최초로 상용화되어서 통신망 안에서 가장 많은 데이터가 오가는 중추들에 쓰였다. 지구적인 광섬유 케이블 연결망은 대양의 바닥을 가로질러서 신속하게 확장되었다. 인터넷 붐이 한창일 때에 태평양과 대서양을 횡단하는 케이블이 여러 개 신설되었다. 아프리카 대륙에서는 2000년부터 아프리카 원(Africa ONE)이라는 시스템이 설치되는 중이다. 광케이블 설치는 지금 새로운 붐을 맞이했다. 2015년까지 해저 광케이블이 수십 개 신설될 예정이다. 이 작업이 완료되면 각각의 전송 용량이 초당 수 테라비트인 광케이블 수십만 킬로미터로 구성된 진정한 지구적인 통신망이 창조될 것이다. 다른 한편, 통신망의 모세혈관들에서도 점차 구리가 유리섬유로 대체되는 중이다. 미국에서 광섬유 통신망과 직접 연결된 가구의 수는 이미 100만을 넘었으며, 그리 멀지 않은 장래에는 이 책을 몇 밀리초면 충분히 전송할 수 있는 기가비트 연결선들이 각 가정까지 닿을 것이다. 한마디로 광통신 기술은 현재 진행되는 중인 21세기 정보혁명의 기둥이 될 것이다.

인터넷의 진화

연결 용량의 신속한 증가는 통신망 구조의 점진적인 변화와 함께 일어났다. 그 변화를 인터넷에서 가장 분명하게 확인할 수 있다. 인터넷 허브들의 역할은 원래 지금보다 훨씬 더 작았다. 훗날 인터넷의 모태가 된 기술을 구상한 군인들은 적의 공격에 취약한 집중형 통제구조를 피하려고 애썼다. 대신에 모든 컴퓨터 각각이 이웃한 컴퓨터들 중에서 어느 것을 통해서 정보를 전달할지를 스스로 결정할 수 있게 만들고자 했다. 그러면 데이터는 한 단계씩 순차적으로 이동할 텐데, 각 단계가 아주 신속해서 어느 정도 떨어진 두 컴퓨터 사이에 정보의 연속적인 쌍방향 흐름이 있는 것처럼 보일 것이었다.

이와 같은 분산형 구조 덕분에 인터넷은 극도로 신속하게 성장할 수 있었다. 누구나 가장 가까운 인터넷 사용자와 자신을 연결하기만 하면 아주 쉽게 인터넷에 연결될 수 있었다. 누구의 허가도 필요하지 않았고, 연결망의 다른 곳에서 별도의 조정을 할 필요도 없었다. 분산형 구조는 인터넷을 건실하게 만들기도 했다. 어딘가에서 연결에 문제가 생기면, 그 근처의 컴퓨터들은 데이터 트래픽을 전환하는 방식을 스스로 결정했다. 바꿔 말해서 인터넷은 자체 재구성 능력을 가지고 있었다. 인터넷은 자체 치유, 자체 구성, 자체 학습의 능력을 갖추도록 설계된 연결망이었다. 그러나 인터넷의 성장 속도가 워낙 빠르다보니, 다른 컴퓨터들보다 더 많은 역할을 담당하는 컴퓨터들이 생겨나기 시작했다. 그런 컴퓨터들은, 예를 들면 대서양 횡단 연결선 근처에 있는 컴퓨터이거나 자기 주위에 많은 사용자들을 거느린 컴퓨터였다. 그런 중요한 컴퓨터들은 매력적인 연결 대상으로 신속하게 부상했다. 그 결과, 인터넷은 몇 개 되지 않는 대형 허브들이 결정적인 지위를 차지하는 현재의 위계구조를 향해서 빠르게 진화했다.[2] 실제로 통신 속도의 측면에서는 그 구조가 가장 효율적이다. 그러나 지금 인터넷 허브들은 지나치게 중요해진 나머지, 과부하의 위험에 직면해 있다.

과열되는 허브들

데이터 흐름들이 모여드는 허브들에서는 이미 심각한 문제들이 나타나고 있다. 1980년대 이후, 장거리 연결에서는 구리 케이블이 광케이블에 밀려서 점차 퇴출되는 중이지만, 허브들 내에서는 여전히 전자공학 시스템이 주도적인 구실을 한다. 그런 허브들에서 데이터를 처리하려면, 빛을 전기 신호로 변환해야 한다. 그런 다음에 비트들과 바이트들을 검사하고 분류하고 다시 빛으로 변환해서 목적지로 전송해야 한다. 이 역할을 하는, 라우터(router)라고 불리는 특수한 컴퓨터들은 인터넷 트래픽의 흐름을 유지하기 위해서 한시도 쉬지 않고 작동한다. 이 기계들의 중요성은 그것들이 자리잡은 건물을 보면 대번에 알 수 있다. 가장 중요한 것은 보안이다. 그런 건물의 정문은 트럭이 충돌해도 멀쩡할 정도로 튼튼하고, 그 앞에는 이례적으로 큰 화분들이 놓여 있다. 방문객들은 일상적으로 지문 검사를 당한다. 건물 내부에서는 에어컨이 큰 소음을 내며 작동한다. 라우터들은 작동하면서 뜨거워지기 때문에 많은 전력을 들여서 식혀야 한다. 냉각 장치들이 차지하는 공간은, 최소한 라우터들이 차지하는 공간만큼 크다. 전력 공급에 문제가 생길 경우에 몇 분 동안 임시 전력을 제공하기 위해서 전지 수천 개가 대기하고 있다. 라우터들은 믿기 어려울 정도의 속도로 데이터를 처리한다. 지난 40년 동안 라우터가 데이터의 통행 경로를 지정하는 데에 걸리는 시간은 거의 5만 배 단축되었다. 현재의 허브들에서는 (최대 1,500바이트로 이루어진) 데이터 패키지 하나가 처리되는 데에 겨우 몇 나노초가 걸린다. 통신 연결들의 용량이 증가하면, 허브들에 설치된 전자 장치의 속도도 빨라져야 한다.

통신 연결들의 용량은 마이크로 전자공학보다 더 빠르게 증가하고 있다. 마이크로 전자공학이 연결망의 마디점들과 허브들에서 핵심적인 역할을 한다는 점을 감안할 때, 이것은 문제이다. 언젠가 전자공학은 매년 두 배로 향상되는 광섬유의 성능을 따라오지 못하게 될 것이다. 전자 장치의 성능은 18개월마다 두 배로 향상된다(무어의 법칙, 3.1 참조). 이는 전자 장치의 소형화와 최적화가 광통신망의 성장을 따라잡을 수 없다는 것을 의미한다. 실제로 광섬유의 용량과 전자 장치의 성능 사이의 격차는 빠르게 벌어지고 있다. 전자공학이 광통신망의 성장을 따라잡지 못하는 때가 오면, 성장은 끝날 것이다. 초대형 허브들의 사정은 더욱 심각하다. 그곳들은 새로운 광대역 연결을 가장 먼저 채택하여 더욱 매력적인 연결점들이 되었기 때문이다. 그곳들에서의 트래픽(데이터 통행량)은 가속적으로 증가하는 중이다. 그렇다면 우리의 허브들이 먹통이 되는 것을 막기 위해서 무엇을 할 수 있을까? 저자들은 COBRA 연구소의 소장이자 네덜란드 에인트호벤 공과대학의 광학신호처리 담당교수인 하름 도렌에게 조언을 구했다. 도렌은 허브 문제를 해결하려고 애쓰는 과학자들 가운데 한 사람으로, 그가 지난 몇 년 동안 개발한 광학 스위치들은 세계 최고 수준이다. 그는 말한다. "핵심 문제는 전자 라우터들이 엄청나게 많은 에너지를 소비한다는 점입니다. 단지 데이터 흐름의 방향을 바꾸기 위해서 그 엄청난 에너지를 쓰는 것은 심각한 낭비이죠. 라우터들은 비트 각각을 일일이 해독해야 합니다. 이것은 트럭에 실린 짐을 모두 부려서 화물 각각의 표찰을 읽은 다음에 다시 다른 트럭에 싣는 것과 같죠. 엄청나게 비효율적입니다." 최신 라우터들의 전력 소비는 1메가와트를 넘는다. 개별 비트 하나를 처리하는 데에 드는 에너지로 환산해보면, 1비트의 통행 경로를 바꾸는 데에 드는 에너지가 1비트 자체에 들어 있는 에너지보다 10만 배나 더 큰 셈이다. 단지 전자공학적인 처리와 경로 제어만을 위해서 그렇게 많은 에너지가 드는 것이다. 게다가 데이터 처리를 위해서 1와트가 소비되면, 냉각 시스템을 위해서도 대략 1와트가 소비된다. 도렌은 말한다. "호두를 깨자고 거대한 망치를 휘두르는 것과 마찬가지이죠."

　도렌이 보충해서 설명한다. "에너지 소비는 전자공학이 짊어진 근본적인 문제입니다. 전자 장치의 속도를 높이려면, 트랜지스터들이 전자들을 더 빠르게 운동시켜야 해요. 그런데 속도를 두 배로 높이면, 에너지 소비는 대략 네 배로 증가합니다. 이것은 간단한 물리법칙이죠. 전자 장치의 소형화는 에너지 소비를 줄이는 데에 도움이 됩니다. 전자 장치가 소형화되면, 전자들의 이동거리가 짧아져서 전자들이 에너지를 덜 쓰면서 더 빠르게 이동할 수 있기 때문이죠. 그러나 이미 원자 규모에 접근하는 중인 단일 트랜지스터의 크기를 더 축소하기는 어렵기 때문에, 속도 향상은 에너지 소비 증가를 뜻하죠. 빨리 부자가 되고 싶다면, 라우터들을 식히는 냉각 장치를 파는 것도 괜찮을 것입니다." 전자 신호를 처리하는 프로세서들도 이와 유사한 전력 소비 문제를 짊어지고 있다. 이 문제는 PC용 프로세서들의 클록 속도가 상승을 멈춘 이유이기도 하다. 클록 속도가 몇 기가헤르츠보다 더 빨라지면, 프로세서가 너무 뜨거워져서 사용할 수 없게 된다(3.1 참조). 데이터 경로 결정을 위한 에너지 소비의 증가는 여러 가지 큰 문제들을 야기한다. 전력망 전체에 가해지는 부담이 커지기 때문에,

문제는 단지 국지적인 전력 소비가 증가하는 것에서 그치지 않는다. 인터넷은 이미 전 세계의 항공 산업보다 더 많은 에너지를 소비하고 있다.

광프로세서를 향하여

전 세계의 과학자들은 핵심 인터넷 마디점들에서 발생한 문제들의 해법을 탐구하고 있다. 접근법들은 새로운 연결망 구조를 창조하는 것부터 새로운 컴퓨터 프로토콜(통신 규약)을 개발하거나 허브의 구성 요소들을 바꾸는 것까지 다양하다. 하름 도렌의 전략은 허브의 전자 장치 일부를 광학적 회로 장치로 대체하는 것이다. 그와 동료들은 전자 장치에 의존하지 않고 빛의 경로를 직접 제어하는 방법을 연구하고 있다. 도렌은 설명한다. "예를 들면, 빛 펄스의 색깔을 조작할 수 있습니다. 다시 말해서, 한 색깔 경로에 있는 빛 펄스를 다른 색깔 경로로 옮길 수 있죠. 우리는 이런 원리들을 이용해서 경로 제어를 초당 1테라비트에 가까운 속도로 오류 없이 해냈습니다. 이 광학적 제어의 에너지 소비는 정보 처리량과 무관해요. 따라서 정보 처리량이 두 배로 늘면, 1비트당 에너지 소비는 반으로 줄어들죠."

"우리는 더 빠른 경로 변경을 가능하게 하는 광학적 회로 장치에 집중하고 있습니다. 광학 부품들은 전자공학 부품들과 달리, 작동 속도가 빨라져도 열 발생량이 증가하지 않을 수 있어요. 그러나 시스템의 구조는 그대로 둔 채로 전자 장치를 광학 장치로 바꾼다는 것은 그릇된 생각입니다." 전자공학적 구조의 핵심 특징은 비트 각각을 개별적으로 처리한다는 점이다. 이 특징 때문에 단일한 칩에 수백만 개의 부품들을 설치할 필요가 생긴다. 그런 전자공학적 칩을 광학적 회로 장치로 대체하면, 곧바로 크기의 문제가 대두될 것이라고 하름 도렌은 생각한다. 다음과 같은 근본적인 이유가 있다. 광섬유에 쓰이는 빛의 파장은 1.5마이크로미터이다. 이 길이는 가능한 광학적 회로 장치의 최소 크기를 제한한다. 파장에 따라서 이른바 회절 한계(diffraction limit)가 정해지기 때문이다. 회절 한계를 넘어서려면, 대가를 지불해야 한다. 최근에 드러났듯이, 회절 한계를 넘어선 규모의 장치들은 정보 손실이 매우 많고 대개 실온보다 훨씬 더 낮은 온도에서 작동한다. 따라서 실제 시스템에 적용하기가 어렵다. 또다른 속도 향상 방법은 경로 변경 기술들을 바꿔서 개별 비트를 일일이 검토할 필요가 없게 만드는 것이다. 그러면 필요한 프로세서의 개수가 줄어들 것이다.

광학적 회로 장치의 성공을 위해서는 대량 생산 기술도 필요할 것이다. 전자공학도 꽤 오랜 세월 동안 기술들을 다듬은 끝에 대량 생산을 할 수 있게 되었다. 마이크로 전자공학 장치의 대량 생산에는 예를 들면, 웨이퍼 스캐너가 쓰인다. 이 장치는 얇은 실리콘 판 위에 모든 전자부품들을 배치한다. 그 다음에는 엄청나게 빠른 접합 기계가 전기적 연결들을 추가한다. 반면에 광학 칩을 광섬유 케이블에 연결하는 작업은 지금도 극도로 정확한 손놀림을 요구한다. 고수익을 올리는 전문가들이 칩을 광섬유에 하나씩 연결해야 한다. 실험실에서 쓸 시험용 칩 몇 개만 만들 생각이라면, 이것은 큰 문제가 아닐 수도 있다. 그러나 대량 생산을 위해서는 새로운 기술을 개발해야 할 것이다.

광메모리의 필요성

그러므로 광프로세서가 장착된 라우터가 등장하려면 여러 혁신들이 필요하다. 게다가 또다른 장애물도 있다. 라우터에는 빠른 프로세서만 필요한 것이 아니다. 동시에 도착한 패킷 두 개를 동일한 경로로 전송해야 할 경우, 한 패킷의 전송은 잠시 지체될 수밖에 없다. 따라서 정보를 일시적으로 저장해둘 필요가 있다. 현존 라우터들은 오늘날의 컴퓨터에서 흔히 쓰이는 몇 기가바이트 메모리칩들을 사용한다. 그 라우터들은 기억 세포 수십억 개를 필요로 하는데, 그만큼의 기억 세포들은 전자 칩 하나에 충분히 들어간다. 하름 도렌은 지적한다. "그러나 광메모리(optical memory)라면 사정이 다릅니다. 메모리 제작과 관련해서 빛은 심각한 한계를 가지고 있습니다." 도렌과 동료들은 광메모리를 만들기 위해서 다양한 기술들을 시도했다. 예를 들면, 광섬유 케이블로 흐르는 빛 신호의 속도를 줄이기 위해서 고리 모양의 회로들을 이용할 수 있다. 그런 고리 회로는 빛의 우회를 강제함으로써 빛이 약간 더 늦게 도착하도록 만든다. 그러나 이런 식으로 빛 신호의 속도를 줄이려면 많은——빠른 라우터 한 대에 수백만 킬로미터 길이의——광섬유가 필요할 것이다. 빛의 속도는 매질에 따라서 달라지므로, 빛 신호의 이동 속도를 약간 줄이는 시도도 가능하다. 일부 부품들은 빛의 속도를 대폭 줄일 수 있다. 그러나 그렇게 빛의 속도를 줄이면, 전송 가능한 데이터의 양이 줄어든다. 또 빛의 경로도 수십 킬로미터에 달해야 한다. 그렇게 긴 경로를 칩 하나에 집어넣는 것은 불가능하다. 더구나 빛의 속도를 줄이는 데에는 많은 에너지가 든다.

광메모리를 만드는 또다른 길은 광스위치를 설계하는 것이다. 도렌이 소장으로 있는 COBRA 연구소의 과학자들은 작은 레이저 두 개를 나란히 배치하여 광학적 "플립플롭(flip-flop)"으로 기능하게 함으로써 광스위치를 설계했다. 플립플롭이란 두 가지 안정 상태를 취할 수 있는 부품이며 따라서 기억 세포의 구실을 할 수 있다. 플립플롭은 전자공학의 핵심 요소이다. 광학적 플립플롭의 최신 버전은 옛 버전들보다 에너지를 훨씬 덜 쓰며 극도로 빠르게(몇 피코초 만에) 상태 전환을 할 수 있다. 광학적 플립플롭은 1제곱센티미터 면적에 10만 개가 들어갈 수 있을 정도로 작다. 그 정도 개수면 쓸 만한 메모리를 만들 수 있다. 비록 마이크로 전자공학 메모리와 경쟁할 수준은 되지 못하지만 말이다. 그러나 라우터에 필요한 메모리의 양을 줄이는 노력도 필요하다. 그 양을 최소한 10배 이상 줄여야 할 것이다.

최근 들어서 도렌의 연구 팀은 다른 해법을 탐구하기 시작했다. 그들은 동시에 도착한 패킷 두 개 중 하나를 일시저장(buffering)하는 대신에 다른 파장으로 변환했다. 다시 말해서 데이터 일시저장을 하지 않고, 두 패킷의 차이를 색깔로 표시한 것이다. "우리는 인터넷 허브 한 곳에 필요한 파장 변환기의 개수를 계산해보았고, 이 기술이 실현 가능하다는 결론에 도달했습니다. 또한 최근에 패킷들이 동시에 도착하는 문제는 일시저장으로 해결할 문제라기보다는 시스템 제어의 문제라는 것을 깨달았죠. 제어 문제와 파장 변환 문제는 오늘 당장이라도 해결할 수 있습니다."

전자공학 부품 하나하나를 모조리 광학 부품으로 교체하는 것은 아마 영원히 불가능할 것이다. 광학 기술의 빠른 속도와 낮은 에너지 소비는 고무적이지만, 우리는 광학 기술의 약점들도 직시해야 한다. 마이크로 전자공학으로는 어렵지 않게 성취할 수 있는 규모의 프로세서를 광학으로 성취하는 것은 아마도 영원히 불가능할 것이다. 하름 도렌은 결론짓는다. "그러므로 연결망 전체를 다르게 조직해야 할지도 모릅니다. 이처럼 광학 혁명은 전기 통신망에 대한 생각의 근본적인 변화를 요구할 것입니다." 한 연구 분야의 해법들 때문에 다른 연구 분야에서는 병목현상이 일어날 위험이 있다. 그러나 거꾸로, 한 분야의 문제들이 기술이나 접근법의 전환을 통해서 해결되거나 회피될 수도 있다. 전기 통신망은 서로에게 강한 영향을 미칠 수 있는 요소들로 이루어진 복잡한 시스템이다. 데이터 패킷들이 전송될 때, 어느 중간 허브에서 정체가 발생할지 절대 알 수 없다. 도렌은 말한다. "허브들에서 충돌이 일어나는 것을 막으려면 많은 조정이 필요합니다. 고속도로 교통과 똑같죠. 만약에 초월적인 통제자가 있어서 우리가 언제 출발할지를 결정한다면, 교통 정체 문제는 단박에 해결될 것입니다."[3]

중앙 통제의 부재는 인터넷이 설계될 당시에는 장점으로 생각되었지만, 중앙 통제 없이 변화를 실현하기는 매우 어렵기 때문에 지금은 문제가 되었다. 도렌은 말한다. "전 세계의 개인용 컴퓨터들에 장착된 네트워크 카드를 교체한다는 것은 확실히 터무니없는 생각입니다. 우리가 바랄 수 있는 최선은 인터넷의 가장 분주한 경로들에서 조정이 더 원활하게 이루어지도록 만드는 것이죠. 그러나 이것만 해도 큰 과제입니다. 그래서 여러 분야를 아우르는 연구가 매우 중요하죠. 부품들만 교체한다고 될 일이 아니에요. 그와 동시에 네트워크와 프로토콜에 대해서도 생각해야 합니다."

하이브리드 해법들

다른 한편, 마이크로 전자공학과 광학의 싸움은 여러 전선에서 계속되고 있다. 전자공학 옹호자들은 더 빠르고 작고 경제적인 부품의 개발을 가로막는 장애물들을 극복할 수 있다고 믿는 반면, 하름 도렌과 같은 광학 전문가들은 여전히 자신들의 해법을 옹호한다. 양쪽 진영이 모두 설득력이 있으며, 기술의 세계에서 흔히 그렇듯이, 양쪽 기술이 모두 발전하고 있다. 여러모로 볼 때, 과열된 인터넷 허브들의 문제를 일거에 해결할 마법 같은 단일 해법이 나올 가능성은 낮다. 아마 결국에는 여러 요소들로 이루어진 해법이 등장할 것이다. 다시 말해서 현실적으로 광학 기술이 전자공학을 전면적으로 대체하는 일은 없을 것이다. 양쪽 기술 모두 장단점이 있다. 소형화의 측면에서는 여전히 전자공학이 우세하지만, 속도와 에너지 소비 절감에서는 광학이 더 낫다. 그러므로 완전한 광학적 전기통신 마디점이 전자공학 마디점을 대체할 가능성은 낮다. 물론 빛을 이용하는 것이 지금보다 훨씬 더 편리해진다면 사정이 달라지겠지만 말이다. 앞으로도 우리는 연결망의 허브들에서 평범한 전자 장치들을 많이 사용하게 될 것이다. 데이터를 일시저장하고 처리 속도를 광학 칩에 맞도록 낮추기 위해서 앞으로도 많은 전자부품들이 사용될 것이다. 그러나 가장 빠른 부품들은 아마도 광학 기술을 채택할 것이다. 이런 기술 전환을 통해서 우리는 스위칭 속도를 테라비트 수준으로 높일 수 있을 것이다. 융합 해법을 향한 첫 걸음은 속도 향상을 위해서는 광학을 이용하고, 정보 저장과 계산을 위해서는 전자공학을 이용하는 하이브리드 전자광학 시스템들

(hybrid electro-optical systems)을 개발하는 것이다. 미래의 컴퓨터에 장착될 신호처리 장치에도 이와 유사한 접근법이 채택될 가능성이 높다.

다른 한편, 허브들에서의 트래픽이 정말 심하게 정체되기 시작하면, 인터넷은 다른 연결구조를 향해서 진화할 것이다. 항공 교통 연결망은 최근 수십 년 동안 인터넷과 유사한 패턴으로 발전했다. 항공 교통의 효율이 점점 증가하면서, 많은 노선들이 모여드는 허브 공항들이 생겨났다. 노선을 신설하려는 항공사들은 그런 허브 공항을 기점으로 삼는 것을 선호했다. 그 결과, 허브 공항들은 심한 정체를 겪었고, 10년 전쯤부터는 매력을 잃었다. 그 시점부터 소규모 지역 공항들을 연결하는 노선들이 선호되었다. 그때 이후, 항공 연결망은 근본적인 변화를 겪으면서 초기의 인터넷을 연상시키는 무정부적인 구조에 접근했다. 통신망에서도 허브들의 처리능력은 연결들이 허브로 집중되도록 유도하는 반면, 새로운 연결들의 잠재력은 반대 방향의 진화를 유도한다. 다른 지점들에 연결이 추가되면, 허브의 부담은 줄어들 수 있다. 이것은 일반적인 구조 진화의 한 가지 예이다.

지구적인 생각

통신망의 용량은 가까운 미래까지는 계속 증가할 것이다. 그러므로 과거에 전화와 이메일이 등장했을 때 우리가 경험한 것과 유사한 통신 기회의 증가가 일어날 것이다. 새로운 응용 장치들이 이미 여러 가지 개발되었지만, 통신망이 너무 느리기 때문에 실용화가 미루어지고 있다. 비디오 한 편을 내려받기 위해서 1시간을 기다릴 사람은 없다. 모든 것이 정말 빨라야 한다. 그렇지 않으면, 이용하는 사람이 없을 것이다. 통신망의 용량은 충분히 빠르게 증가하는 중이므로, 머지않아서 제한 없는 비디오 통신이 가능해질 것이다. 그러면, 예를 들어 파리에 사는 조부모는 마이애미로 휴가를 간 손자들을 실시간 영상으로 보면서 더 즐겁게 생활할 수 있게 될 것이다. 통신 기술은 노인들의 생활 세계를 대폭 확장할 수 있다(4.4).

또한 비디오 연결을 통해서 학술회의나 사업회의에 참석하여 직접 현장에 있는 것과 다름없이 발표를 듣고 질문을 던질 수 있을 것이다.

그러나 통신 기술의 힘이 미치는 영역은 훨씬 더 넓다. 몇 가지만 예를 들면, 통신 기술은 교육(5.1), 국가 간 협력(5.6), 살 만한 도시 만들기(5.3), 의료 서비스 강화(4.1)에 필수적이다. 지리적 장벽을 점점 더 무의미하게 만드는 통신 기술은 이 책의 곳곳에서 인류의 처지를 향상하기 위한 핵심 수단으로 거듭 등장할 것이다. 통신은 사업에만 필요한 것이 아니다. 통신은 우리가 생각하고 말하고 행동하는 방식에 영향을 미친다. 통신은 우리를 하나로 묶는다. 프랑스와 독일이 다시 전쟁을 하리라고 예상하는 사람은 아무도 없다. 그 두 나라는 전쟁 따위는 상상조차 할 수 없을 정도로 너무나 확고하게 서로 얽혀버렸다.

3.3
모든 사람들을 연결하기

지구 거주자의 과반수는 전화나 이메일을 사용할 수 없고, 많은 지역들이 여전히 통신망에서 배제되어 있다. 그런 곳들은 새로운 지식의 보급이 느리고, 부정확한 정보를 기초로 물 공급과 같은 필수 활동을 수행하기 때문에 발전의 가능성이 심각하게 저해된다. 정보 교환의 결핍은 농업과 교육을 비롯한 많은 분야의 발전도 가로막는다. 심지어 통신 사정이 좋은 지역들에서도 통신망의 밀도는 우리의 안전과 복지를 향상시키기 위해서 필요한 수준보다 낮다. 지진, 홍수, 기후 변화, 기타 불안정한 시스템들을 관리하려면 촘촘한 통신망이 필요하다. 통신망의 밀도가 낮으면, 관리능력은 떨어질 수밖에 없다. 통신망의 범위 확장은 우리의 세계를 발전시키고 안정화하는 데에 이로울 것이다. 그러나 통신망을 확장하려고 하면, 중요한 문제들에 부딪히기 마련이다. 이 챕터에서 우리는 전파 통신망을 예로 들어서 그 문제들을 살펴볼 것이다. 그러나 전력망과 교육을 위한 사회 연결망(social network)을 비롯한 다른 연결망들에서도 유사한 문제들이 발생한다는 사실을 잊지 말아야 한다.

첫눈에 보기에 전파는 다른 통신 기술들이 남겨놓은 틈을 메울 수 있는 탁월한 기술인 듯하다. 그러나 전파통신은 기본적인 물리학 법칙들의 제약을 받기 때문에 용량에 한계가 있다. 그래서 예를 들면, 방송사들과 통신 회사들은 좁은 주파수 대역을 놓고 치열하게 경쟁할 수밖에 없다. 라디오 방송국과 텔레비전 방송국, 이동통신업체, 위성통신업체의 개수는 무섭게 늘어나고, 전파통신에 쓸 수 있는 전자기파 스펙트럼 대역들은 남김없이 점유되는 중이다. 신기술이 개발되고 곧이어 기존에 사용되지 않은 스펙트럼 대역이 점유되는 일이 역사 속에서 되풀이되었다. 라디오 방송에 처음 쓰인 대역은 중파였다. 그리고 더 나중에 방송사들은 주파수 변조(FM) 방식을 채택하면서 수신 범위 축소를 무릅쓰고 주파수 대역을 높였다. 그후에 새로운 반도체 전자공학에 힘입어서 더 높은 주파수 대역에 접근할 수 있게 되었다. 지구 이동통신 시스템(global system for mobile communication, GSM)의 최초 표준 주파수 대역이 채워진 뒤에는 그보다 주파수가 두 배 높은 새로운 대역이 열렸다. 최근에 나온 3세대(3G) 휴대전화 기술들——예를 들면, 범용 이동 전기통신 시스템(universal mobile telecommunication system, UMTS)——은 GSM의 새로운 주파수 대역보다 더 높은 주파수들을 이용한다.

주파수가 높아질수록, 통신용 전자 장치들은 더 빨라져야 하고, 그 대가로 통신 용량은 더 커진다. 이것은 전자기파 스펙트럼을 지배하는 자연법칙들의 귀결이다. 60기가헤르츠 대역을 사용하는 통신 시스템은 모든 사용자에게 초당 몇 기가비트의 정보를 전달할 수 있다. 이 정도 속도면 쌍방향 고화질 비디오를 제공하기에 충분하다. 그러나 주파수 상승의 대가가 있다. 주파수가 높아지면, 수신 범위가 줄어든다. 고주파수 전파들은 대기에 의해서(주로 대기 중의 수증기에 의해서) 쉽게 흡수된다. 장애물들도 고주파수 전파들을 더 쉽게 흡수한다. 이 문제를 해결하는 일반적인 전략은 서비스 구역을 더 작은 셀들로 분할하고 더 많은 송신기들을 서로 겹치지 않게 설치하는 것이다. 전파의 주파수가 최고로 높아지면, 전파는 점점 가시광선을 닮아간다. 그래서 예를 들면, 장애물을 투과하는 능력이 줄어든다. 이 문제 역시 셀의 크기를 제한하는 요인으로 작용한다. 주파수를 최고로 높여서 통신 용량을 최대로 만들려면, 우리는 결국 안테나 하나의 수신 범위를 방 하나로 축소해야 할 것이다.

전파 통신망에서 용량과 범위는 확실히 상충하는 가치들이다. 셀이 축소되면, 서비스 범위는 줄어들지만, 사용자 한 명에게 주어지는 용량은 증가한다. 일부 전문가들은 심지어 3세대 휴대전화 기술들이 사용하는 주파수들도 여전히 너무 낮아서 인구밀도가 높은 지역에서는 통신 용량이 충분하지 않다고 믿는다. 용량과 범위 사이의 관계는 기술의 발전에 따라서 변화해왔다. 통신망의 유한한 자원들을 더 효율적으로 이용하는 기술들은 끊임없이 개발된다. 소리와 영상을 운반하는 데에 필요한 대역폭(帶域幅, bandwidth)은 수신 범위의 축소 없이 줄일 수 있다. 예를 들면, 새로운 쌍방향 디지털 텔레비전 기술은 전통적인 아날로그 텔레비전 방송보다 더 좁은 스펙트럼을 사용한다. 이 때문에 많은 나라들이 신설 디지털 채널들을 위한 공간을 확보하기 위해서 아날로그 방송을 종료하고 있다. 이용 가능한 대역폭을 더 잘 이용할 수 있게 해주는 다른 기술들도 최근 몇십 년 동안에 다양하게 개발되었다. 새로운 송신기들은 효율을 높이기 위해서 주파수를 바꿀 수 있다. 또한 더 많은 대역들에 걸친 신호를 송신하기 때문에, 전파 간섭을 더 효율적으로 걸러낼 수 있다. 이 기술은 현재 많은 가정과 직장에서 쓰이는 무선(와이파이[wi-fi]) 컴퓨터 연결망의 기초이기도 하다.

대물림되는 타성

그러나 훨씬 더 급진적인 방식으로 통신 용량을 늘릴 수도 있다. "라디오의 다이얼을 돌리면서 들어보면 한참 동안 아무 소리도 들리지 않는 주파수 대역들이 있을 것입니다." 사이먼 헤이킨의 말이다. 그는 방송용 스펙트럼을 더 영리하게 이용하는 방법들을 연구하면서 레이더 시스템의 발전에 중요한 기여를 해온 인물로, 현재 캐나다 맥매스터 대학교 인지 시스템 실험실의 교수로 재직 중이다. 헤이킨은 전파 스펙트럼에 많은 공백이 있다고 지적한다. 일부 대역은 일부 시간에만 쓰이고, 다른 대역은 집중적으로 쓰인다. 스펙트럼은 온갖 유형의 사용자들에게 매우 정확하게 할당되지만, 사용자들에 의해서 항상 효율적으로 활용되는 것은 아니다. 결과적으로 스펙트럼에 큰 공백들이 생긴다. 헤이킨은 덧붙인다. "공백은 대개 침묵의 형태로 나타납니다. 통제 방식을 바꾼다면, 통신 용량을 대폭 늘릴 수 있을 것입니다."

문제는 대역의 사용을 중앙에서 경직되게 통제하는 데에 있다. 정부는 송신자들의 상호간섭을 막기 위해서 엄격한 규칙들을 부과한다. 그래서 송신자들은 최악의 조건에서도 간섭이 일어나지 않도록 서로 멀찌감치 떨어져야 한다. 또 실내 깊숙한 곳에서 전파를 수신하기를 원하는 사람들도 있을 터이므로, 송신자들은 철근 콘크리트를 관통할 만큼 강한 출력으로 방송을 해야 한다. 이 규정도 통신 용량을 제한하는 요인으로 작용한다. 이렇게 최악의 조건에서도 혼신 없이 수신이 이루어지도록 만드는 것을 우선시하다보니, 거의 모든 사용자들이 거의 모든 시간에 처하는 조건과 영 딴판인 극단적인 조건들을 위주로 전파통신이 발전하는 결과가 발생하고 있다. 결국 이 모든 것은 통신 용량에 엄청난 부담이 된다. 더 영리한 통제 방법이 채택된다면, 엄청나게 넓은 대역이 규제에서 풀리고 스펙트럼의 모든 공백들이 사용될 것이다. 예를 들면, 특정 스펙트럼 대역에 대한 사용 허가를 가진 사람이 그 대역을 사용하지 않는 동안, 다른 사용자가 그 대역을 임시로 사용할 수 있을 것이다. 사이먼 헤이킨은 지적한다. "물론 임시 사용자는 매우 융통성 있게 행동해야 할 것입니다. 원래 사용자가 갑자기 그 대역을 사용할 필요가 생기면, 임시 사용자는 즉시 다른 대역으로 옮겨갈 수 있어야겠죠."

이런 유형의 시스템들은 현재 시험되는 중이지만, 전 세계 라디오 수신기의 상당 비율을 교체한다는 것은 거의 불가능하다. 과거의 유물이 시스템의 변화를 어렵게 하고 있는 것이다. 고전적인 송신기와 수신기는 표준에 따라서 다르게 특수화된 신호 해독 하드웨어를 가지고 있다. 라디오 수신기에는, 예컨대 주파수 변조(FM) 방송에 맞는 특수 부품들이 필요하다. 만일 FM 수신기를 진폭 변조(AM) 기술에 맞게 고치려면, 납땜인두를 동원한 대대적인 개조가 필요할 것이다. 이미 구상되고 합의된 라디오 표준을 변경하기는 매우 어렵다. 그 변경은 수많은 수신기들을 무용지물로 만들 것이기 때문이다. 모든 수신기를 교체해야 하는 상황을 피하기 위해서 기술자들은 흔히 새 라디오 기술을 옛 기술과 호환 가능하도록 설계하려고 애쓴다. 1960년대 초에 FM 스테레오 방송이 시작되었을 때, 사람들은 이미 아주 많은 FM 수신기들을 사용하고 있었다. 따라서 그 모노 수신기들이 불이익을 당하지 않도록, 스테레오 신호를 기존 FM 신호 안에 교묘하게 집어넣어야 했다. 이 작업은 성공적으로 이루어졌지만, 흔히 음질의 저하나 통신 용량 정체를 동반했다. 더 융통성 있는 기술들은 이제껏 사용되지 않은 전파 스펙트럼 대역들에 적용될 수 있을 것이다. 그러나 그런 신기술들도 언젠가는 구식이 될 것이고, 그것들을 더 효율적인 기술들로 교체하는 작업은 결코 만만치 않을 것이다.

수신기가 결정한다

사이먼 헤이킨은 이 문제를 고민해왔다. 그는 새로운 유형의 전파통신 시스템이 해법이라고 본다. 그 시스템은 기능이 정해진 물리적 부품들 대신에 소프트웨어를 통해서 여건에 적응할 수 있는 융통성 있는 부품들을 상당수 채택한 "소프트웨어 정의 전파통신(software-defined radio)" 시스템이다. 이 시스템에서는 간단한 소프트웨어 업데이트만으로 즉시 표준 변경을 이룰 수 있으므로 전파통신 기술은 훨씬 더 큰 융통성을 얻을 것이다. 이상적일 경우, 소프트웨어 업데이트는 방송 전파를 통해서 사용자들이 눈치채지도 못하는 사이에 자동으로 이루어질 것이다. 소프트웨어 정의 전파통신 시스템은 기술이 발전하고 새로운 응용 장치들이 등장하는 속도를 대폭 향상시킬 수 있을 것이다. 예를 들면, 전송 기술을 개량하려고 할 때마다 지루하고 쩨쩨한 협상을 거칠 필요가 없어질 테니까 말이다. 효율적으로 설계되었으며 적절한 소프트웨어가 탑재된 전파통신 칩들은 주파수 변경에 아무 문제가 없고 새 전송 기술이 나와도 손쉽게 기술 전환을 할 수 있을 것이다. 또한 더 많은 용도로 쓰일 수 있을 것이고, 따라서 더 많이 생산될 수 있을 것이다.

소프트웨어는 라디오 수신기들을 더 영리하게 만들 수 있다. 헤이킨은 라디오 수신기들의 "인지능력 향상"이라는 표현을 쓴다. 라디오 수신기를 교육하여 마치 인간처럼 주변 상황을 파악하도록 만들 수 있다는 것이다. 헤이킨은 말한다. "송신기가 아니라 수신기가 중심이 되어야 합니다. 수신기는 환경의 특징들을 파악하고 혼신과 전파 신호의 세기를 감지할 수 있죠. 그리고 수집한 정보를 송신기에 전달함으로써 송신기가 적절하게 적응하도록 도와줄 수 있어요. 간단히 말해서 송신기의 송신 방식을 수신기가 결정할 수 있는 것입니다." 헤이킨은 이 모든 것을 꼼꼼하게 구상했다. 그는 많은 것들을 고려해야 했다. 예를 들면, 누군가가 고의로 다른 채널들을 짓누르려고 하면 어떻게 될까? 가장 강력한 공중파가 다른 공중파들을 지배하는 것을 막는 절차가 필요할 것이다. 시스템의 안정성도 문제이다. 만일 모든 라디오 송신자들이 서로 영향을 주고받는다면, 예측 불가능한 결과들이 발생할 수도 있다. 한 곳에서 일어난 작은 주파수 변경 때문에 수많은 주파수 변경과 출력 조정이 눈사태처럼 급격하게 일어날 수도 있다. 인지능력을 갖춘 라디오 수신기들이 넘쳐나는 사회는 복잡한 시스템을 이룰 것이다. 헤이킨은 생각한다. "예측 불가능하고 급격한 탈선은 피할 수 있어요. 인지능력을 갖춘 라디오들이 모두 각자의 이익을 추구한다면, 시스템은 안정을 유지할 것입니다. 이것은 저의 사회관에 의거한 예측이 아니라 게임 이론(game theory)에서 도출된 알고리듬 계산에 의거한 예측이죠."[1]

실제로 인지능력을 갖춘 라디오(cognitive radio, 인지 전파통신) 시스템은 분주한 일체형 통신망보다 더 안정적일 수 있다. 과부하가 걸리면—예를 들어 재난이 발생하거나 단순히 대규모 군중이 통신을 하면—통신망은 마비되기 쉽다. 그러나 인지 통신망은 새로운 상황에 적응하여, 예

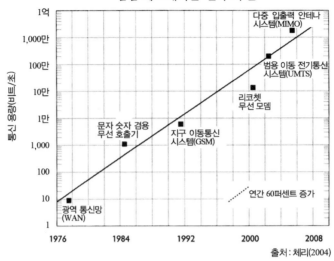

점점 희소해지는 전파 자원

전파 스펙트럼은 지금 사용자들에게 엄격하게 배분되어 있다. 부족한 스펙트럼 자원을 공유하는 새로운 방법들이 개발되지 않는다면, 지구의 모든 구석을 아우르는 통신을 실현하기가 점점 더 어려워질 것이다. 현재 통신 용도로 할당된 전파 대역들은 매우 비효율적으로 사용되고 있다. 따라서 덜 경직된 전파 주파수 할당 방법을 고안할 필요가 있다. 출처 : 체리, S.(2004). 에드홀름의 대역폭 법칙. 「IEEE 스펙트럼(*IEEE Spectrum*)」, 41(7), 58-60.

를 들면 단거리 통신만 허용하고 장거리 통신은 건수를 제한할 수 있을 것이다. 그런 식의 재편성은 통신 용량을 최소로 사용하면서 신속하게 정보를 퍼뜨리는 효과적인 방식이다. 헤이킨은 주장한다. "소프트웨어 정의 인지 전파통신은 스펙트럼의 공백들을 이용하는 실용적인 방식이에요. 그 방식을 채택하면, 전파 스펙트럼 가운데 비교적 덜 사용된 부분들을 효과적으로 이용할 수 있을 것입니다. 필요한 기술은 이미 마련되어 있어요. 휴대전화 설계자들은 다양한 전파 시스템에서 작동할 수 있는 제품을 만들기 위해서 이미 소프트웨어 정의 전파통신 방식을 사용합니다. 그 방식으로 설계된 전화기는 기술이 바뀌어도 쉽게 적응할 수 있죠. 여러 나라의 군대들도 그와 똑같은 방식으로 통신 시스템들을 업그레이드합니다. 따라서 기술자가 부대들을 일일이 돌아다니며 수동으로 업그레이드 작업을 할 필요가 없죠." 그러나 전파 스펙트럼을 효율적으로 이용하기 위해서는 기술만 필요한 것이 아니다. "스펙트럼의 이용 가능한 부분은 복잡한 외교적 협상을 통해서 정확하게 지정되어왔습니다. 당신이 가진 전파통신 장비의 인지능력이 아무리 뛰어나도, 무턱대고 나서서 스펙트럼의 미사용 부분을 달라고 주장할 수는 없어요. 그렇게 한다면, 설령 당신이 어느 누구의 통신도 방해하지 않는다고 하더라도, 당신은 국제적인 합의를 위반하는 것입니다. 인지 전파통신이 가능한 선택지가 될 수 있으려면, 이런 상황이 개선되어야 하죠."

사이먼 헤이킨의 아이디어는 중앙 통제를 줄이고 개별 요소들의 자체 판단을 허용함으로써 복잡한 연결망을 최적화하는 전략의 생생한 실례이다. 그 전략은 통신 용량을 증가시키고 통신망을 더 튼튼하게 만든다. 헤이킨의 연구는 전파 통신망에 초점을 맞추지만, 인지 전파통신의 바탕에 깔린 철학은 다른 분야들에도 적용할 수 있다. 예를 들면, 영리한 전력망은 중앙 통제권의 일부를 분산된 소규모 단위들에 넘겨준다. 스스로 판단하는 그 단위들은 끊임없이 주변을 "관찰하고" 학습하면서 미리 프로그램된 행동을 적절히 조정한다. 영리한 전력망은 융통성이 클 뿐만 아니라 정전의 위험도 낮다. 비슷한 맥락에서 항공 통제도 유용한 사례이다. 이 사례는 인지 개념이 전혀 다른 분야에 얼마나 잘 적용될 수 있는지 보여주기 때문에 자세히 살펴볼 가치가 있다.

새처럼 비행하기

항공 교통망은 용량을 희생하더라도 신뢰성을 최대한 높이는 쪽으로 설계되어 있다. 인구밀도가 높은 지역에서 비행기 연착의 주원인은 항공 정체이다. 그러나 비행기에서 창밖을 내다보는 승객은 교통의 혼잡을 거의 느끼지 못한다. 공중에서 다른 비행기를 볼 수 있는 일은 드물기 때문이다. 여객기들은 광활한 하늘의 거의 전부를 아예 이용하지 않고 고정된

항로로만 줄지어 날아간다. 만일 조종사들이 예정 항로를 자유롭게 이탈할 수 있다면 비행기들이 다닐 공간은 충분히 많을 테지만, 항로 이탈의 자유는 허용되지 않는다. 이미 과도한 부담을 지고 있는 집중형 항공 통제 시스템은 조종사들에게 각자의 항로를 선택할 자유를 허용할 경우에 발생할 교통의 미로를 감당할 수 없을 것이다. 또한 항로들이 서로 교차하는 것을 허용하면 사고가 더 많이 발생할 것이라는 염려도 있다. 그러나 이 염려는 근거가 없다. 떼를 지어서 날아가는 새들은 빈번히 서로 교차하지만 중앙 통제가 없어도 충돌하지 않는다. 새들은 가장 가까운 이웃들만 의식하면서 필요한 경우에만 충돌을 피해 신속하게 움직인다.

우리의 항공 교통에서는 충돌의 문제를 어떻게 다룰까? 항공 통제소들이 전혀 필요하지 않은 새로운 비행 시스템들이 이미 개발되어 있다. 핵심 아이디어는 모든 조종사들이 자신의 주변 공간을 감시하고 상대 조종사의 행동에 반응하게 만든다는 것이다. 이 새로운 시스템에서는 항공기에 탑재된 영리한 전자 장치가 조종사에게 다른 항공기가 다가온다는 정보를 전달한다. 만일 두 항공기가 너무 가깝게 접근할 위험이 있으면, 시스템은 조종사에게 위 또는 아래, 왼쪽 또는 오른쪽으로 움직이라고 경고한다. 상대 항공기에 탑재된 전자 장치는 그 항공기의 조종사에게 항로를 바꾸라고 조언한다. 두 항공기의 전자 장치들이 항상 신호를 주고받을 수는 없으므로, 이 시스템을 위한 핵심 과제는 항공기들이 항상 서로를 피하는 방향으로 항로 조정을 하도록 만드는 규칙들을 고안하는 것이다. 이 시스템은 항공 통제소의 임무를 다수의 조종사들에게 분담시키기 때문에 훨씬 더 안전하다. 또한 항공 속도를 훨씬 더 향상시킨다. 조종사들이 스스로 선택한 항로들은 좁고 급선회 구간이 많은 현재의 고정 항로들보다 최대 10퍼센트나 짧다.[2]

새로운 비행 시스템은 아직 가동되고 있지 않다. 그러나 그것을 도입하는 것이 전파통신 기술을 개혁하는 것보다 훨씬 더 쉬울 것이다. 정부들은 대륙의 하늘을 날아다니는 몇천 대의 상용 항공기들에 새로운 비행 통제 시스템을 채택하라고 강요할 수 있다. 반면에 대륙에서 사용되는 라디오 수신기의 대수는 몇천 대와 비교할 수 없을 정도로 많다. 그 많은 수신기들을 근본적으로 개조하라는 명령을 내릴 수는 없는 노릇이다. 새로운 비행 시스템의 또다른 장점은 항공 교통망에 대한 집중형 통제에서 분산형 통제로의 점진적 진화를 허용한다는 것이다. 첫 단계에서는, 이를테면 새 장치를 탑재한 항공기에만 그것도 공항에서 멀리 떨어져 있을 때에 한해서만 예정 항로 이탈을 허용할 수 있을 것이다. 마찬가지로 소프트웨어 정의 수신기들도 다른 수신기들보다 더 자유로울 수 있어서 점진적인 이행에 유리할 것이다.

연결망 같지 않은 연결망

그러나 여러 유형의 연결망들이 하나가 되어서 영리하게 협력하게 만들고자 할 때는 방금 언급한 것과 같은 하향식 접근법을 채택할 수가 없다. 다양한 연결망들의 협력은 국소적으로, 말하자면 연결망들의 모세혈관들이 만나는 곳에서 이루어져야 한다. 한 예로 전파 통신망과 광섬유 통신망의 수렴을 들 수 있다. 이 두 통신망의 연결은 점점 더 흔해지고 있다. 이 연결이 일어날 때마다 경로 선택이 필요해진다. 광섬유 시스템은 훨씬 더 큰 용량을 제공하지만, 휴대 장치들을 지원하는 능력은 떨어진다. 휴대 장치들은 주로 전파를 이용해야 하는데, 전파 신호를 가장 가까운 접속점에서부터 광섬유를 통해서 전달하면 부족한 전파 자원을 절약할 수 있다. 이처럼 거의 모든 경우에 최선의 해법은 전파와 광섬유의 영리한 조합일 것이다. 그러므로 사이먼 헤이킨의 아이디어를 확장할 필요가 있다. 효율적으로 설계된 영리한 전기통신 시스템은 전파통신의 장점과 광섬유 통신의 장점을 겸비할 것이다. 이 두 통신의 결합에 관한 결정들은 여러 유형의 전파통신과 광통신이 가진 특징들을 해당 접속점에서 평가해야 할 것이기 때문에, 하향식으로 내려질 수 없다. 라우터는 방 안에 국한되는 전파의 주파수들과 방 너머까지 전달되는 주파수들을 알아야 할 것이고, 전파통신의 용량, 거리, 범위도 고려해야 할 것이다.

주파수가 가장 높고 용량이 가장 큰 전파 연결들은 가장 가까운 지점에서 광섬유 통신망과 접속함으로써 연결 거리를 가능한 한 짧게 유지할 수 있다. 이를테면 각 방마다 광섬유 통신망 접속점을 설치할 수 있을 것이다. 반면에 비교적 주파수가 낮고 용량이 작은 전파 연결들은 더 먼 거리까지 이어질 수 있다. 이와는 반대로 아주 먼 곳과 통신하고자 한다면, 시스템은 그곳으로 이어진 광섬유 경로를 찾아낼 것이다. 수신자에게 접근한 신호는 다시 전파 신호로 변환되거나 계속 광섬유 케이블을 통해서 현지의 컴퓨터에 도달할 것이다. 이런 식으로 광통신 사용을 최대한 늘리면 전파 스펙트럼이 짊어진 부담은 상당히 줄어들 것이다. 이런 연결들은 이미 존재하지만, 연결의 목적이 단일한 경우가 많기 때문에 대개 융통성이 없다. 이런 연결들이 지능을 갖춘다면, 연결망은 변화에 즉각 대응할 수 있게 될 것이다. 따라서 소중한 대역폭이 절약되고, 시스템이 더 튼튼해질 것이다.

다른 연결망들의 결합도 대체로 마찬가지이다. 예를 들면, 자가용 교통과 대중교통의 통합은 자가용 운전자들이 실제 이동시간을 기초로 대중교통 수단의 경로를 정할 수 있고, 어쩌면 운행 시간표까지 바꿀 수 있을 때만 성공할 수 있다. 뒤처진 시골 지역에 교육을 제공하기 위한 인적 연결망은 노동 연결망 그리고 어쩌면 물 공급망과도 상호작용해야만 성공할 수 있다. 마지막으로 물류 연결망은 반드시 국지적인 생산 연결망과 상호작용해야 한다.

3.4
암호 기술

전자 지불, 인터넷 쇼핑, 이동통신은 우리 사회를 근본적으로 변화시켰다. 디지털 서비스가 생활을 더 편리하게 만들었다는 뜻만이 아니다. 우리의 행동이 지금처럼 상세히 기록되던 때는 인류 역사에서 한번도 없었다. 은행은 우리가 언제, 어디에서 현금인출기를 이용하여 돈을 뽑았는지 정확히 기억한다. 전화 회사는 우리의 통화 목록을 보관하고, 온라인 서점은 우리가 무엇을 즐겨 읽는지를 정확하게 안다. 상점들은 할인 카드를 이용해서 소비자들의 구매 행동을 기록한다. 이런 데이터베이스는 매우 유용하다는 것이 입증되었다. 데이터베이스를 가진 기업은 구미가 당기는 제안을 시기적절하게 건넬 수 있다. 그 모든 데이터는 정부에도 유용하다. 용의자가 누구와 자주 접촉하는지, 특정 인물이 특정 시각에 어디에 있었는지 알려주기 때문이다. 이런 정보는 경찰과 정보기관이 폭탄 테러나 아동 성범죄를 막는 데에 도움을 준다. 이런 정보의 대부분은 아무나 볼 수 없도록 보호된다. 그러나 데이터베이스와 통신 채널의 수가 계속 급격하게 증가하기 때문에, 우리의 내밀한 정보를 보호하는 일은 점점 더 어려워지고 있다.

메시지를 보호하는 작업은 문서 통신과 동시에 시작되었다. 수천 년 전부터 군사용 문서는 적군의 손에 들어갈 때를 대비해서 해독하기 어려운 암호로 작성되었다. 암호 해독은 예나 지금이나 중요한 과제이다. 만약에 제2차 세계대전 당시의 군사용 암호들이 실제보다 더 튼튼했다면,

그 전쟁의 결과는 아마 완전히 달라졌을 것이다. 당연한 말이지만, 컴퓨터 시대인 지금은 암호화와 암호 해독을 펜과 종이로 하던 시절보다 훨씬 더 효율적이고 빠르게 할 수 있다. 암호학(cryptography)——암호를 다루는 과학——은 최근 수십 년 동안 완벽한 기술들에 도달했다. 암호학자들은 내부자에게는 메시지를 해독하기가 쉽고, 외부자에게는 그 시도 자체가 무모할 정도로 어려운 암호를 개발하기 위해서 적당한 수학 연산을 끊임없이 물색한다.

암호의 원리

여러 중요한 암호 기술들은 소수를 이용한다. 소수란 1과 자기 자신으로만 나누어떨어지는 수이다. 예를 들면 2, 3, 5, 13, 7,901, 1,676만9,023은 소수이다. 모든 수는 소수들의 곱으로 표현된다. 15는 3 × 5로 표현된다. 큰 수를 소수들로 분해하기, 즉 소인수분해는 어려운 수학 과제이다. 아주 큰 수의 소인수분해는 사전 지식이 없으면 실행하기가 거의 불가능하다. 100에서 200자리 수를 소인수분해하는 작업은 오직 세계에서 가장 강력한 컴퓨터들만이 간신히 해낼 수 있다. 2010년의 큰 수 소인수분해 세계 기록은 232자리 수였다. 그 수를 소인수분해하는 데에 걸리는 계산 시간은 2,000년이다. 물론 실제로는 여러 컴퓨터를 병렬로 연결하여 계산해서 몇 개월의 시간만 걸렸지만 말이다.[1] 이런 계산은 정보를 암호화하는 컴퓨터 프로그램들의 핵심이다. 열쇠가 없는 외부자가 메시지를 해독하는 것은 지극히 어렵거나 아예 불가능하다. 반면에 암호화에 쓰인 소수들을 아는 내부자는 메시지 해독을 몇 초 만에 끝낼 수 있다. 암호를 이용한 보안 소프트웨어는 우리가 웹사이트들을 볼 때 쓰는 인터넷 익스플로러와 파이어폭스 등에도 들어 있다. 암호 기술들은 우리가 우리 자신의 데이터를 통제할 수 있게 해준다. 또한 데이터를 익명화할 수 있게 해준다. 예를 들면, 암호 기술로 의료 기록과 환자의 신상정보를 분리할 수

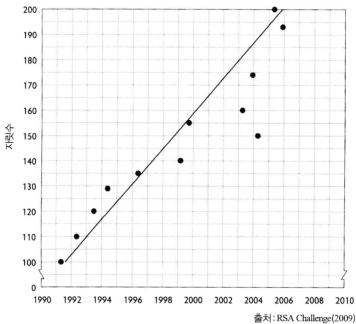

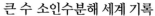

큰 수 소인수분해 세계 기록

출처 : RSA Challenge(2009)

암호 시스템의 보안력은 아주 큰 수를 소인수분해하기가 현실적으로 불가능하다는 사실에서 비롯된다. 그러나 세월이 흐르면 보안력이 약해지기 마련이므로 암호는 끊임없이 갱신될 필요가 있다. 데이터베이스들이 꾸준히 늘어나고 점점 더 복잡한 데이터가 교환되는 상황에서 끊임없는 암호 갱신은 만만치 않은 과제이다. 출처 : The RSA Laboratories, http://vermeer.net/rsa

있다. 그러면 의료 기록이 다른 병원으로 전달되거나 자격이 없는 사람의 손에 들어가더라도 환자의 신상정보는 지켜질 것이다. 데이터를 보호하는 기술은 이미 존재하며 무수한 방식으로 사용된다.

암호 기술이 시원치 않은 이유

우리 사회는 암호를 통한 보안에 점점 더 의존하고 있다. 암호는 우리의 전자 지불 과정뿐만 아니라 새로운 여권과 아이튠즈 뮤직스토어에서 판매되는 음악도 보호한다. 그런데 과연 얼마나 안전하게 보호할까? 영리한 수학자가 암호를 뚫는다면 어떻게 될까? 모든 보안 조치가 난공불락인 것은 아니다. 실제로 일부 사람들은 디지털 암호를 뚫는 일을 스포츠처럼 즐긴다. 유료 텔레비전 칩들, 전화 카드들, 전자 티켓들이 모두 해킹을 당했다. 최초의 DVD들이 시판되자마자 관련 암호를 뚫는 방법이 인터넷에 공개되었다. 곧이어 누구라도 암호를 무력화시키고 DVD를 복사할 수 있게 해주는 소프트웨어가 등장했다. 프랑스 텔레콤은 전화 카드의 암호를 뚫은 해커들을 여러 명 적발했다. 그들은 어리석게도 액면가가 가장 높은 전화 카드로도 감당할 수 없을 만큼 많은 통화를 하는 바람에 적발되었다. 그들보다 조금 더 영리해서 적발되지 않은 해커들은 아마 훨씬 더 많을 것이다.

암호 기술에 어떤 문제가 있길래 보안이 뚫리는 사례가 이토록 잦은 것일까? 에인트호벤 공과대학의 암호학 교수 헨크 반 틸보르흐는 암호의 약점들을 깊이 연구해왔다. 저자들은 이 책을 쓰기 오래 전부터 그와 대화를 나누었다. 우리는 데이터 보안에 대해서 정기적으로 토론을 했는데, 반 틸보르흐의 어투는 조금씩 더 비관적으로 바뀌어갔다. 그는 말한다. "최근 들어서 데이터 보안 상황은 기술이 제공한 강력한 수단들에도 불구하고 더 나빠졌습니다. 우리는 사실상 완벽한 보안 기술을 이미 가지고 있어요. 효과가 입증된 암호화 메커니즘들이 여러 해 전부터 있었죠. 기술들은 있습니다. 다만 우리가 그 기술들을 이용하지 않거나 충분히 잘 이용하지 않을 뿐이죠."

헨크 반 틸보르흐는 우리가 사적인 개인정보를 타인들에게 아무렇지도 않게 내주는 것을 염려하는 드문 사람들 중 하나이다. 인터넷에서 그의 이름을 검색하면, 과학 논문들과 비즈니스 인맥 사이트인 링크드인에 등록된 약력만 나온다. 긴 목록을 꼼꼼히 살피면, 그가 어느 아동 교육기관에서 행한 비밀 지키기에 관한 강연문도 볼 수 있을 것이다. 그러나 그것까지가 전부이다. 한마디 덧붙이면, 그를 동명의 가톨릭 선교사와 혼동해서는 안 된다. 대부분의 사람들은 반 틸보르흐보다 조심성이 훨씬 더 적다. "제대로 신경을 쓰는 사람이 없습니다. 이웃들이 자신의 개인용 컴퓨터를 들여다볼까봐 염려하는 사람이 아무도 없는 것 같아요. 대부분의 사람들은 효과적인 데이터 보호의 중요성을 아예 무시하죠. 약간의 항공 마일리지를 얻으려고 상세한 구매 습관을 기꺼이 알려줍니다. 마음만 먹으면, 산업시설을 통제하는 시스템에 침입하는 것도 그리 어렵지 않죠. 케케묵어서 이제는 옳지 않은 정보와 아예 그릇된 정보가 자신을 따라다니는 것을 묵과할 수 없는 사람들이 더 많아지거나 어떤 테러리스트가 화학 공장의 통제 시스템을 장악하는 날이 올 때까지, 이런 상황은 변하지 않을 것 같습니다."

반 틸보르흐는 평범한 사람들이 보안에 신경을 쓰지 않기 때문에 설계자들도 보안에 초점을 맞출 가능성이 낮다고 생각한다. 그는 단언한다. "많은 장치들이 지금보다 훨씬 더 효과적으로 보호될 수 있어요." 심지어 그와 그의 동료들이 참여해서 확실한 보안 기술이 개발되었을 때에도, 흔히 적용 단계에서 기술 외적인 난관에 부딪히게 된다고 한다. "암호 기술을 통한 보안은 흔히 설계에서 마지막으로 고려되는 요소입니다. 보안에 드는 비용은 저렴해야 하죠. 그래서 전화 카드에 장착된 칩이 처리능력이 약하고, 보안능력에 한계가 있는 것입니다. 설계자들은 더 매력적인 목표에 예산을 쓰는 편을 선호해요. 그들은 프린터의 메모리 여분을 보안에 쓰기보다 폰트 한두 개를 추가하는 데에 쓰기를 원하죠. 처리능력을 약간 할애하여 보안을 향상하는 데에 쓰고자 하는 사람은 대개 호응을 얻지 못합니다. 설계자들은 기능을 추가하기 위해서 보안을 희생하는 경향이 있어요. 결국 선택의 문제입니다. 정말 훌륭한 보안을 원한다면, 약간의 처리능력을 보안을 위해서 추가로 써야 할 경우가 많죠." 이런 현상은 일상생활에서도 나타난다. 새 집들에도 흔히 표준적인 원통형 자물쇠가 설치된다. 더 좋은 자물쇠는 비싸기 때문이다. 물론 여러 방법으로 원통형 자물쇠를 보강할 수 있다. 그러나 사람들은 도둑을 맞은 다음에야 비로소 더 좋은 자물쇠를 사는 경향이 있다.

반 틸보르흐는 생산자들이 보안비용을 아끼는 것은 어떤 의미에서 합리적이라고 생각한다. "보안능력은 판매에 도움이 되지 않습니다. 눈에 잘 띄지 않기 때문이죠. 특히 보안능력이 잘 발휘될 때는 더욱 그렇습니다. 섹시한 광고에서 보안능력을 언급하는 것은 부적절하죠. 당신이 만든 제품이 탁월한 보안능력을 갖추었다고 강조하는 것은 사방에 위험이 도사리고 있다는 것을 인정하는 것과 마찬가지입니다." 또한 보안 장치는 흔히 거추장스럽다. 보안 장치가 있는 제품을 사용하려면 비밀번호를 입력하거나 특별한 절차를 거치는 불편을 감수해야 한다. 게다가 보안능력을 강화하려면 시간이 걸린다. 최초 시판을 놓고 모든 생산자들이 경쟁하는 세상에서 보안은 나중에 생각할 문제가 될 때가 많다. 보안을 제쳐놓으면 제품개발 시간이 단축되기 때문이다. 심지어 보안이 진지하게 고려되는 경우에도, 이미 정해진 개발 기조를 보안 때문에 바꿀 수는 없을 때가 많아서, 결국 보안은 설계의 마지막 단계에 서둘러 추가된다. 반 틸보르흐는 말한다. "DVD 보안 기술은 날림으로 개발되었습니다. 그 새로운 매체에 대한 영화업계의 입장이 마지막 순간까지 분열되었기 때문이죠. 그러니 보안은 설계의 모든 단계에서 고려될 필요가 있습니다. 필요한 만큼의 시간을 투자하는 것이 옳죠." 생산업체들은 데이터 유출의 피해를 직접 입는 당사자가 아니기 때문에, 흔히 보안 문제를 대충 넘겨버린다. 반 틸보르흐는 지적한다. "유료 텔레비전 채널이나 은행처럼 보안 기술에 직접 의존하는 업체들에만 강력한 보안 팀들이 있는 실정입니다. 다른 곳에서는 더 나은 보안에 관심이 있는 설계자가 동료들을 상대로 싸워야 할 때가 많죠."[2]

복잡성의 증가

헨크 반 틸보르흐는 보안이 미래에 더욱 긴급한 화두가 될 것이라고 생각한다. 보안이 필요한 소형 장치들이 점점 더 많아지고 있다. 영리한 장치들 사이의 무선 통신은 아직 걸음마 단계이다. 개인용 휴대 단말기(PDA)와 휴대전화는 점점 더 많이 컴퓨터와 통신하게 될 것이고, 컴퓨터는 무선 프린터를 제어하게 될 것이다. 머지않아서 자동 온도 조절기, 냉장고, 텔레비전도 서로 통신하고 개인용 컴퓨터와도 통신하게 될 것이다. 다른 정보 시스템들 역시 점점 더 많이 연결된다. 예를 들면, 항공사들은 예약 시스템을 자동차 대여업체 및 호텔과 연결할 것이다. 머지않아서 전력 회사와 집배원은 누가 휴가를 떠났는지 자동으로 알게 될 것이다. 이 모든 통신은 보안될 필요가 있다. 침입자는 가장 취약한 곳을 노리기 때문이다. 당신은 이웃들이 당신의 무선 프린터를 통해서 당신의 컴퓨터에 접속하거나 당신의 냉장고를 끄는 것을 원하지 않을 것이다. 이런 유형의 연결을 보안하는 작업은 결코 쉽지 않다. 연결이 이루어지면 복잡성이 증가하고, 따라서 취약성도 증가한다. 그러므로 시스템의 모든 요소를 꼼꼼히 살펴야 한다. 복잡성은 보안의 최대 적이다.

반 틸보르흐에 따르면, 컴퓨터들의 성능이 향상됨에 따라서 보안은 점점 더 어려워졌다. "해커들이 침입하기가 더 쉬워졌습니다." 대책은 더 큰 소수들을 이용하는 것이다. 그러나 이 대책에도 한계가 있다. 두 배 큰 소수를 채택한다고 해서 보안성이 두 배 향상되는 것은 아니다. "컴퓨터가 점점 더 빨라지고 있기 때문에, 해킹의 위험을 제거하려면 터무니없이 큰 소수들을 이용해야 합니다. 그러나 이 방법은 특히 소형 장치들에 적용하려면 한계가 있죠. 따라서 다른 암호 기술을 모색해야 하는데, 그러려면 모든 일이 더 복잡해집니다." 응용 장치들은 점점 더 복잡한 암호 기술을 요구한다. 이런 추세가 앞으로 10년 안에 바뀔 조짐은 없다. 따라서 암호학자들의 일거리는 주체할 수 없을 정도로 많다. 인터넷의 폭발적 인기와 전자 데이터 파일들의 확산에도 불구하고, 산업계에서 일하는 암호학자들의 수는 지난 10년 동안 거의 늘지 않았다. 복잡성이 증가함에 따라서 보안성은 꾸준히 퇴보할 것이다. 해커와 범법자를 막는 장벽들은 점점 더 줄어들 것이다.

누가 우리를 보호할까?

헨크 반 틸보르흐는 복잡성 증가에 대처하는 방안은 표준화라고 생각한다. "지금은 모든 기관이 각자 나름의 보안 시스템을 사용합니다. 신용카드, 직불 카드 등 너무 많아요. 세무서는 독자적인 인증 암호를 발송하고, 은행은 특수보안 장치를 나누어주죠. 이런 다양성을 줄이면, 암호학자들의 일은 한결 수월해질 것입니다. 고려해야 할 시스템들의 개수가 줄어들수록, 암호학자들은 임무를 더 잘 수행할 수 있습니다." 반 틸보르흐는 현재 그의 팀이 연구 중인 "디지털 동반자(digital companion)"를 예로 든다. 그가 구상한 장치는 전화기와 유사하다. 그 장치는 은행, 병원, 세무서 등 민감한 데이터를 다루는 기관들과 통신한다. "정보는 그 장치에 보관되기 때문에, 당신은 정보에 대한 통제력을 유지할 수 있습니다. 여러 기관들은 그 장치와 통신하죠. 그러나 예를 들면, 세무서 직원들은 당신의 의료 기록을 보지 못할 것입니다. 각 기관이 고유한 권한과 열쇠를 가지기 때문이죠. 각 기관의 규칙들, 예를 들면 디지털 동반자에 보관된 데이터의 수정에 관한 규칙도 해당 기관이 스스로 정할 수 있습니다. 그러나 이 시스템을 설계하고 보안하는 작업은 단 한번이면 충분하죠." 힘든 과제는 다양한 기관들을 설득해서 이 시스템을 채택하게 만드는 작업일 것이다. "기술은 있지만, 모든 사람이 동참하도록 만들려면 많은 노력이 필요할 것입니다. 누구나 원래 하던 대로 독자적인 시스템을 유지하기를 좋아할 테니까요."

이런 집중형 시스템은 당연히 침입자들의 표적이 되기 쉽다. 시스템 하나만 해킹하면, 모든 장벽들을 한꺼번에 뚫을 수 있을 테니까 말이다. 반 틸보르흐는 말한다. "그러나 우리는 그 시스템 하나를 보호하는 데에 모든 노력을 집중할 수 있죠. 결국 따져보면, 그렇게 하는 것이 제각각 약점이 있는 수많은 시스템들을 운영하는 것보다 낫습니다. 또 수많은 별개의 시스템들을 이용하는 것보다는 하나의 중앙 시스템을 이용하는 것이 훨씬 더 쉽고 편리할 것이라는 점도 중요하죠. 당신은 아주 간단하게 장치 하나만 휴대하면 됩니다. 아주 간단하다는 점이 중요하죠. 간단하지 않은 보안 조치는 아무도 원하지 않을 테니까요."

반 틸보르흐의 시스템은 100퍼센트 안전할까? "지난 수십 년 동안 우리가 신뢰해온 여러 가지 보안 방법들이 있습니다. 그 방법들은 확고한 수학적 전제들을 기초로 삼죠. 그러나 그 방법들을 무력화하는 새로운 방법이 발견될 가능성은 결코 배제할 수 없습니다. 특정 기술이 완벽하게 안전하다는 것을 증명할 수 있다면 좋겠지만, 그런 증명은 수학적으로 매우 어려워요. 보안 기술들은 풍부하고, 뚫을 수 없다고 생각되는 수학적 기술이 안전하지 않은 것으로 드러나는 일은 다행스럽게도 드물지만, 완벽한 보안은 영원히 불가능합니다. 보안 조치들을 무력화하는 새로운 방법이 우리가 모르는 사이에 등장하는 것을 막으려면 끊임없이 연구하는 수밖에 없죠."

양자 컴퓨터가 개발된다면, 보안 기술들은 위태로워질 수 있다.[3] 아직은 걸음마 단계에 불과하지만, 양자 컴퓨터의 프로세서는 원자 규모의 현상들을 이용하여 현재의 프로세서와는 전혀 다른 방식으로 작동할 것이다. 이러한 새로운 유형의 컴퓨터는 특정 계산들을 고전적인 컴퓨터보다 훨씬 더 빠르게 수행할 수 있다. 반 틸보르흐는 인정한다. "양자 컴퓨터의 등장은 널리 쓰이는 보안 기술인 RSA 알고리듬의 종말을 의미할 것입니다. 그러나 진정한 양자 컴퓨터가 등장하려면 아직 멀었어요. 현재는 고작 15까지 셀 줄 아는 양자 컴퓨터들만이 있을 뿐입니다. 양자 컴퓨터의 등장에 대비할 시간은 충분하죠. 이미 양자 컴퓨터로도 뚫을 수 없는 보안 시스템들이 연구되고 있습니다." 단기적인 문제가 더 다급하다. "실생활에서 쓰이는 수많은 보안 시스템들은 이미 이용 가능한 기술들을 통해서 신속하게 대폭 강화할 수 있어요. 다만 사람들의 의식과 태도가 문제입니다."

왜 번거롭게?

보안은 점점 더 어려운 과제가 되어가는데, 보안 전문가들은 늘어나지 않고 소비자들은 보안이 중요하다고 생각하지 않는다. 기술은 있지만 사용되지 않는다. 헨크 반 틸보르흐의 메시지는 많은 생각을 하게 만든다. 우리는 신용 카드 정보가 탈취되거나 비밀번호가 공개되거나 은행 계좌들이 약탈당했다는 뉴스에 아주 예민하게 반응한다. 그런데 그보다 더 은밀한 정보가 새어나간다면 어떨까? 이러한 가능성을 염려하면서 도둑이 제발 저린다는 식의 자책을 할 필요는 없다. 모범 시민들조차도 자신들에 관한 정보가 공개되는 것을 점점 더 못마땅하게 생각한다. 컴퓨터 데이터가 해킹되면, 우리 자신의 안전에도 악영향이 미친다. 타인의 개인정보에 접근하는 것이 쉬워지면, 타인을 사칭하는 것도 쉬워진다. 과거에 타인을 사칭하려면——신분증이 있는 국가에서는——타인의 신분증을 훔쳐야 했다. 그러나 지금은 타인의 비밀번호나 생년월일만 알면 된다. 사유재산을 지키려면 개인정보를 지켜야 한다. 주차된 자동차를 잠그고 집의 대문을 잠그는 것이 당연하듯이, 개인정보를 보안하는 것도 당연하다.

그러나 해킹이 없다고 하더라도, 우리는 자신에 관한 정보를 통제할 능력을 점점 잃어가고 있다. 반 틸보르흐가 구상한 유형의 통합 데이터베이스를 사용할 경우, 우리는 자신에 관한 데이터를 볼 수 없을 것이다. 통합되는 정보가 많으면 많을수록, 오류가 발생할 확률은 높아진다. 신용 카드 회사가 당신에 관한 기록에서 저지른 오류 하나가 몇 년 동안 당신을 따라다니며 대출을 어렵게 만드는 불이익을 일으킬 수 있다. 블랙리스트는 흔히 여러 기관이 공유하기 때문에, 오류 수정뿐만 아니라 어느 기관이 어떤 정보를 가지고 있는지를 알아내는 것조차 어렵다. 또한 정보가 틀리지는 않았지만 불완전해서 문제일 수도 있다. 인터넷에서 당신의 이름을 검색해보면, 바깥 세상이 당신을 어떻게 오해하고 있는지 쉽게 확인할 수 있을 것이다. 그러나 그 오해를 바로잡기는 어렵다. 공정한 해법은 모든 이들 각자가 자신의 데이터에 대한 통제권을 가지는 것일 터이다. 이 문제는 새로운 것이 아니다. 오해받거나 모함받는 사람은 늘 있었다. 새로운 것은 이제 그런 그릇된 정보가 훨씬 더 널리 퍼진다는 점이다.

데이터는 우리가 죽은 뒤에도 한참 동안 보존될 것이다. 요컨대 우리는 우리 자신의 역사를 점점 더 자주 대면하게 될 것이며, 우리의 역사는 우리가 사회에서 얻는 기회에 큰 영향을 미칠 것이다. 이미 기업의 인사 담당자들은 구직자들에 관해서 얻을 수 있는 모든 정보를 살펴본다. 인사 담당자들이 과거의 기록을 더 많이 파헤칠수록, 구직자가 기회를 얻을 가능성은 더 줄어들 것이다. 사람들은 한번 저지른 실수의 대가를 평생 동안 치러야 할 것이다. 비밀주의와 평등주의는 밀접한 연관이 있다.

사회의 태도가 바뀔 경우, 과거의 기록들은 사람들을 괴롭힌다. 역사는 민주주의가 때때로 힘든 시련을 겪을 수 있다는 것을 가르쳐준다. 특히 갈등이 최고조에 달했을 때, 우리는 투표함의 익명성에 의지한다. 그럴 때 우리는 우리가 조작당하거나 추적당하지 않는다는 것을 절대적으로 확신할 수 있어야 한다. 제2차 세계대전 중에 나치에게 점령된 유럽에서 주민등록 정보는 유대인 식별과 살해를 훨씬 더 용이하게 해주었기 때문에, 주민등록부 파괴는 저항 행위로 간주되었다. 민주주의는 사생활 보호를 필요로 한다. 특히 갈등의 순간에 그러하다. 데이터 흐름의 꾸준한 증가에 사회가 어떻게 반응할지 우리는 모른다. 개인정보들이 지금처럼 많이 공개된 적은 과거에 한번도 없었다. 아무 보호 조치도 되지 않은 개인정보에 대한 검색은 점점 더 일상화되는 중이다. 많은 사람들이 자신의 사생활을 인터넷에 상세하게 공개하는 것을 즐긴다. 이웃에게라면 절대로 하지 않을 이야기들이 사이버 공간에는 누구나 읽을 수 있게 공개되어 있다. 페이스북, 링크드인, 트위터 등의 서비스들은 수억 명의 사용자들을 거느리고 있다. 그들은 자신이 어디에서 무슨 생각을 하는지를 열심히 알린다.

인류의 역사를 돌이켜보면, 꾸준한 규모의 확대를 확인할 수 있다. 농경사회에서는 거의 모든 소식을 소집단이 공유했다. 도시화가 진행되면서, 교차 연결(cross-connection)의 빈도와 거리가 증가했다. 현재 지구촌에서 우리는 모든 소식을 모든 사람과 공유한다. 이보다 더 규모가 확대될 수는 없을 것이다. 우리의 일상생활이 이 정도로 공개된 결과로 어떤 일들이 벌어질까? 이 모든 정보를 모든 사람이 진지하게 대한다면, 사회는 어떻게 될까? 타인들에 관한 정보의 홍수는 사회의 역동성을 증가시킬까? 비슷한 생각을 품은 사람들을 식별하기가 훨씬 더 쉬워질 것이므로, 사회는 더 경직되지 않을까? 정부가 우리에 대해서 모든 것을 안다면, 민주주의는 어떻게 될까? 만나보기도 전에 상대방에 대해서 모든 것을 알 수 있다면, 당신은 그 상대방을 사랑할 수 있을까? 이런 정보 공개가 우리의 정체성에 어떤 영향을 미칠까? 우리는 개성을 숨기고 공개하고 싶은 것만 공개하게 될까? 아니면 타인의 실수를 용서하는 법을 배우고 개인의 과거는 그의 미래에 대해서 아무것도 말해주지 않는다는 것을 이해하게 될까?

우리는 앞으로 10년 안에 이러한 질문들에 대한 답을 얻게 될 것이다. 과학자들은 지금 온라인 사회 연결망들의 패턴과 그 변화를 연구하고 있다.[4] 이런 연구들은 집단의 영향 아래에서 우리의 행동이 어떻게 바뀌는지를 더 잘 이해할 수 있게 해줄 것이다. 사생활 보호에 대한 우리의 생각은 과거에 늘 변화했듯이 미래에도 변화할 가능성이 높다. 정보 공개의 부작용에 대한 지식은 우리의 생활과 사회의 안정을 보호하기 위해서 공개하지 말아야 하는 정보가 무엇인지를 판단하는 데에 도움이 될 수 있다. 또한 헨크 반 틸보르흐와 동료들이 개발 중인 소중한 암호 자원을 가장 효과적으로 이용하는 데에도 도움이 될 것이다.

3.5
오류 관리

컴퓨터는 우리 사회를 움직이는 엔진이다. 우리는 컴퓨터를 통해서 돈을 받고, 투표도 한다. 우리의 자동차에 에어백을 장착할지에 대한 판단도 컴퓨터가 한다. 의사들은 컴퓨터의 도움을 받아서 환자의 부상을 확인한다. 요즘은 온갖 과정들이 컴퓨터의 도움으로 이루어진다. 그러다보니 과거에 없던 위험들이 생겨났다. 컴퓨터에 단 하나의 문제만 발생해도 대규모 결제 시스템들이 마비될 수 있다. 컴퓨터가 오작동을 하면, 전력 공급과 철도 연결과 통신이 끊길 위험이 있다. 가장 큰 문제는 우리가 습관적으로 컴퓨터에 책임을 떠넘기고, 컴퓨터의 조언을 맹목적으로 따른다는 점이다. 이 때문에 환자들이 터무니없이 많은 약을 받는 일이나 내비게이션 장치의 지시를 맹목적으로 따른 운전자가 진퇴양난에 빠지는 일이 가끔 발생한다. 어디에서나 쓰이는 컴퓨터는, 본래 책임감 있는 사람들로 하여금 상식을 망각하게 할 수 있다.

우리는 허술한 소프트웨어, 컴퓨터 오류, 또는 어떤 수단을 동원해도 단호하게 작동을 거부하는 고집불통 프로그램들에 매우 익숙하다. 전 세계에서 컴퓨터 오류 때문에 소요되는 비용이 매년 수천억 달러에 이른다는 사실도 별로 놀랍지 않다. 미국에서만 해도, 컴퓨터 프로젝트의 실패로 매년 550억 달러가 버려지는 것으로 추정된다.[1] 게다가 언론에 보도되는 것은 빙산의 일각으로, 수백만 달러의 손실이나 재난을 초래한 실패들만 보도된다. 예를 들면, 1980년대에 세락 25(Therac 25)라는 방사선 치료기가 지나치게 많은 방사선을 쏘는 바람에 암환자 여러 명이 사망하는 사고가 있었다. 사고의 원인은 그 치료기를 제어하는 프로그램에 포함된 오류였다. 1996년에는 유럽의 첫 번째 아리안 5호(Ariane 5) 로켓이 발사 후 37초 만에 역시 소프트웨어 오류 때문에 폭발했다. 그것은 아마도 역사상 가장 큰 대가를 초래한 소프트웨어 오류였을 것이다. 2007년에는 F-22 전투기 6대가 날짜 변경선을 넘다가 컴퓨터 오류에 직면하여 항법 및 통신 기능을 완전히 잃었다. 이런 사고들은 끝없이 열거할 수 있다. 또 우리가 모르는 실패 사례는 훨씬 더 많다. 모든 컴퓨터 프로젝트들을 통틀어서, 성공적이라고 할 만한 것들은 전체의 3분의 1 정도에 불과하고, 그런 것들조차 대부분 오류가 있다.[2] 왜 우리는 프로그래밍 실수를 방지할 수 없는 것일까?

체계적인 설계

많은 경우에 오류는 비용을 절감하고 제작 기간을 줄여야 한다는 압박감에서 비롯된다. 그러나 근본적인 개선의 여지도 충분히 크다. 예를 들어 소프트웨어 제작자들이 다른 기술 분야들에서 쓰이는 건실한 설계 방법들을 채택한다면, 사정은 훨씬 더 나아질 것이다. 건축가는 건물을 설계할 때 가장 먼저 토대가 얼마나 튼튼해야 하는지를 계산한다. 토대의 강도와 같은 사안들은 나중 단계에서 변경하기가 어렵기 때문이다. 따라서 건축 작업이 시작되기 전에 철저한 계산이 이루어진다. 계산할 기회는 단 한번뿐이다. 마침내 때가 되어서 건물을 짓기 시작하면, 지침에 따라서 실행한 다음에 모든 것이 계획대로 되었는지 점검하는 일만 남는다. 벽돌공은 모르타르의 색깔을 스스로 결정할 필요가 없다. 콘크리트 작업자는 철근을 얼마나 많이 넣어야 할지를 고민할 필요가 없다. 그런 결정과 고민은 설계자들의 몫이다.

놀라운 일이지만, 이렇게 엄밀한 방식으로 소프트웨어가 설계되는 경우는 드물다. 컴퓨터 코드는 언제라도 변경이 가능하기 때문에, 이미 진행 중인 프로젝트에 새 아이디어들이 추가되는 일이 잦다. 프로젝트의 진행 상황에 따라서 프로젝트의 목표와 기능이 바뀌기도 한다. 옳은 방향은 더 체계적인 설계일 것이다. 복잡한 것을 만들어내려면 엄밀한 설계 절차가 필요하다. 칩 생산자들은 펜티엄 프로세서들이 계산오류를 범한다는 것이 발견된 후에 막대한 대가를 치르면서 체계적인 설계 절차를 도입했다. 이 오류 때문에 인텔이 치른 대가는 약 10억 달러에 달한다. 인텔의 주요 경쟁사인 AMD도 체계적이고 투명한 설계 절차를 도입해야 한다고 느꼈다. 현재 AMD는 설계에 오류가 없다는 것을 제작이 시작되기 전에 증명할 수 있다고 자부한다.

그러나 체계적인 소프트웨어 설계는 여전히 예외적이다. 그 예외들조차도 걸음마 단계에 불과하다. 소프트웨어는 건물보다 훨씬 더 복잡하고, 따라서 아무리 공들여서 설계하더라도 오류가 있기 마련이다. 컴퓨터 소프트웨어처럼 복잡한 구조물에서 오류를 찾아내는 것은 지독하게 어려운 일이다. 예를 들면, 은행에서 쓰이는 응용 프로그램들은 코드 행수가 수천만에 달할 수 있다. 게다가 그렇게 많은 행들이 선형으로 실행되는 것도 아니다. 컴퓨터 소프트웨어는 교차 연결들과 다른 부분으로의 도약들이 뒤범벅된 미로이다. 무수한 연결들을 가진 명령들로 이루어진 매트릭스인 것이다. 작은 소프트웨어 하나의 구조도 고층 건물의 구조보다 몇백 배나 더 복잡하다. 그러므로 프로그램이 제작된 다음에 시험해보는 것이 바람직하다. 사용자의 입력을 모방하고 다양한 조건에서 프로그램의 작동을 점검하는 체계적인 시험 절차들이 개발되어 있다. 이와 유사하게 일부 국가들에서는 새로 건설한 다리 위에 트럭들을 줄지어 세워놓고 하중에 의해서 다리의 기둥에 가해지는 변형이 원래 계산값과 일치하는지를 확인하는 시험 절차를 거친다. 이 시험으로 다리가 예외적인 자연 재앙에 버틸 수 있는지를 예측할 수는 없지만, 계산의 오류를 발견할 수는 있다. 그러나 새로 제작된 소프트웨어가 이런 시험을 거치는 경우는 드물다.

1990년대 초부터 컴퓨터 과학자들은 코드 내에서 가능한 모든 교차 연결을 점검하는 형식 분석 수단들을 개발해왔다. 이런 유형의 분석은 컴퓨터 프로그램의 매우 국한된 부분에 대해서만 실행될 수 있다. 예를 들면, 범용 직렬 버스(universal serial bus, USB)와 같은 새로운 컴퓨터 통신 표준에만 이 분석을 적용할 수 있다.[3] 그러나 이 분석은 코드를 처음부터 끝까지 샅샅이 점검하고 탐지된 오류들을 모두 나열하기 때문에 기술 향상에 큰 도움이 된다. 미래에는 핵시설, 군사용 하드웨어, 금융 시스템 등을 통제하기 위해서 설계된 소프트웨어의 핵심 부분들을 이와 유사한 방법들로 분석할 수 있을 것이다. 그러나 이러한 방법들을 컴퓨터 프로그램 전체에 적용할 수는 없다. 컴퓨터 명령들의 모든 가능한 조합을 한번에 하나씩 다 점검하는 것은 불가능하기 때문이다. 그런 조합들은 터무니없이 많다. 우주에 있는 원자들의 개수보다 더 많다. 모든 교차 연결들을 일일이 점검하려면, 말 그대로 영원한 세월이 걸릴 것이다.

요컨대 소프트웨어 오류를 방지하기 위해서 할 수 있는 일이 없는 것은 아니지만, 컴퓨터는 영원히 불완전할 것이다. 오류를 더 효과적으로 제거하기 위해서는 근본적으로 다른 접근법이 필요할지도 모른다. 복잡성 과학에서 영감을 얻은 접근법 말이다.

복잡성 줄이기

클라우스 마인처는 아우크스부르크 대학교의 학제 컴퓨터 과학 연구소에 소속된 철학 교수이다. 최근에는 뮌헨 공과대학의 교수직도 맡았다. 저자들은 독일의 중세 도시 아우크스부르크에서 마인처를 만나서 새로운 컴퓨터 프로그래밍 방법들에 대해서 토론했다. 여러 세기 동안 자유도시였던 아우크스부르크는 주변의 중앙 집권적이고 종교가 단일한 공국들을 떠나온 망명자들의 전통적인 피난처였다. 예를 들면, 오래된 교회와 유대교 회당이 나란히 있고 심지어 우물까지 공유하는 그런 곳이다.

현대적인 대학 건물 안에서 마인처는 복잡성에 대해서 즐겁게 이야기한다. 그는 원래 디지털 시스템 분야에서 복잡성을 연구했지만, 설계자들이 맞닥뜨리는 난점들과 우리 사회 내부의 다양한 비선형 과정들에까지 연구를 확장했다. 그는 복잡성을 다룬 베스트셀러의 저자이기도 하다.[4] 그는 디지털 시스템들이 점점 더 복잡해지고 있다고 말한다. "자동차 제어 장치를 생각해보세요. 전자 장치들이 엄청나게 많은데다가 계속 늘어나는 추세입니다. 전자 장치들이 복잡해질수록, 알 수 없는 이유로 그것들이 갑자기 작동을 멈추는 일도 잦아지죠. 전자 시스템들과 그것들을 제어하는 소프트웨어는 경직되고 융통성이 없고 상호연관성이 강합니다. 아주 작은 문제가 자동차 전체를 고철 덩어리로 만들 수 있어요. 운전자가 전조등을 켜자 자동차의 모든 기능이 멈춰버리는 일이 종종 발생합니다. 그런 자동차의 기능을 회복하려면 시동을 다시 걸어야 하죠."

이런 문제들은 복잡한 시스템에서 드물지 않게 발생한다. 전기 통신망과 전력망에서도 국지적인 오류들이 광역적인 마비를 일으킨 사례들이 있다. 자동차의 "시동을 다시 거는 것"도 효과적인 대책일 수 있지만, 진정한 해법은 분산형 제어라고 마인처는 말한다. 그는 자신과 벤츠 사의 설계자들이 함께 제작한 원형(原型) 자동차에 대해서 설명한다. 그 자동차는 자율적인 부분들로 구획되어 있다. "그 부분, 이른바 '칼릿(carlet)' 각각은 스스로 자신을 구성하고 다른 칼릿들과 협력할 수 있습니다. 만일 전조등 제어 장치의 일부가 고장나면, 다른 칼릿들이 필수 기능인 전조등 제어를 넘겨받죠. 우리의 뇌도 이와 똑같은 방식으로 작동합니다. 뇌졸중을 겪으면, 뇌의 특정 기능들이 상실되어서 말을 못하게 될 수 있어요. 그러나 환자는 글쓰기나 몸짓으로 발화능력 상실을 벌충합니다. 또한 상당히 오랜 훈련이 필요하긴 하지만, 발화 중추의 재활성화도 흔히 가능하죠. 뇌 시스템은 스스로 재편되어서 새롭고 안정적인 구조에 도달합니다." 칼릿들은 규모가 한정적이어서 시험하기가 용이하다는 장점도 있다. 마인처는 말한다. "칼릿 개념은 소프트웨어에 적용해도 유용합니다. 새

칼릿들을 추가함으로써 자동차의 기능을 쉽게 확장할 수 있죠. 이것은 소프트웨어 설계에 대한 전혀 다른 접근법입니다. 거대해서 쉽게 조정할 수 없는 단일 프로그램을 제작할 필요가 없어요. 대신에 새로운 기능이 추가될 때마다 재편성이 일어나서 시스템이 진화하듯이 성장할 수 있습니다. 이런 진화형 소프트웨어 구조(evolutionary software architecture)는 사용 중인 자동차의 기능을 바꾸는 작업도 용이하게 해줄 것입니다."

이와 유사한 접근법으로 컴퓨터 프로세서의 신뢰성을 향상시킬 수도 있을 것이다. 우리는 칩 하나에 점점 더 많은 부품들을 집어넣고 있다. 그래서 오류 없는 칩을 만드는 것이 갈수록 어려워진다. 수백만 개의 부품들 중 단 하나에만 문제가 있어도, 칩 전체가 제대로 기능하지 못한다. 칩들의 수명은 때 이르게 망가지거나 안정적으로 기능하지 못하는 부품들에 의해서 결정되는 경향이 커지고 있다. 칩 설계자들은 이미 설계 시간의 3분의 1 정도를 부품 결함을 방지하기 위한 노력에 할애한다. 소형화가 계속되면, 이런 문제들은 늘면 늘었지 줄지 않을 것이다. 부품들이 작아질수록, 부품 결함을 피하기는 더 어려워지기 마련이다. 미래의 칩은, 만일 결함이 있다면 스스로 자신을 다시 프로그램하여 그 결함을 우회해야 할 것이다. 또한 특별히 잘 작동하는 부품들이 있다면, 그것들의 역할을 더 늘려야 할 것이다. 이런 능력을 갖춘 칩의 성능은 가장 약한 요소에 의해서가 아니라 가장 강한 요소에 의해서 결정될 것이다. 이 발전은 더 많은 발전들로 이어질 것이다. 만일 칩들이 융통성 있고 영리한 내부 연결망을 갖춘다면, 자신의 기능을 환경 변화에 적응시킬 수 있을 것이다. 이런 접근법은 전기통신과 전력망에도 유효하다. 잘 설계된 연결망은 결함을 우회하고 데이터 흐름이나 전력의 경로를 변경할 수 있어야 한다.

신경망

클라우스 마인처는 신경망(neural network)을 모범으로 삼은 새로운 개념의 컴퓨터도 연구해왔다. 인간의 뇌에 있는 뉴런들의 기능을 엉성하게 모방하는 그 컴퓨터는 미국 과학자 존 홉필드가 1980대 초에 행한 선구적인 연구에 기초를 둔다.[5] 홉필드는 이웃들과 통신하는 작은 프로세서들을 뇌세포들의 연결과 유사하게 연결했다. 그 연결망의 한쪽 끝은 카메라를 비롯한 입력 장치에 연결될 수 있고, 그럴 경우에 연결망은 자신의 판단을 다른 쪽 끝으로 송신한다. 이 인공 신경망은 수백 개의 과거 상황들을 이용한 훈련을 받는다. 그 훈련을 통해서 연결망의 개별 요소들은 이웃에서 온 신호들에 어떻게 반응해야 하는지 배우고, 결국 입력과 출력 사이에 상관관계가 형성된다. 이런 유형의 신경망 컴퓨터는 프로그램을 필요로 하지 않는다. 다만 사용자가 "옳은 행동"의 예들을 일러주기만 하면, 컴퓨터가 알아서 학습한다.

인공 신경망은 규칙들을 특정하기 어려운 온갖 상황들에 적용할 수 있다고 마인처는 설명한다. "신경망은 실내온도 조절이나 음성 인식과 같은 분야들에서 애매한 기준들에 의거하여 판단을 내릴 수 있습니다. 학습과 자체 조직화는 신경망의 고유한 특징이죠. 인간의 뇌와 마찬가지로 인공 신경망은 융통성이 있고 오류를 관용해요. 이 때문에 신경망은 복잡성 과학에서 중요한 패러다임이 되었습니다." 인공 신경망은 "전통적인" 컴퓨터처럼 명령들을 하나씩 수행하지 않는다. 인공 신경망의 프로세서들은 병렬로 동시에 작동한다. "더 정확히 말하면, 그렇게 작동하도록 만들 수 있는 것이죠. 현실적인 이유들 때문에 지금도 인공 신경망은 대개 표준적인 컴퓨터에서 소프트웨어를 통해서 시뮬레이션됩니다. 그러나 목표는 특수한 하드웨어를 제작하는 것입니다. 그런 신경망 하드웨어가 등장하면, 진정으로 튼튼하고 적응력이 강한 시스템들을 만들 수 있겠죠."

클라우스 마인처는 인정한다. "현재의 인공 신경망들은 너무 원시적이어서 우리 인간의 의식을 모방하기에는 턱없이 부족합니다. 그것들은 우리의 뇌와 어느 정도까지만 유사하죠." 인간의 뇌에서는 1,000억 개의 뉴런들이 활동하는 반면, 인공 신경망에서는 수천 개의 프로세서들만이 활동한다. "그 프로세서들의 활동 방식과 신경계의 활동 방식은 동일하지 않습니다. 또 동일할 필요도 없죠. 기술의 역사에서 중요한 발전이 맹목적인 자연 모방을 통해서 이루어진 적은 한번도 없습니다. 인간은 새들을 똑같이 흉내내서 비행 방법을 터득하지 않았죠. 비행은 깃털 옷을 입고 뛰어오르기만 하면 되는 것이 아닙니다. 우리가 공기역학의 법칙들을 알아낸 다음에야 비로소 비행 기계의 제작이 가능해졌죠." 마인처는 이렇게 결론짓는다. "정말로 영리한 컴퓨터를 만들고 싶다면, 뇌 기능의 바탕에 깔린 기본 법칙들을 발견해야 할 것입니다."

3.6
튼튼한 물류

우리의 삶은 일정표를 중심으로 돌아가는 듯하다. 일정표를 몇 초까지 정확하게 존중하지 않으면, 우리는 열차를 놓치고 일터에서의 근무 태도는 해이해진다. 우리는 서로를 신뢰하면서 끊임없이 일정을 조정한다. 계획은 산업에서도 결정적으로 중요하다. 예상치 못한 상황에서 너트와 볼트가 고갈되면, 자동차 생산 과정 전체가 멈출 수밖에 없다. 이런 상황을 용납할 수 없기 때문에 생산업체들은 많은 전문 인력들을 고용하여 핵심 부품들이 고갈되지 않도록 챙기는 일을 전담시킨다. 세계를 아우르는 물류망은 우리 산업의 혈관계가 되었다.

물류에서 가장 중요한 것은 신뢰성이다. 어떻게 하면 원자재 공급망을 온전하게 유지할 수 있을까? 그리고 만약 그 공급망에 문제가 있을 경우, 어떻게 하면 피해를 줄일 수 있을까? 이러한 질문들은 새로운 자동차를 위한 너트와 볼트보다 훨씬 더 중요하다. 믿음직한 물류는 인터넷의 최적화와 관련이 있을 뿐만 아니라, 식량 생산에 영향을 끼치는 상호작용들의 연결망과도 관련이 있다. 또한 전력 공급, 전기통신, 노동력과도 관련이 있다. 우리 사회가 돌아가는 것은 신뢰성 있는 연결망들 덕분이다. 그러나 연결망들은 다양한 불확실성에 직면해 있다. 이 때문에 산업 물류학 (industrial logistics)에서 얻은 통찰들은 폭넓은 중요성을 가진다. 산업 물류학은 연결망을 최적화하고 불확실성을 설명하는 데에 쓸 수 있는 도구들을 제공한다.

재고

원자재 공급망의 신뢰성은 기업이 유지할 필요가 있는 재고(inventory)와 밀접하게 관련된다. 기업들은 공급망의 마비로 생산이 중단되는 일이 절대로 없도록 하기 위해서 수백만 달러어치의 생산재를 자체 창고에 쌓아 둔다. 그러므로 중요한 질문은 이것이다. 부품 각각을 얼마나 많이 보유해야 할까? 영리한 계획을 세워서 창고에 쌓아두는 재고의 양을 줄이면, 곧바로 생산비가 절감된다. 반대로 문제가 생기더라도 생산에 차질이 절대로 없도록 하려면 충분한 재고를 확보해야 한다.

저장량의 최적화는 공급망과 관련해서 흔히 등장하는 과제이다. 경제적 이익을 위해서 저장량을 최적화할 필요성과 공급망의 신뢰성은 항상 상충한다. 국지적인 저장이 불가능하거나 매우 많은 비용이 들 경우— 예를 들면, 전력망의 경우—연결망의 신뢰성은 극도로 높아야 한다. 반대로 국지적인 생산을 믿을 수 있고 저장비용이 낮을 경우, 연결망 안에 국지적인 저장소들을 설치함으로써 연결망의 신뢰성을 높여야 하는 부담을 덜 수 있다. 너트와 볼트는 값이 싸다. 따라서 기업은 그것들을 대량으로 쌓아둠으로써 특정 공급자에 대한 의존성을 줄일 가능성이 높다. 반면에 엔진과 같은 고가의 부품들은 "적기에(just in time)" 공급되어야 한다. 이를 위해서 엄밀한 관리가 필요하다.

물류망 관리는 기업들 사이의 교통 연결을 유지하는 일에 국한되지 않는다. 중간 생산물들을 제조하고 저장하는 개별 업체들 사이에도 복잡한 연결망이 존재한다. 이 연결망은 우발적인 사태를 완충하는 구실을 한다. 따라서 물류망을 효율적으로 관리하려면 해당 사업의 여러 측면들을 고려해야 한다. 직원들의 근무 일정을 짜야 하고, 기계들을 최대한 효율적으로 배치해야 하고, 소비자들의 주문을 제때에 처리해야 한다. 물류망 관리는 거대한 조각 맞추기 퍼즐과 같다. 이 퍼즐에서 각각의 조각은 다른 모든 조각들과 관련되어 있다. 오류 없는 물류망 관리를 위해서는 강력한 컴퓨터들과 '기업 자원 관리(Enterprise Resource Planning, ERP)' 시스템과 '고급 관리 및 일정(Advanced Planning and Scheduling, APS)' 시스템 등의 다양한 소프트웨어가 필요하다. 이 시스템들은 흔히 값이 비싸고 규모가 상당히 크며, 바코드 스캐너, 창고 작업용 로봇, 생산 기계와 연계되어 있다. 이 시스템들은 공급량, 배달 중인 물자의 위치, 주문 처리 상태, 공장 내 기계의 이용 가능성 등을 정확하게 알려준다. 요컨대 기업 내에서 진행되는 모든 일을 전반적으로 통제할 수 있게 해주는 것이다. 빠른 데이터 연결은 기업의 컴퓨터가 공급자, 소비자, 자회사와 통신할 수 있게 해준다. 대기업들은 흔히 전 세계에서 수집한 데이터를 종합하여 최적의 판단을 내린다.

데이터의 꾸준한 증가

슈퍼마켓 체인들은 이런 발전된 시스템으로 재고를 관리한다. 지사에 설치된 대형 컴퓨터는 계산대들에서 발생한 판매 데이터를 수집하여 본사로 보내고, 본사에서는 그 데이터를 처리하여 각 지사에 필요한 커피, 콜라, 바나나 따위의 양을 정확하게 계산한다. 그러나 이 결과에 의거하여 배달 일정을 짜는 작업은 지독하게 복잡하다. 정보는 너무 많고, 필요한 계산시간은 너무 길어서, 가장 강력한 컴퓨터들조차도 배달 일정을 완벽하게 짜지는 못한다. 유명한 "외판원 문제(traveling salesman problem)"가 생생하게 보여주듯이, 한 사람의 여행 경로를 계획하는 일만 해도 어렵기 그지없다. 외판원 문제란 여러 도시들을 방문해야 하는 사람이 여행거리를 최대한 줄이려면 경로를 어떻게 정해야 하는지 알아내는 문제이다. 수학자들은 이 문제를 푸는 전략들을 고안했지만, 특정 경로가 실제로 최적임을 증명하는 것은 매우 어렵다. 기업의 관리자들은 훨씬 더 복잡한 유형의 외판원 문제에 매일 직면한다. 최적의 해에 도달하려면 매번 다른 전략이 필요하다.

그러나 현실에서는 일정을 몇 시간 안에 짜주는 표준 소프트웨어를 이용할 수 있도록 문제를 단순화하고 가정들을 도입하는 전략이 채택된다. 그 결과로 컴퓨터가 내놓는 최선의 해는 전혀 완벽하지 않을 때가 많다. 물론 프로세서의 세대가 바뀌고 컴퓨터의 성능이 향상됨에 따라서, 컴퓨터가 내놓는 해가 꾸준히 향상되고 있는 것은 사실이다. 그렇다면 앞으로 20년 후에 회사들은 업무계획을 어떻게 세울까? 전지전능한 컴퓨터가 아주 세세한 부분까지 모든 것을 계획할까? 슈퍼마켓의 재고는 항상 최적의 양을 정확하게 유지할까?

한 가지 시나리오는 소프트웨어가 계속 발전하여 모든 이용 가능한 데이터를 더 우수하고 정확한 방식으로 고려하게 되는 것이다. 그러면 기업들은 세부 정보를 추가하고 계산의 정확도를 향상하여 점점 더 복잡한 외판원 문제를 풀게 될 것이다. 기업 활동의 모든 측면에 관한 기록이 늘어남에 따라서 데이터는 점점 더 세밀해질 것이다. 업무의 디지털화가 강화되어서 감독하기가 수월해질 것이다. 모든 전화 통화, 컴퓨터 작업, 이동이 기록되고 그 기록이 관리 개선에 쓰여서 직원들, 기계들, 공급자들이 더 영리하게 배치될 것이다. 이 시나리오에서 데이터의 증가와 계산 능력의 향상은 더 정교한 관리로 이어진다. 이상적일 경우, 커피 한 봉지가 팔릴 때마다 곧바로 판매 내역이 유통 센터에 전달되고, 유통 센터는 이를 커피 주문에 즉각 반영할 것이다.

물류 관리의 미래

저자들은 이 시나리오를 놓고 톤 드 코크와 이야기를 나누었다. 그는 유럽 공급사슬 포럼의 대표이다. 다국적 기업들의 연합조직인 그 포럼의 주요 관심사는 공급사슬 관리이다. 에인트호벤 대학교의 물류 시스템 정량분석 담당교수이기도 한 톤 드 코크는 방대한 데이터를 수집하고 이용하는 것에 관심이 있다. 그는 말한다. "사업에 대해서 모든 것을 안다고 해서 효과적인 계획이 수립되는 것은 아닙니다. 데이터 증가와 소프트웨어 향상이 반드시 더 정확한 계획을 보장하지는 않죠. 계산을 많이 하면 정확하다는 착각이 일어날 뿐입니다. 이것은 완전히 틀린 접근법이에요. 복잡성 이론은 계획 문제에 대해서 최적의 해를 찾는 노력이 거의 항상 실용적이지 않다는 것을 시사하죠. 동원하는 처리능력을 두 배로 향상시킬 수 있겠지만, 그래도 단순화를 피할 수는 없을 것입니다. 단순화하지 않으면 계산이 불가능할 테니까요. 컴퓨터들은 계획을 세울 때 많은 어림법칙들을 사용하죠. 이런 사정은 바뀌지 않을 것입니다. 특히 데이터의 양이 계속 증가한다면, 더 많은 어림법칙들이 사용되겠죠. 따라서 문제는 심하게 추상화될 것이고, 산출된 해는 현실과 무관할 것입니다."

게다가 수집된 데이터는 흔히 관리자의 생각보다 덜 정확하다고 드 코크는 말한다. "데이터가 자세해지면 계획이 정확해진다고 믿고 싶을 것입니다. 사업가들과 과학자들은 모든 것이 예측 가능한 방식으로 돌아간다고 믿는 경향이 있죠. 저는 거기에 동의하지 않습니다. 미래가 우리의 예상과 정확히 일치하는 일은 절대로 없어요. 기업 활동에서도 마찬가지입니다. 기업의 업무는 처음부터 끝까지 모든 행마를 계산해낼 수 있는 체스 게임이 아니에요." 이 사실은 생산시간을 초시계로 측정해보기만 해도 분명하게 드러난다. 드 코크는 이 측정을 학생들과 함께 자주 하는데, 학생들은 어김없이 큰 교훈을 얻는다. "실제로 작업 중인 직원 곁에서 보면, 작업이 예측 가능한 방식으로 이루어지지 않는다는 것을 알 수 있습니다. 오히려 큰 변이들이 포착되죠. 월요일이냐 금요일이냐에 따라서도 차이가 있습니다. 어떤 직원은 다른 직원보다 더 열심히 일하죠. 특정 기계는 다른 기계보다 더 잘 작동하고요. 트럭을 몰고 두 도시를 거치면서 100킬로미터를 이동하기에 앞서 시간이 얼마나 걸릴지를 예측한다고 해보죠. 만일 당신의 예측이 15분 이내의 오차로 실제와 일치한다면, 훌륭한 예측을 한 것입니다. 그러나 내일은 어딘가에서 도로 공사가 벌어질지도 모르고, 그렇게 되면 당신의 일정표는 휴지조각이 되죠. 수요를 예견하는 것도 불가능합니다. 다음 주에 우리 제품을 어느 소비자가 살지 우리는 절대 알 수 없죠. 수요 예측이 완전히 옳다고 믿는 것은 함정에 빠지는 것과 같습니다. 그렇게 되면 모든 업무가 틀린 믿음을 기초로 삼게 되죠."

드 코크에 따르면, 문제는 계획 세우기 소프트웨어가 이런 유형의 변이와 불확실성을 감안하지 않는다는 점이다. "컴퓨터들은 점점 더 자세한 계획들을 쏟아내기만 합니다. 계획 세우기 소프트웨어는 대개 눈곱만큼의 느슨함——잠재적 융통성——도 없는 일정표를 산출할 것입니다. 이런 유형의 계획에서는, 어떤 기계도 쉬는 시간이 전혀 없고, 창고에는 꼭 필요한 만큼의 볼트만 있죠. 직원들은 일정을 지키기 위해서 벅찬 작업 속도를 유지해야 합니다. 그러나 융통성의 결여는 사소한 지체가 큰 결과를 초래할 수 있다는 것을 의미해요. 딜레마가 아닐 수 없죠. 계획이 정확해질수록, 계획을 조정하기가 더 어려워지고 계획 전체를 폐기해야 하는 상황이 더 자주 발생합니다. 계획 폐기의 여파는 엄청나게 클 수 있어요."

다른 분야들에서도 비슷한 현상을 확인할 수 있다. 전력망은 상호의존성이 매우 강해서 작은 정전 한 건이 대륙 전체로 퍼져나갈 수 있다. 이 책의 첫 번째 챕터에서 보았듯이, 국제 식량 거래망은 워낙 복잡하게 얽혀 있어서, 국지적인 식량 부족이 곧바로 지구적인 문제로 비화한다. 그 문제에서 자유로운 것은 종자와 거름을 스스로 만들어서 쓰는 전통적인 농부들뿐이다.

드 코크는 장담한다. "데이터에 불확실성이 가득하다는 점만 인정하면, 계획 세우기는 훨씬 더 간단해집니다. 많은 정보는 국지적인 수준에서 처리하면 되죠. 판매 데이터를 해당 지점에 그냥 놔두면 된다는 말입니다. 이 원리는 현재 우리의 기술이 발전해가는 방향과 완전히 달라요. 기업은 자신의 안팎에서 일어나는 모든 일을 정확하게 규정하려는 헛된 노력에 큰돈을 투자할 필요가 없습니다. 우리는 끝없이 데이터를 수집하는 대신에 몇몇 사안들은 예측 불가능하고 불확실하다는 것을 인정해야 해요. 일부 경우에는 운송시간, 공정의 단계들, 구매 행동이 어떻게 변화할 가능성이 있는지 알 수 있습니다. 그러나 일부 요소들은 다른 것들보다 더 심하게 요동하죠. 우리는 불확실성을 더 많이 감안하는 계획 세우기 소프트웨어를 필요로 합니다. 이런 통계적 변이들을 완전히 감안하기는 여전히 어려워요. 그러나 이것은 새로운 연구 분야가 맡아야 할 과제입니다."

이러한 비판을 톤 드 코크 한 사람만 하는 것은 아니다. 최근에 복잡성 과학은 계획 세우기 과정에서 불확실성을 처리하는 새로운 접근법을 내놓았다. 아직 이른 감이 있긴 하지만, 복잡한 연결망과 국지적인 요소들을 특징으로 가진 전기통신, 전력망, 컴퓨터 등의 분야에서도 분산화를 주장하는 목소리를 들을 수 있다. 최신 전기통신 기술들은 통신망 마비에 신속하게 대처하기 위해서 "분산 지능(distributed intelligence)"을 이용한다.

어쩌면 자연에서 많은 것을 배울 수 있을 것이다. 우리의 몸에서도 많은 분산형 제어가 일어난다. 우리는 국지적인 변화에 대처하면서도 계속 한 단위로 기능할 수 있다. 연구가 진행되면 다른 접근법들도 등장할 것이 분명하다. 그러나 톤 드 코크가 보기에 미래는 분산형 관리에 달려 있다. 분산형 관리의 개념과 확률론적 모형의 개념을 조합하면 오늘날 쓰이는 것들보다 더 효율적이고, 완전히 새로운 연결망 관리 및 통제 메커니즘을 개발할 수 있을 것이다.

3.7
발전된 기계들

바퀴 달린 원반처럼 보이는 진공청소기 로봇이 방 안 곳곳을 돌아다닌다. 소음은 평범한 진공청소기와 다를 바 없지만, 사용자가 손가락 하나 까딱하지 않아도 청소가 된다는 점에서 그 로봇은 특별하다. 솔이 부지런히 회전하면서 쓸어낸 먼지는 전동기에 의해서 빨려들어가 로봇의 내부에 쌓인다. 방금 빵 부스러기가 떨어진 지점에 로봇이 도달하자 로봇의 센서가 깜박거리면서 그곳은 특별히 더럽기 때문에 추가 청소가 필요하다고 알려준다. 계단 앞에 도달한 로봇은 바닥의 높이 차이를 감지하고 아슬아슬하게 진로를 바꾼다. 로봇은 방 안 구석구석을 3번 점검한 후에 청소가 완료되었다는 결론을 내린다. 모든 곳이 깨끗해졌다. 이제 누가 청소를 할 것인지를 놓고 다툴 필요가 없다. 청소는 로봇에게 맡기고, 안락의자에서 쉬어도 된다. 쉬면서 애완동물 로봇을 가지고 노는 것도 좋겠다. 지금 당장 200달러 정도만 내면 이런 로봇들을 살 수 있다.

따지고 보면 산업혁명의 핵심은 기계가 우리 대신 일하게 된 것이었다. 그로 인해서 생산성과 노동이 극적으로 변화했다. 가정에서도 여러 기계들이 우리를 위해서 일한다. 세탁기와 건조기를 예로 들 수 있다. 그러나 기계가 처음 등장한 이래로 줄곧 우리는 귀찮은 허드렛일을 더 많이 맡을 수 있는 로봇을 꿈꾸었다. 우리의 명령에 항상 복종하고 우리를 위해서 문을 열고 감자를 삶고 자동차를 고치는 기계인간 말이다. 거의 모든 슬라브어들에서 "일"을 뜻하는 단어가 **로봇**(robot)의 어원인 것은 우연이 아

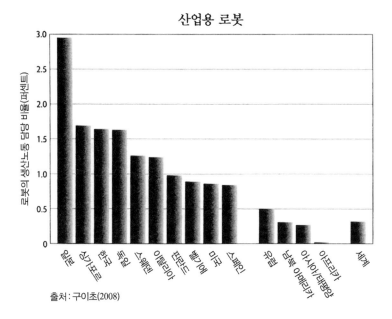

산업용 로봇

출처 : 구이초(2008)

로봇들은 똑같은 동작을 수천 번 반복할 수 있으며 흔히 인간보다 더 빠르고 정확하다. 산업혁명의 핵심은 기계들이 우리 대신 일하게 된 것이다. 그로 인해서 생산성과 노동이 극적으로 변화했다. 그러나 산업용 로봇들은 전문화된 기계이지, 매일 다른 임무를 수행할 수 있는 다재다능한 직원이 아니다. 로봇들이 더 유용해지기 위해서는 융통성을 갖추어야 한다. 산업이 요구하는 융통성은 점점 더 커지는 추세이다. 출처 : 구이초, E.(2008). 기계의 탄생. 「IEEE 스펙트럼(*IEEE Spectrum*)」, 45(12), 88.

니다. "로봇"이라는 말을 들으면, 대규모 공장에서 수많은 기계인간들이 상자를 들어올리고 조립 라인에서 분주히 움직이고 제도판에 신제품의 설계도를 그리는 장면이 상상된다. 그러나 로봇들은 역사 속에서 인간이 개발한 다른 모든 도구들과 마찬가지로 인간의 능력을 확장해주는 도구일 뿐이다. 일부 로봇들은 우리의 일상생활에서 이미 쓰이고 있으며, 그 중에는 우리의 입력을 요구하지 않고 독자적으로 중요한 판단을 내리는 로봇들도 있다. 예를 들면, 자동차의 안티록 브레이크(ABS)도 일종의 로봇이다. 자동차가 갑자기 미끄러지면서 통제불능이 될 위험에 처했을 때, ABS는 인간보다 더 빠르고 정확하게 작동하여 자동차의 속도를 줄인다. 그러나 실생활에서 "로봇"은 인간의 행동을 흉내내는 기계들만을 뜻하는 경향이 있다. 그런 기계들은 우리 시대의 주요 과제들을 해결하는 데에 기여할 수 있다. 저자들이 생각하는 주요 과제는 진공청소나 용접이 아니라, 노인 돌보기, 외과 수술의 정확도 향상, 교통 시스템의 합리화 등이다. 또한 음성인식 기술과 더불어서 인간과 기계의 상호작용이 꾸준히 발전함에 따라서 우리의 일상생활에서도 로봇의 중요성이 커질 것이다.

인간형 로봇

기술자들은 인간을 닮은 로봇을 점점 더 잘 만들어내고 있다. 인간의 능력을 최대한 흡사하게 모방하는 로봇을 만드는 경쟁이 끊임없이 벌어지는 중이다. 21세기가 시작될 때 그 선두에 나선 것은 혼다 사의 아시모(Asimo)라는 로봇이었다. 이 로봇은 우주복을 입은 어린이를 닮았으며, 인간처럼 두 다리로 걷는 장난감이다. 아시모의 팔다리는 하얀 플라스틱 피부로 둘러싸인 기계들에 의해서 제어된다. 우주복 헬멧의 얼굴가리개 너머에 설치된 카메라들은 주위 환경을 살핀다. 아시모의 능력은 이미 의지와 탁자를 가뿐하게 피해 다니면서 나사를 조이고 신문을 집어오고 메시지를 전달하는 수준에 도달했다. 혼다 사는 아시모를 자사 사무실의 안내원으로 활용하기까지 했다. 아시모는 방문객을 맞이하고 커피를 날랐다. 혼다 사의 장난감 인간들은 회의장과 놀이터에서 환영받았으며 상업적으로도 성공을 거두었다. 아시아 기업들은 아시모와 유사한 만능 인간형 로봇(humanoid robot)에 수십억 달러를 투자했다. 현재 개발 중인 신기술들은 나중에 산업용 로봇에도 적용될 수 있을 것이다. 더 최근에 등장한 인간형 로봇으로는 호아프(Hoap : 후지쯔 사, 2001), 큐리오(Qrio : 소니 사, 2003), 와카마루(Wakamaru : 미쓰비시 사, 2005), 아이캣(iCat : 필립스 사, 2005), HRP-4C(일본 산업기술 종합연구소[AIST], 2009) 등이 있다. 이 로봇들은 스스로 에너지를 충전하고 학습하고 인간처럼 움직이고 인간과 소통하는 등 인간의 온갖 특징을 흉내낸다.

인간형 로봇의 신체 각 부분의 움직임들을 조화시키는 일은 까다로운 과제이다. 이미 계단을 오르고 도약하고 춤을 출 수 있는 로봇들이 존재한다. 그 동작들은 매우 기계적이지만 재미있게 구경할 만하다. 로봇의 동작은 실제 인간의 동작에는 아직 훨씬 못 미친다. 인간형 로봇들의 이족 보행은 그리 훌륭하지 못하다. 이것은 납득할 만한 일이다. 인간도 이족 보행의 요령을 터득하려면 적어도 1년 동안은 연습해야 하니까 말이다. 우리는 몸의 균형이 무너지는 것을 느끼면 팔을 뻗거나 엉덩이를 움직여서 안정적인 자세를 회복한다. 실제 인간의 팔다리는 미묘한 동작 조정능력을 두루 갖추었다. 인간의 발만 해도 수많은 작은 뼈들과 근육들로 이루어져 있다. 그래서 인간은 울퉁불퉁하거나 물렁물렁한 곳에서도 쉽게 걸을 수 있다. 우리의 발 근육들은 차례로 수축하기 때문에, 우리는 유연한 동작으로 발을 들어올릴 수 있다. 그렇게 움직이는 기계를 제작하려고 시도해보라. 인공 무릎이나 고관절을 이식받은 사람들은 그 인공물들의 뻣뻣한 움직임을 잘 알 것이다. 인공적인 팔다리는 인간에게 장착되든 로봇에게 장착되든 상관없이 실제 팔다리보다 덜 부드럽게 회전한다. 로봇의 관절들은 우리의 것들보다 덜 유연하다. 그래서 관절의 마모는 산업용 로봇의 수명과 직결되는 중요한 문제이다. 일부 설계자들은 근육들로 둘러싸인 인간의 관절을 모방하여 미세한 모터들로 둘러싸인 복잡한 금속 관절을 만들어냈다. 또 크고 평평한 발을 가진 로봇들도 있다. 이 로봇들은 웬만해서는 넘어지지 않지만 숲이나 들판의 울퉁불퉁한 길을 걷는 것은 꿈도 꿀 수 없다. 그러나 근본적인 질문은 과연 인간이 가장 효율적인 모델인가 하는 것이다. 개처럼 생긴 로봇이 더 안정적으로 나사를 조인다면, 그런 로봇에 반대할 사람은 없을 것이다.

　아무튼 로봇들은 이미 충분히 인간을 닮았다. 로봇들의 세계 축구대회인 로보컵(RoboCup)이 매년 열릴 정도이다. 2009년 로보컵에서는 팔 동작이 향상되어서 스로인(throw-in)을 할 수 있는 로봇들도 등장했다. 현재 로봇 축구선수들은 정신적인 모형들, 즉 경기의 흐름에 대한 다양한 시나리오들도 구상할 수 있다. 매년 대회가 끝나면, 서로에게 배우기 위해서 비법들을 공유한다. 그 덕분에 진보의 속도는 더 빨라지고, 대회 성적도 해마다 크게 달라진다. 그러나 로봇 축구선수들이 인간 축구선수들을 이긴다면, 그것이야말로 모든 관중을 벌떡 일으켜 세울 만한 대사건일 것이다. 로보컵 조직위원회는 늦어도 2050년까지 인간 국가대표 팀을 이길 수 있는 로봇들을 만드는 것을 목표로 세웠다. 그러나 궁극적인 목표는 축구혁명이 아니라, 로봇을 더 완벽하게 발전시켜서 가정과 사무실과 공장 등에서 다른 임무들을 수행할 수 있게 만드는 것이다.

장난감이 아닌 로봇

로봇이 신문을 집어오고 축구를 하는 모습을 보는 것은 재미있지만, 그런 로봇이 인류를 구원할 성싶지는 않다. 그럼에도 인간을 모방하고 로봇 축구를 발전시키는 작업은 분명히 매력적이다. 그 작업은 결국 유용한 기계, 인류의 영속에 기여할 기계를 만드는 데에 도움이 될 것이다. 진지한 용도로 쓰이는 로봇은 흔히 덜 인간적이다. 로봇 진공청소기가 그렇듯이, 그것들은 대개 인간의 모습을 닮지 않았다. 용접 로봇, 도장 로봇, 조립 로봇은 40여 년 전부터 우리의 공장들에서 활약해왔다. 그러한 로봇들은 인건비를 줄이고 고도의 정확성을 겸비한 대량 생산을 가능하게 한다. 맨 처음은 1961년에 제너럴모터스 사에 등장한 단순한 조립 로봇이었지만, 그 뒤를 이어서 급속한 발전이 이루어졌다. 현대적인 자동차 공장들을 들여다보면, 노동자 10명당 로봇 1대가 보인다. 국제 로봇공학 연맹(IFR)에 따르면, 현재 전 세계에서 활동하는 산업용 로봇은 약 100만 대에 달한다.[1] 미래의 산업용 로봇들은 더 많은 임무를 수행하고 더 빠르게 변화에 적응하고 고장이 일어날 위험을 스스로 알아챌 것이다.

　인간과 기계 사이에는 중요한 차이점이 있다. 산업용 로봇들은 프로그램된 대로 항상 똑같은 일을 한다. 로봇에게 용접이나 도장을 가르쳤다면, 로봇은 똑같은 동작을 흔히 인간보다 더 정확하게 수천 번이라도 반복할 수 있다. 로봇은 하나에만 집중하는 편집광이다. 바로 이것이 로봇의 강점이다. 로봇을 도입하는 이유는 흔히 비용 때문이 아니라 정확성 때문이다. 사실 대개 로봇을 도입하려면 직원을 고용하는 것보다 더 많은 비용이 든다.

그러나 로봇의 편집광적 특징은 약점이기도 하다. 자동차 모델이 바뀌면, 로봇들을 처음부터 전부 다시 가르쳐야 한다. 산업용 로봇은 매일 다른 임무를 수행할 수 있는 다재다능한 직원이 아니라 특수화된 기계이다. 로봇이 더 유용해지려면 외모에서가 아니라 직무수행 능력에서 인간을 더 닮아야 할 것이다. 산업은 점점 더 융통성을 요구하고 있다. 이상적인 로봇이라면 강철 선반을 용접한 다음에 곧바로 강철 장식장을 용접할 수 있어야 한다. 인간을 닮은 장난감 로봇들을 제작하면서 얻은 지식은 이런 맥락에서 요긴하다. 장난감 로봇에서 얻은 경험은 신속하게 변화에 대응하는 방법과 임박한 오류를 탐지하는 방법을 가르쳐준다. 산업용 로봇들은 주위 환경을 지각하는 방식과 예상 밖의 상황에 대응하는 방식에서 인간을 더 닮을 필요가 있다. 이 때문에 기계들 사이의 협동과 기계와 인간 사이의 상호작용이 점점 더 중요해지는 것이다.

수술실

"대세는 로봇과 인간의 강력한 결합입니다." 네덜란드 에인트호벤 공과대학의 시스템 제어 담당교수 마르텐 스테인부흐는 지적한다. 그가 특별히 관심을 기울이는 분야는 여러 장치들이 제어되는 방식이다. 그는 이 분야에서 여러 혁신들이 필요하다고 인정한다. "인간과 로봇은 때때로 매우 긴밀하게 협동합니다. 한 예로 외과의사가 조이스틱으로 로봇을 조종하여 복부 수술을 하는 경우를 들 수 있죠." 이러한 예에서 관 모양의 로봇팔은 작은 절개 부위를 통해서 복강 안으로 들어간다. 거기에는 절단 도구와 카메라가 장착되어 있다. 외과의사는 정확한 수술을 위해서 3차원 확대 영상을 보면서 로봇을 조종한다. 스테인부흐는 설명한다. "의사는 원한다면, 영상의 특정 부분을 확대할 수 있습니다. 그러면 로봇의 동작도 같은 비율로 조절되죠. 그리고 나서 의사는 쓸개를 수술하거나 맹장을 떼어내거나 탈장을 바로잡을 수 있습니다."

그러나 현 세대의 의료용 로봇들은 만족스럽지 않다. 그것들은 크고 무거워서 들여놓기가 불편하다. 게다가 설치 과정이 너무 오래 걸린다. 스테인부흐는 말한다. "그러나 로봇들은 점점 더 가벼워지고 사용하기에 편리해지고 있습니다. 또한 우리는 의사와 더 잘 교감할 수 있는 로봇을 연구하는 중이죠." 이 연구는 의사가 조종간으로 수술을 하면 수술 부위를 "느낄" 수 없다는 점을 개선할 수 있을 것이다. 의사들은 조직의 상태를 손가락의 촉각으로 판단하는 법을 배우기 때문에, 수술에서 촉각은 중요하다. "피드백을 통해서 의사에게 그 촉각을 제공하기는 극도로 어렵습니다. 촉각을 전달할 수 있게 만들려면 의료장비들을 전혀 다르게 설계해야 하죠. 우리는 감각에 대한 연구도 진행하고 있습니다. 의사들이 무엇을 어떻게 느끼기를 원하는지 정확하게 알아내기 위해서 말이죠. 전자 조종간은 조직의 변화를 의사에게 전해줄 수 있어야 합니다."

몇몇 경우에 전자 조종간은 의사가 한번도 느껴보지 못한 감각을 제공할 것이다. 스테인부흐는 덧붙인다. "예를 들면, 안과 수술에서 그러할 것입니다. 우리는 지금 안과 수술용 로봇을 개발하는 중이죠. 지금까지 의사들은 눈을 직접 수술할 때 물리적 감각을 전혀 느끼지 못했습니다. 눈의 조직은 극도로 부드럽기 때문이죠. 우리의 로봇은 의사들이 이제껏 느껴본 적이 없는 촉각 피드백을 제공할 수 있습니다." 이 로봇을 위해서 개발 중인 기술들은 여러모로 응용될 수 있다. "예를 들면, 우리는 심장 수술용 원격 조종 카테터(catheter) 개발을 검토하는 중입니다. 우리의 촉각 피드백 전략은 자동차 조종 기술에도 적용되고 있죠."

개인용 로봇

로봇들은 우리의 일상생활에 점점 더 자주 등장하게 될 것이라고 마르텐 스테인부흐는 생각한다. 노인 인구는 증가하는데, 노인들의 생활을 돕는 인력은 지금도 부족한 형편이다. 미래에는 가정에서 일하는 로봇이 절실하게 필요해질 것이다. 도요타 사는 머지않아 돌보미 로봇이 보청기만큼 흔해질 것이라고 믿는다. 돌보미 로봇의 일상화는 물론 아주 먼 미래의 일은 아닐 것이다. 그러나 기술자들이 해결해야 할 문제는 아직 많다. "예를 들면, 하지정맥류로 부어오른 다리에 탄성 스타킹을 신기는 작업은 특별한 정확성과 유연성을 요구하기 때문에 현재로서는 오직 인간만 할 수 있습니다. 그 작업은 로봇이 하기에는 턱없이 어렵죠. 또 돌보미 로봇은 집 안에서 예기치 못한 상황에 처해도 적절하게 대응해야 하는데, 현재의 로봇들이 가진 관찰, 영상 처리, 운동능력은 그 수준에 미치지 못합니다. 문제는 로봇을 설계하려면 매우 다양한 분야들의 지식을 종합해야 한다는 것입니다. 기계공학자, 전자공학자, 물리학자, 정보 기술 전문가가 관여해야 하는데, 이들은 제각각 고유한 도구와 방법을 가지고 있어요. 로봇 설계자는 그 모든 것들을 하나의 기계에 집어넣어야 합니다."

동력 공급 및 제어 방식에서도 여러 혁신이 필요하다. 스테인부흐도 인정한다. "제한된 전지 용량은 심각한 장애물입니다. 많은 기능들은 로봇이 오랫동안 독립적으로 돌아다닐 수 있을 것을 요구하는데 말이죠." 로봇 스스로 벽에 있는 콘센트를 찾아서 전지를 충전하도록 설계할 수도 있을 것이다. 그러나 현재의 센서들이 작동하는 속도는 그런 로봇을 가능하게 하기에는 턱없이 느리다. "효과적으로 반응하려면 주위 환경을 더 빠르게 관찰해야 합니다. 센서 기술은 아직 그 수준에 이르지 못했죠." 표준화도 미흡하다. 그래서 새로운 로봇 프로젝트에 착수하는 사람은 누구나 바닥부터 시작해야 한다. 모종의 공동 개발 플랫폼을 마련해서 기존 성과들이 새로운 설계에 쉽게 반영되도록 만드는 것이 시급하다. 그러면 현재 매우 비효율적인 상태로 남아 있는 로봇 운영 소프트웨어 개발에도 도움이 될 것이다. 스테인부흐는 말한다. "로봇 소프트웨어는 복잡합니다. 오류를 추적하고 수정하는 작업은 어렵고 시간이 많이 걸리죠. 다양한 로봇들이 협력하는 경우나 인간이 참여하는 경우에, 프로그래밍은 특히 더 어렵습니다. 로봇들은 부품들을 서로 주고받아야 하고 행동을 맞춰야 하죠. 그러나 로봇들이 서로를 방해하는 상황이 발생할 수 있습니다. 로봇들의 융통성이 커지고 협동이 많아질수록, 모든 것이 원활하게 돌아가는지를 점검하기가 더 어려워집니다."

로봇 각각의 동작이 중앙제어 방식으로 통제되고 일련의 규칙들에 의해서 결정된다는 점을 감안하면, 이런 난점들이 생기는 것은 놀라운 일이 아니다. 대안은 로봇들의 적응성을 높이는 것이다. 로봇이 자신의 동작이 산출하는 효과를 스스로 측정한다면 적절한 순간에 다리를 옮기거나 팔을 움직이는 법을 터득할 수도 있을 것이다. 실제로 이 전략을 실행하는 편이 로봇의 동작에 관여하는 수많은 전동기들의 작동을 꼼꼼하게 계산하는 것보다 훨씬 더 쉽다. 이 전략을 채택한 로봇들은 심지어 죽마를 디고 걸을 수도 있다. 이 전략은 복잡한 시스템에 관한 지식에서 유래했으며 여러 잠재적 대안들 가운데 하나에 불과하다. 로봇이 축구를 하든, 침대에 누운 노인을 일으키든, 안과 수술을 하든, 항상 필요한 것은 충분한 상호작용 능력이다. 사람들이 로봇에게 맡기는 과제는 점점 더 복잡해지고 있다. 과제가 복잡해질수록, 피드백과 상호작용의 중요성은 커진다. 복잡한 시스템에 관한 지식의 증가는 로봇의 발전에 큰 도움이 될 것이다.

마르텐 스테인부흐는 생각한다. "현재 우리는 고작 시작 단계에 있습니다. 로봇은 다음 산업혁명의 주역이죠. 20년 전보다 지금이 로봇의 전성기에 더 가깝습니다. 앞으로 몇 년이 지나면, 많은 가정에 로봇이 있게 될 것입니다. 기술의 수렴이 시작되고 있어요. 우리는 지금 로봇과 인간의 상호작용의 복잡성을 감당하는 법을 터득하는 중입니다."

제4부

인간

4.0
생명을 돌보는 기술

인간은 현재 우리가 고안할 수 있는 어떤 기술보다도 훨씬 더 복잡하다. 80년에서 90년 동안 써먹을 수 있는 기계는 드물다. 우리가 태어날 때부터 정해져 있는 면역계는 아직 존재하지 않는 병들까지 물리칠 수 있다. 여러 세대에 걸쳐서 인류를 괴롭혀온 병들뿐만 아니라 우리가 태어난 지 50년 후에 번성하는 바이러스들도 거의 모두 쉽게 격퇴할 수 있는 것이다. 효과적인 건강 관리 덕분에 인간의 수명은 지구의 거의 모든 지역에서 길어지고 있다. 그러나 인간은 완벽하지 않다. 우리는 병들고 늙는다. 비교적 부유한 지역들에 사는 사람들은 가능한 한 오래 살기 위해서 많은 돈을 쓴다. 최대한 많은 사람들이 건강하게 장수할 수 있게 만드는 것은 인류의 가장 큰 과제이다. 건강 관리비용을 낮추고 병을 미연에 방지하고 노년의 불편을 완화하려면 새로운 기술이 필요하다. 과학자들은 조기 진단을 통해서 큰 혜택을 얻을 수 있다고 믿는다. 크기가 몇 밀리미터에 불과한 악성 종양은 비교적 쉽게 제거할 수 있고, 일찍 발견된 염증은 흉터를 남기지 않는다. 이상 증상을 조기에 정확하게 진단하는 기술들은 흔히 매우 비싸지만, 대개 진단이 빠르면 치료가 더 쉽고 저렴하며 성공 확률이 높다. 그러므로 값비싼 진단장비의 도입은 결국 의료비 절감을 가져올 수 있다.

미래에 갑작스러운 질병의 출현에 효과적으로 대처하려면, 우리의 기술은 더 신속하게 반응할 수 있어야 한다. 의학 지식을 파편화하고 반응

속도를 늦추는 현재의 극심한 전문화 경향을 생각할 때, 이것은 만만치 않은 과제일 수 있다. 예를 들면, 안과학의 다양한 전문 분야들은 눈 전체가 아니라 극도로 특수한 일부분에만 초점을 맞춘다. 일단 정확한 진단이 내려진 다음에는 그런 전문가에게 치료를 받아도 되겠지만, 처음부터 실제 증상과 무관할 수도 있는 분야의 전문가에게 진단을 맡기는 것은 심각한 문제일 수 있다.

진단에 대한 우리의 태도도 바꿀 필요가 있다. 오늘날 진단하기가 쉽지 않은 증세를 호소하는 환자는 전문의에게 보내지고 혈액 검사, CT 촬영 등 온갖 검사를 위해서 예약을 해야 한다. 이 검사들을 한꺼번에 할 수 있다면, 진단은 훨씬 더 신속하고 정확해질 수 있을 것이다. 여러 가지 촬영을 한꺼번에 할 수 있는 장비는 이미 존재한다. 더 나아가서 과학자들은 모든 검사를 단번에 해내는 만능 진단장비를 꿈꾼다.

그 꿈은 앞으로 20년 안에 점진적으로 실현될 것이다. 또한 미래의 진단장비는 곧바로 치료에 착수할 수 있을 것이므로, 진단과 치료의 구분이 불분명해질 것이다. 영리한 알약, 가루약, 음료가 현재 실험실에서 연구되는 중인데, 그것들에 들어 있는 성분들은 환자의 몸속에서 병든 부위를 독자적으로 찾아내고 검사장비가 공급하는 에너지를 이용하여 기능이상 세포들을 제압할 것이다. 이처럼 검사장비와 치료장비가 통합될 것이다. 환자들은 진단에 이어서 곧바로 치료를 받을 것이므로, 대기시간이 줄어들 것이다(4.1).

효과적인 치료를 위해서는 병의 원인에 대한 정확한 이해도 필요하다. 요컨대 궁극적으로 미생물학과 인체의 화학 및 물리학에 대한 깊은 통찰이 필요하다. 인체 시스템의 기능 이상은 어느 것이든지 수많은 복잡한 과정들과 관련이 있고, 우리는 그 과정들을 이제 막 이해하기 시작했다. 그러므로 병의 원인을 정확히 이해하는 것은 또 하나의 커다란 과제이다. 실용적인 해법들은 의학뿐만 아니라 전자공학, 의학공학, 전기통신, 시스템 제어 분야의 지식들을 최대한 활용하게 될 것이다(4.2).

전염병은 21세기의 건강 관련 주요 관심사 가운데 하나이다. 2009년의 세계적 유행병은 우려했던 것보다 덜 파괴적이었지만, 새롭고 치명적인 독감이 머지않아서 유행할 수도 있다. 그런 독감은 수억 명의 사망자를 발생시켜서 지구의 인구를 대폭 줄일 수 있다. 항바이러스제는 비싸고 공급량이 제한적이기 때문에, 이에 대처하기는 어렵다. 백신 회사가 없는 국가에 사는 사람들(인류 전체의 85퍼센트 이상)은 면역 조치를 받을 가망이 희박하다. 그러므로 언제 닥칠지 모르는 유행병에 대비하는 새로운 방법이 필요하다(4.3).

그러나 건강 관리는 단지 몸의 이상을 발견하여 치료하는 활동에 국한되지 않는다. 미래에 우리가 추구할 핵심 목표는 아마도 문제들을 미리 예방하는 방법들일 것이다. 그 방법들은 능동성과 자체 방어능력을 유지하는 과제와도 직결된다. 특히 노인들은 늙어서도 독립성을 유지할 수 있게 해주는 장치들의 혜택을 많이 받게 될 것이다. 기술은 노년의 삶을 더 즐겁게 만드는 데에 크게 기여할 수 있다. 우리의 수명은 더 길어지지 않을 수도 있지만, 적어도 우리는 생의 마지막 기간을 더 안락하게 보낼 수 있을 것이다(4.4).

우리는 아직 많은 것들을 모른다. 자연과 우리의 몸은 아직 많은 비밀을 간직하고 있다. 자연은 인류가 등장하기 훨씬 더 전에 영리한 해법들을 발견했다. 우리는 자연에서 많은 교훈을 얻을 수 있다. 진화는 우리 종의 미래를 보장하기 위해서 우리의 능력을 최적화했다. 자연 세계를 모방하고, 필요할 경우 자연의 과정들을 더 개량하는 것은 이로운 활동이다.

4.1
투명한 몸

서양 세계에서는 "쉬운" 병들이 꽤 많이 극복된 덕분에, 의사들은 은밀하게 몸을 침범하는 복잡한 병들과 싸울 여유를 얻었다. 오늘날 미국에서 일어나는 사망의 3분의 2는 암과 관상동맥 질환에서 비롯된다.[1] 이 병들은 흔히 너무 늦어서 손을 쓸 수 없을 때에 증상을 드러낸다.

성공적인 치료는 암의 성장이나 혈관 폐색의 조기 증상을 탐지할 수 있을 때에만 가능할 것이다. 지름이 몇 밀리미터인 종양은 테니스공만 한 종양보다 훨씬 덜 위협적이다. 그 이유는 여러 가지이지만, 이른 단계의 암은 전이할 위험이 적다는 것도 중요한 이유이다. 그러므로 신속한 진단을 강화하는 것, 따라서 의료 영상화 기술을 발전시키는 것이 핵심이다.

모든 진단의 80퍼센트는 영상에 기초를 둔다. 그러나 작지만 생명을 위협하는 많은 물리적 과정들은 여전히 우리 몸의 내부를 들여다보는 영상화 장치나 초음파 검사기 등의 장치에 의해서 포착되지 않는다. 지름이 1센티미터보다 작은 종양은 포착되지 않는 경향이 있다. 그래서 과학자들은 더 세밀한 영상을 제공하는 기술을 끊임없이 연구하는 중이다. 영상화 기술의 혁신은 생과 사를 가를 수 있다. 그 혁신은 더 빠른 개입을 가능하게 함으로써 환자의 생존 확률을 크게 높일 수 있다.

한 세대 남짓 전만 해도 X선은 인체 내부를 들여다보는 유일한 수단이었다. 그러나 X선이 산출하는 영상은 깊이에 대한 정보가 없는 2차원 영상이기 때문에 해석하기가 어렵다. 그리하여 1970년대에 X선 사진 여러

장을 조합해서 3차원 영상을 만드는 획기적인 기술이 개발되었다. 그러한 CT(computerized tomography, 컴퓨터 단층촬영) 기술은 최초로 우리 몸의 내부를 진정한 3차원 영상으로 보여주었다. 그 기술 덕분에 의사들은, 예를 들면 뼈의 윗면에 이상이 있는지 아니면 아랫면에 이상이 있는지를 알 수 있게 되었다. 그후 3차원 영상을 산출하는 여러 기술들이 등장했다. 그 기술들 중 일부는 인체의 특정 부위를 강조하기 위해서 환자에게 조영제(造影劑)를 주입한다.

PET(positron-emission tomography, 양전자 단층촬영) 기술의 경우, 환자는 자연적인 당(糖)과 매우 유사하지만 미약한 방사성을 띤 물질을 주입받는다. 환자의 몸속에 들어간 그 물질은 방사성 때문에 외부에서 탐지할 수 있다. 카메라처럼 작동하는 영상화 스캐너는 그 방사성 당이 정확히 어디로 이동하는지 추적한다. 그 물질이 많이 이동하는 곳은 많은 에너지를 필요로 하는 조직이다. 이처럼 PET는 몸의 해부학적 구조 그 자체를 보여주는 것이 아니라, 여러 신체 부위들의 에너지 소비량을 보여준다. 따라서 다른 조직들보다 훨씬 더 많은 에너지를 소비하는 전이된 암 조직을 탐지하는 데에 특히 유용하다.

과학자들은 인체의 세부와 물리적 과정들을 더 정밀하고 다양하게 보여줄 수 있는 새로운 조영제들을 발견하기 위해서 애쓴다. 이 노력의 결과로 **분자 영상의학(molecular imaging)**이라는 독자적인 과학 분야가 발생했다. 이 분야의 핵심 과제는 생리학적 분자들과 유사하면서 인체의 이상 부위와 "활성" 위치에 달라붙는 물질을 발견하는 것이다. 예를 들면, 빈사 상태의 세포들에 달라붙어서 심장근육이 기능을 상실하기 직전임을 알려주는 물질들이 연구되고 있다. 그런 물질들을 인체에 주입하고 그것들의 분포를 보면 심근경색을 충분히 이른 시기에 포착할 수 있을 것이다. 과학자들은 차세대 결합 분자들도 연구한다. 그것들은 개별 암세포를 조기에 탐지할 정도로 정밀한 검사의 실현을 앞당길 것이다. 그런 검사가 실현되면, 환자의 몸에 회복 불능의 손상이 발생하기 전에 조치를 취할 수 있을 것이다. 새로운 조영제들은 방사성 물질이 아닐 수도 있다. 어떤 물질들은 특별한 자기적 혹은 광학적 속성들을 가지고 있기 때문에 인체에 주입한 다음에 외부에서 관찰할 수 있다. 예를 들어 레이저를 비추면 빛을 방출하는 물질들이 있다.[2]

영상화 장치의 감소와 데이터의 증가

생화학자들과 분자생물학자들은 영상화 기술을 끊임없이 개량한다. 물론 그 성과들이 병원의 표준검사에 반영되려면 어느 정도 시간이 필요하겠지만 말이다. 우리는 새로운 검사법들을 전망할 수 있다. 그것들 각각은 몸의 다양한 측면을 영상으로 보여줄 것이다. 그러나 영상화 기술들이 다양해진다고 해서 반드시 영상화 장치들의 종류도 많아지는 것은 아니다. 오히려 개별 기술들이 한 대의 장치에 통합되는 것이 현재의 추세이다. 예를 들면, CT와 PET 검사를 동시에 수행할 수 있는 장치들이 이미 존재한다. PET 영상은 신체 부위들의 기능에 관한 정보를 제공하는 반면, CT 영상은 신체의 해부학적 구조를 매우 세밀하게 보여준다.[3]

이상적인 영상화 장치는 몸의 모든 곳을 1세제곱밀리미터까지 정밀하게 보여주고 암처럼 은밀하고 위험한 문제들을 시작 단계에서 포착할 것이다. 이런 영상화 기술이 등장한다면, 서양 세계에서 전체 사망 원인의 3분의 2를 차지하는 병들을 정복하는 목표에 크게 한걸음 다가가게 될 것이다. 적어도 이론적으로는 그렇다. 그러나 영상들은 여전히 분석되어야 할 것이다. 영상 분석은 점점 더 큰 문제로 부상하는 중이다. 평균적인 병원은 이미 한 해에 수천 기가바이트의 영상을 산출한다. 영리한 영상화 기술들이 등장하면, 데이터의 양은 더 늘어날 것이다. 게다가 다양한 영상화 기술들이 통합되면, 몸에 관한 정보가 홍수를 이룰 것이다.

저자들은 이런 문제들을 놓고 의료 영상화 전문가 자크 수케와 토론했다. 그는 필립스 메디컬 시스템스에서 여러 해 동안 일했고, 초음파 관련

특허를 여러 건 보유하고 있다. 수케는 고국 프랑스로 돌아온 후에 의료 장비 회사 슈퍼소닉을 설립했고, 지금은 소노사이트 사의 대표이기도 하다. 이 두 회사는 새로운 영상화 및 치료장비들을 계속 개발하고 있다. 그는 경고한다. "요즘 의료 영상화 전문가들은 직무를 제대로 수행하려면 하루에 1만 장 이상의 영상을 봐야 합니다. 우리는 거의 한계에 도달했습니다." 그 모든 영상을 자세히 검토하려면, 많은 비용과 시간이 든다. 그 작업을 사람이 직접 하는 것이 불가능해지는 시점이 빠르게 다가오고 있다. 영상화 기술들이 발전해서 의사들의 부담이 더욱 가중된다면, 그러한 발전은 무의미하다고 수케는 믿는다. "우리는 이미 의료 영상을 분석하기 위해서 초인적인 노동을 하고 있습니다."

데이터의 홍수는 새로운 영상화 기술들의 탓만이 아니다. 기존 기술의 개량도 데이터의 홍수에 기여한다. 영상화 장치 각각이 점점 더 많은 데이터를 쏟아내고 있다. 또 영상화 장치들이 작아지고 저렴해짐에 따라서 장치의 대수도 꾸준히 증가하는 중이다.

수케는 영상화 장치가 다른 분야들에서도 사용될 것이라고 말한다. "우리는 이미 군사용 초음파 영상화 장치를 개발했습니다. 그 장치는 휴대용 컴퓨터에 연결될 수 있고, 충분히 작아서 완전히 새로운 방식으로 사용될 수 있죠. 그 장치는 청진기와 유사하지만 몸속에서 벌어지는 일을 시각적으로 보여줄 수 있습니다. 작고 사용하기 쉽고 빠른 영상화 장치들이 병원에도 등장하기 시작할 것입니다. 진료실과 병실과 수술실에서 영상화 장치들이 더 많이 쓰이게 되리라고 예상할 수 있죠. 머지않아서 전문의들은 진단장비를 마치 청진기처럼 주머니에 넣고 다니게 될 것입니다." 영상화 기술은 우리의 가정에도 점점 더 많이 보급될 것이다. 심부전을 탐지하는 전자 장치는 이미 이용이 가능하고, 혈액 속의 포도당이나 산소의 농도를 측정하는 의료진단 장치도 흔하다. 머지않아서 더욱 다양한 측정 장치들이 추가될 것이다. 의료용 측정 장치들은 점점 더 작아지고 편리해지고 정밀해지고 있다. 부정맥이나 심근경색을 집에서 포착할

날도 그리 멀지 않았다.

수케는 이렇게 말한다. "이미 의사들은 환자의 심장 기능을 원격으로 점검합니다. 장비들이 소형화되면, 이런 원격 진료가 훨씬 더 쉬워지겠죠. 이를테면 지갑이나 휴대전화에 설치한 전극으로 환자의 심장박동 상태를 탐지하여 의사에게 전송할 수 있을 것입니다. 이런 서비스들은 심장병 환자들을 위해서 개발되었지만, 주요 이용자들은 완벽하게 건강하지만 병에 걸리는 것을 두려워하는 베이비붐 세대입니다." 수케는 이런 상황을 걱정한다. 이렇게 나아가다가는 건강한 사람들에 관한 의료 데이터도 병원으로 홍수처럼 밀려들 것이기 때문이다. "의사들은 무엇인가 잘못되었다는 생각을 자주 합니다. 정확히 무엇이 잘못되었을까요? 모든 상태가 심근경색처럼 명확한 것은 아닙니다. 심장의 이상 소음, 폐용량의 변화, 혈중 콜레스테롤 수치의 미세한 상승에 어떻게 대응해야 옳을까요? 이것들은 무엇인가 심각한 일이 벌어질 조짐일까요? 의사들은 사실상 아무 이상이 없는데도 근심에 싸인 환자들을 자주 만나게 될 것입니다. 그러나 만전을 기하기 위해서 추가 검사들이 필요할 것이고, 따라서 의료비가 증가할 뿐만 아니라 영상 데이터의 홍수도 더 심해질 것입니다."

영상 분석을 담당하는 컴퓨터

데이터 홍수에 대처하는 한 가지 방법은 시각화(visualization) 기능의 향상일 것이다. 주요 의료 영상화 장비업체들은 모두 이 분야의 연구에 매진하고 있다. 요점은 다양한 출처에서 나온 데이터를 종합하여 알아보기 쉽고 다루기 쉬운 영상 하나를 만드는 것이다. 이를 위해서 의료 소프트웨어 업체들은 게임 산업을 참조한다. 게이머가 허구적인 지역을 탐사하듯이, 마우스나 조이스틱을 써서 인체의 영상들을 이리저리 살펴보는 방법을 개발하고자 하는 것이다. 개량된 영상에서 장기 각각은 독자적인 색깔로 허공에 떠 있는 것처럼 나타난다. 컴퓨터는 중요하지 않은 부분들을 지우고 필요한 경우에는 언제나 세부를 추가해서 보여준다. 그러므로 지금은 가상의 몸속 여행이 가능하다. 우리는, 예를 들면 기관을 따라내려가서 폐에 진입하고 병든 폐엽을 확대하여 살핌으로써 염증이 발생한 자리를 확인할 수 있다. 이런 식으로 혈관, 요로, 소화관도 탐사할 수 있을 것이다. 발전된 시각화 기술을 수술실에 도입하기 위한 연구도 활발히 진행되고 있다. 그 기술은 수술실에서 최신 영상화 기술과 결합되어서 외과의사가 환자의 몸속을 명실상부하게 들여다볼 수 있도록 해줄 것이다. 외과의사는, 예를 들면 바늘이 환자의 척추를 통과하여 척수액에 도달하는 과정을 아주 정확하게 관찰할 수 있을 것이다. 환자의 몸은 말 그대로 투명해질 것이다.

자크 수케는 향상된 시각화 기술이 몸속 구석구석을 더 쉽게 살필 수는 있게 해주겠지만, 그것만으로는 잠재적인 병의 시초를 탐지하기에 부족할 것이라고 지적한다. "영상화 기술의 해상도가 높아짐에 따라서 영상의 복잡성이 엄청나게 증가할 것이고 검토해야 할 세부 사항들도 폭발적으로 증가할 것입니다. 따라서 우리는 소프트웨어에 더 높은 지능을 부여해서 영상 해석능력을 향상시켜야겠죠. 예를 들면, 컴퓨터가 이상이 있는 자리에 빨간 동그라미를 쳐서 의사의 진단을 도와야 합니다." 그러기 위해서는 현재 의사들의 머릿속에 있는 지식이 컴퓨터 속으로 들어가야 할 것이다. 소프트웨어는 방사선과 전문의들이 영상을 볼 때 주목하는 요소들──예를 들면, 장의 어두운 반점, 신장의 단단한 부위, 심장의 크기──을 알아야 한다. 엄청나게 많은 정보들 가운데 무엇을 자세히 살펴야 하는지 알아야 하는 것이다.

컴퓨터를 학습시키는 한 가지 방법은 병원들이 이미 축적해놓은 방대한 영상 데이터를 이용하는 것이다. 컴퓨터에 과거 환자들의 데이터를 입력하고 다양한 상태들의 특징을 인지하도록 훈련시킬 수 있다. 그 데이터는 통계적으로 복잡하다. 특정 증상들은 다양한 병에서 나타나고, 매우 다채로운 증상들을 수반하는 병들도 있기 때문이다. 이 통계로 무장한 컴퓨터 프로그램은 새로운 환자들의 증상을 분석하고 가능한 진단을 제시할 수 있다. 환자에 관한 데이터──예를 들면, 혈액 검사의 결과나 심전도──가 많으면 많을수록, 컴퓨터가 제시하는 가능성들의 개수는 줄어들 것이다. 더 나아가서 진단의 정확도를 높이려면 어떤 검사들이 필요한지를 컴퓨터가 스스로 제안할 수도 있을 것이다.

이런 식으로 컴퓨터의 도움을 받는 분석은 우리가 의료용 촬영을 더 자주 할수록 더 쉬워질 것이다. 그러면 컴퓨터는 영상에 새롭게 나타난 요소들을 포착하여 의사가 그것들에 주목하도록 도울 수 있다. 천문학에서는 이미 이와 유사한 기술들이 일상적으로 쓰인다. 오래 전부터 영상 분석이라는 과제에 직면한 천문학자들은 시간 간격을 두고 찍은 두 영상 사이의 차이를 부각하는 분석 기술들을 발전시켰다. 그 기술들은 인체에도 적용될 수 있다. 유방 X선 사진에 대한 해석에서는 이미 컴퓨터가 의사보다 낫다고 할 수 있다. 어떤 컴퓨터가 인간 전문의들을 능가하는 솜씨로 유방암을 진단하는 것을 시사하는 증거들이 있다.[4]

그러나 이것은 시작에 불과하다. 의학 지식의 세분화가 계속될수록 컴퓨터의 도움은 점점 더 중요해질 것이다. 병에 대한 지식이 깊어짐에 따라서 고도로──심지어 지나치게 고도로──전문화된 의학이 필요해질지도 모른다. 그러나 전문화는 환자가 엉뚱한 전문의를 만나서 그릇된 진단을 받을 위험성을 높인다는 문제도 가지고 있다. 이 문제와 관련해서 컴퓨터는 전문의가 평소에 다루는 전문 분야를 넘어선 지식을 제공할 수 있을 것이다.

컴퓨터 사용이 증가하면 의사의 역할은 바뀔 수밖에 없다. 컴퓨터가 의사보다 더 잘 진단하는 병들은 점점 더 많아질 것이다. 더 나아가서 특정 질병들은 기계의 진단을 받는 편이 더 바람직해질 수도 있다. 그렇다면 미래에도 여전히 인간 의사가 필요할까? 진단은 기계가 아니라 인간이 해야 한다고 자크 수케는 강조한다. "그러나 소프트웨어가 의사의 관심을 특정한 문제들로 이끌어서 최종 판단을 돕는 역할을 점점 더 많이

하게 될 것입니다. 그리고 계속 세밀해지고 다양해지는 의료 영상들의 홍수를 감당하려면, 어쩔 수 없이 컴퓨터들이 실제 진단까지 맡게 될 것이 분명합니다."

진단을 넘어서 치료로

진단과 치료의 과정이 통합됨에 따라서 컴퓨터의 역할은 점점 더 커질 수밖에 없다. 자크 수케는 진단장비를 개발하는 것이 본업이지만, 진단과 치료가 통합되는 추세에 발 맞춰서 치료에 점점 더 많은 관심을 기울이는 중이다. 그는 진단과 치료를 동시에 할 수 있는 장비를 꿈꾼다. 환자의 몸속을 촬영하고 즉시 치료에 착수할 수 있는 장비를 말이다. 핵심은 영상화 장치를, 병이 생긴 위치에 정확하게 달라붙을 수 있는 조영제와 함께 사용하는 것이다. 다음 단계는 자명하다고 수케는 말한다. "환부에 정확히 달라붙은 조영제는 곧장 치료에 착수할 수 있습니다. 화학자들과 생물학자들은 일종의 나노 캡슐을 이용해서 조영제와 치료약을 결합하는 기술을 연구하는 중이죠. 환자는 영상화 장치에 들어가기에 앞서 조영제와 치료약의 기능을 겸비한 입자들이 포함된 용액을 주입받을 것입니다. 그 입자들은 몸속을 돌아다니면서 종양이나 병든 심장근육과 같은 이상 부위에 달라붙고, 그러면 나노 캡슐이 열려서 치료약을 방출하게 되는 것이죠."

치료약을 외부에서 활성화하는 것도 가능할 것이다. 수케는 말한다. "우리는 종양에 달라붙은 입자들을 초음파를 이용해서 진동시키는 기술을 연구하고 있습니다. 진동이 일어나면 입자들이 부서지면서 치료약이 방출되죠. 외부에서 에너지를 투입하는 다른 방식들도 유효할 수 있어요. 이런 유형의 정밀 치료는, 예를 들면 암의 퇴치에 이르는 새 길을 열 것입니다. 가장 중요한 것은 선택적으로 작용하는 치료약이 현재 우리가 사용하는 화학요법보다 훨씬 더 효과적이라는 점이에요. 현재의 약물은 몸 전체로 퍼지기 때문에 다양한 부작용을 일으키죠. 만일 약물이 필요한 곳에서만 방출된다면, 그것은 획기적인 진보일 것입니다."

새로운 장치는 진단과 치료의 기능을 겸비할 것이다. 따라서 진단을 받은 환자가 치료를 위해서 기다릴 필요가 없어진다. 검사가 진행되는 동안에 치료가 시작될 테니까 말이다. 수케는 주장한다. "진단과 치료의 경계는 점점 더 희미해질 것입니다." 이처럼 지금까지 느슨하게 결합되었던 요소들이 강하게 연관됨에 따라서 의료 활동의 복잡성도 증가할 것이다. 의료 데이터는 거의 실시간으로 처리되고 분석되어야 할 것이다. 이를 위해서 자동화가 필요하게 되고, 따라서 진단뿐만 아니라 치료에서도 인간 의사들의 역할은 점점 줄어들게 된다.

4.2
개인 맞춤형 의료

개인들은 저마다 다르다. 어떤 이들은 유전적으로 천식에 걸리기 쉬운 반면, 평생 건강하게 사는 이들도 있다. 유전적 소질은 약의 효과와 암, 심부전, 당뇨병 등의 진행에서도 중요한 역할을 한다.

개인차는 의사들을 힘들게 만든다. 한 개인이 특정 질병에 걸릴 위험이 얼마나 큰지, 또는 특정 약물이 한 개인에게 얼마나 효과적일지를 정확하고 확실하게 알아낼 길은 없다. 우리는 온갖 검사를 할 수 있지만, 특정 개인이 병에 걸릴지를 정확히 예측하려면 과연 무엇을 알아야 할까? 대답의 일부는 우리의 게놈(genome)에 숨어 있다. 유전된 결함들과 약물에 대한 민감도를 우리의 DNA에서 알 수 있다.

인간 게놈 지도는 서로 경쟁한 두 연구 팀에 의해서 21세기 초에 기록적인 속도로 작성되었다. 그 팀들은 2001년에 동시에 연구 결과를 발표했다.[1] 그들의 성취는 최초의 달 착륙이나 바퀴의 발명과 비교되었다. 한 팀의 대표는 미국의 크레이그 벤터였다. 그는 지금도 열정적으로 DNA 복음을 전파한다. 벤터는 원래 미국 정부가 지원한 인간 게놈 프로젝트에 참여했다가 이탈하여 게놈 데이터베이스를 만드는 개인 기업을 설립했다. 그는 특이하게도 자신의 DNA 지도를 만들었는데, 그 지도를 통해서 그가 알코올 의존증, 관상동맥 질환, 비만, 알츠하이머, 반사회적 행동, 행동장애의 기질을 강하게 가졌다는 것이 드러났다. 이에 굴하지 않고 그는 자신의 게놈 전체를 인터넷에 공개했다. 그는 말한다. "많은 사람들이

DNA 검사를 두려워합니다. 그들은 그 검사를 통해서 자신의 비밀이 모두 들춰진다고 생각하죠. 심지어 의대생들도 자신의 DNA를 제공하기를 꺼려요. 그러나 우리의 삶은 유전적으로 결정되지 않습니다. 물론 심각한 유전병으로 인해서 기대수명이 단축되는 예외적인 경우들이 있긴 하지만 말이죠." 벤터는 거의 모든 사람이 유전의 미묘한 메커니즘을 모른다고 덧붙인다. "사람들은 1980년대의 과학자들처럼 생각합니다. 당시의 DNA 분석에는 한계가 있었어요. 특정 질병, 예를 들면 헌팅턴 병이나 낭포성 섬유증을 특정 유전자의 결함과 연결하는 것이 할 수 있는 일의 전부였죠. 대부분의 사람들의 생각은 여전히 그 수준에 머물러 있습니다. 그들은 개별 인간의 특징이 단일한 유전자에 의해서 결정된다고 생각하죠." 그래서 개인의 유전자들을 모두 수록하여 당사자의 운명을 보여주는 유전자 여권 따위가 사람들의 입에 오르내린다. 벤터는 강조한다. "그러나 그런 결정론은 옳지 않습니다. 단일한 유전자의 변화가 병의 원인인 경우는 드물다는 것이 더 나중에 밝혀졌죠. 대개는 훨씬 더 복잡합니다. 유전적인 암 기질은 다양한 유전자들의 복잡한 상호작용에 의해서 발생하는 경우기 더 많아요. 암에 걸릴지 여부는 확률적으로만 결정됩니다. 한 유전자에 결함이 있으면, 그 확률이 높아질 뿐이죠. 그러나 대중은 이 사실을 모릅니다."

　벤터는 대장암을 예로 든다. 그 병의 발생과 억제에 관여하는 유전자는 최소 34개이다.[2] "우리는 대장암을 억제하는 유전자 하나를 압니다. 그 유전자는 암세포를 제거하는 효소의 생성을 유발하죠. 만일 그 유전자에 결함이 있다면, 중년에 대장암에 걸릴 가능성이 높습니다.[3] 그러나 그 유전자는 사슬의 고리 하나에 불과해요. 암 기질을 가지고 있다는 것이 암에 걸릴 운명이라는 뜻은 아니죠. 반대의 경우도 확실히 단정할 수 없습니다. 그 유전자가 정상이라고 하더라도, 암에 걸릴 가능성이 전혀 없다고 단정할 수는 없으니까요. 그 유전자를 검사해서 얻을 수 있는 지식은 다만 확률에 관한 것이죠. 그냥 통계일 뿐이에요. 우리는 유전의학을 이

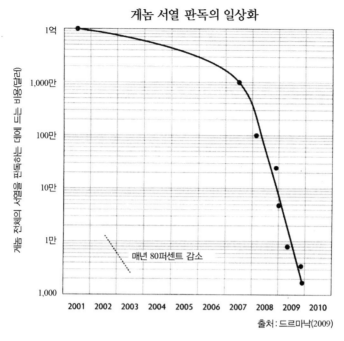

계놈 서열 판독의 일상화

매년 80퍼센트 감소

출처 : 드르마낙(2009)

머지않아서 의사들은 일상적으로 환자의 게놈 서열을 판독할 수 있게 될 것이다. 그리하여 개인의 유전적 특징을 고려한 맞춤형 치료의 가능성이 열릴 것이다. 게놈 정보의 효율적 활용이라는 과제는 컴퓨터 과학의 발전을 요구할 것이다. 출처 : 드르마낙, R., 스파크스, A. B., 캘로우, M. J., 할펀, A. L., 번스, N. L. 등(2010). 자체 조립 DNA 나노 배열에서 해체된 염기 읽기를 이용한 인간 게놈 서열 판독. 「사이언스(*Science*)」, 327(5961), pp.78-81.

런 식으로 활용할 것입니다. 만일 당신이 대장암에 걸릴 위험이 높다면, 당신은 50세 이전부터 대장 검사를 받게 될 것입니다. 이른 나이에 대장 내시경 검사를 받는 편이 비용 면에서 훨씬 더 효과적이죠. 만일 이상이 발견되면, 곧바로 치료에 착수할 수 있습니다. 초기 단계의 대장암 수술은 훨씬 저렴하고 덜 힘들고 성공 가능성이 높죠.”

유전적 패턴들에 대한 정보는 정밀 치료에도 유용할 수 있다. 최초 증상이 나타나면, 유전 정보는 최선의 약물 유형, 가장 효과적인 투여량, 심지어 생존 확률을 알아내는 데에도 도움이 될 수 있다. 예를 들면, 유방암 진단을 받은 환자들에게 그들이 가진 BRCA2 유전자의 상태를 근거로 예상되는 완치 확률을 알려줄 수 있다. 유전 정보가 있으면, 환자 개인에게 알맞은 약물과 투여량을 계산할 수 있을 것이다. 이 전망은 많은 질병들에 대해서는 아직 꿈에 지나지 않는다. 그러나 유전자들과 단백질들의 복잡한 상호작용에 대한 이해가 더 깊어지면, 더 개인화된 진단과 치료의 가능성이 열릴 것이다.

조절 메커니즘들에 대한 연구

인간 게놈 지도를 완성하기 위한 경쟁이 벌어진 다음에 등장한 새로운 세대의 유전학자들은 DNA가 세포 내 과정들을 조절하는 메커니즘을 밝혀내려고 애쓰는 중이다. 현재의 주된 초점은 DNA의 "기하학(geometry)"이 아니라 세포 내 과정들이 작동하거나 오작동하는 방식이다. DNA를 이해하려면 DNA가 만들어내는 수천 종의 단백질을 이해해야 하며, 그 단백질 각각은 세포 내에서 고유한 임무를 수행한다.

DNA의 구조뿐만 아니라, 상대적 접근성도 단백질들의 복잡한 상호작용 연결망에 대한 조절에 영향을 끼친다. DNA는 접혀 있기 때문에, 모든 유전 암호가 활성화되지는 않는다. 그러므로 DNA가 접힌 방식은 중요한 차이를 만들어낸다. 이밖에도 여러 요소들이 DNA에 들어 있는 유전 정보가 어떻게 사용될지를 결정한다. 기능들을 켜거나 끄는 스위치들이 존재한다. 또한 외부의 자극들이 반응을 촉발하기도 한다. 무엇보다도 중요한 것은, 이런 요소들이 복잡하게 조합되어서 단백질들의 활동을 제어한다는 것이다.

세포의 조절 연결망은 새로운 발견이 이루어질 때마다 새로운 수준의 복잡성을 드러내왔다. DNA와 단백질들 사이의 상호작용 역시 점점 더 복잡해지는 중이다. 예를 들면, 얼마 전까지만 해도 세포 내에서 특정한 임무를 수행하도록 설계된 특정 단백질의 설계도가 개별 유전자 하나에 들어 있다고 생각되었다. 그러나 최근의 연구는 단일 유전자가 주변에서

들어오는 입력에 반응하여 작업 모드를 바꿔가면서 다양한 단백질들을 조립할 수도 있다는 것을 보여준다. 다시 말해서 동일한 유전자가 다양한 단백질들을 발현시킴으로써 다양한 세포 내 기능들을 조절할 수 있다. 인간의 DNA를 구성하는 유전자들의 70퍼센트 이상이 이런 가변성을 나타내고, 일부 유전자들은 심지어 수천 종의 단백질을 생산할 수 있다.[4]

이 모든 복잡성에도 불구하고 DNA 단백질 연결망은 믿기 어려울 정도로 안정적이다. 많은 단백질들은 세포 내 조절에서 작은 역할만 한다. 설령 몇 가지 단백질이 없더라도, 이 연결망은 안정성을 유지할 것이다.[5] 오늘날 우리는 상실된 기능의 일부를 다른 단백질들이 대신 맡아서 생물이 생존하게 할 수 있다는 것을 안다.

세포 내 조절의 안정성은 한 종의 내부에서 발생하는 자연적인 변이들에서도 확인된다. 이것은 크레이그 벤터가 얻은 또 하나의 획기적인 결과이다. 그는 2007년에 (이번에도 벤터 자신의 DNA를 연구 대상으로 삼아서) 인간 DNA 나선 두 가닥의 서열을 모두 판독하는 데에 최초로 성공하면서 이 결과에 도달했다. DNA를 이루는 나선 가닥 하나에는 어머니에게서 온 정보, 다른 하나에는 아버지에게서 온 정보가 들어 있다. 벤터의 DNA 나선 두 가닥을 모두 분석한 결과, 벤터의 어머니에게서 온 유전자들의 최소 44퍼센트가 아버지에게서 온 유전자들과 다르다는 것이 드러났다. 벤터의 연구 팀은 총 28억 개의 염기쌍에서 410만 개의 변이를 확인했다. 기존의 생각보다 적어도 5배 많은 변이를 확인한 것이다.[6] 이 결과가 호모 사피엔스의 가변성을 옳게 반영한다면, 우리 세포의 조절 메커니즘들은 놀랍도록 안정적인 셈이다. 마치 발전소의 통제실에 있는 스위치들의 44퍼센트를 재설정했는데도 발전소가 제대로 작동하는 것과 같은 상황이니까 말이다.

세포 내 조절의 안정성은 공짜가 아니다. 그 안정성에 결정적으로 기여하는 특정 단백질들이 있다. 그것들은 다양한 과정들을 연결하고 전반적인 균형을 유지하는 구실을 한다. 그것들이 없으면 세포의 조절망은 산산

조각이 날 것이다. 이 지식은 암 치료에 이용될 수 있다. 암세포는 튼튼한 조절망을 가지고 있기 때문에 세포 내 조절들을 교란하는 작용만 하는 약물로는 좀처럼 죽일 수 없다. 그러나 방금 언급한 세포 내 조절의 아킬레스건들을 공격하는 약물은 암세포를 죽일 수 있을지도 모른다.

세포 내 안정화 메커니즘들에 대한 이해는 이제 시작 단계이다. 만일 그 안정화 시스템이 어떻게 잘못되어서 암을 비롯한 병들이 발생하는지 알아낼 수 있다면, 환자가 다양한 병에 걸릴 가능성을 더 잘 예측할 수 있게 될 것이다. 또 세포의 약점을 표적으로 삼는 새로운 약들을 개발하기 위한 단서도 얻을 수 있을 것이다. 우리는——다른 비선형 동적 연결망들(non-linear dynamic networks)에서와 마찬가지로——조절망이 안정 상태를 벗어나는 것을 제때에 억제하는 법을 터득할 수도 있을 것이다.

이 지식들은 크레이그 벤터와 그의 경쟁자들이 인간 게놈 지도를 최초로 만든 이후에 수많은 과학자들이 엄청난 연구 역량을 투입하여 거둔 성과이다. 앞으로의 발전은 방대한 유전 데이터를 다루어야 하는 수학자들의 솜씨에 좌우될 것이다. 일부 유전 데이터는 앞의 챕터에서도 언급된 의료 데이터에서 나온다. 암 환자들의 유전 정보는 그들의 병의 진행과 치료 효과에 관한 상세한 기록과 함께 수십 년 전부터 체계적으로 저장되어 왔다. 이런 유형의 연구를 어렵게 만드는 걸림돌은 그 모든 병력 정보와 유전자 데이터를 연결하는 데에 필요한 엄청난 처리능력이다. 그 처리능력의 확보는 아주 큰 기술적 과제이겠지만, 그 과제를 해결하면 어마어마한 유전 정보와 병력 기록을 통합하는 획기적인 성과를 거둘 수 있을 것이다.

현 시점에서 또다른 걸림돌은 연구의 많은 부분이 여전히 비용이 많이 드는 DNA 서열 판독에 의존한다는 점이다. 세포의 조절 시스템을 이해할 수 있으려면, 지금보다 훨씬 더 많은 DNA 데이터가 필요할 것이다. 벤터는 DNA 분석비용이 빠르게 낮아질 것이고, DNA 서열 판독이 점점 더 수월해질 것이라고 예측한다. "제가 저의 게놈 지도를 만드는 데에는

9개월이 걸렸습니다. 유전 데이터를 의료에 이용하기를 정말로 원한다면, 인간 게놈 서열을 1,000달러 이하의 비용으로 몇 시간 또는 심지어 몇 분 만에 판독할 수 있어야 할 것입니다. 그 정도가 비용이라면, 많은 환자들의 DNA를 분석하여 의료 정보의 데이터베이스를 구축할 수 있겠죠. 그렇게 되면 과학 연구에 필요한 데이터가 대량으로 확보될 것이고, 따라서 발전이 더욱 가속될 것입니다.

생명 재창조

크레이그 벤터는 다른 한편으로 새로운 프로젝트에 착수했다. 그는 생명을 다시 프로그램하겠다는 의도로 새로운 DNA를 창조하고자 한다. "바닷물 1컵이나 공기 1리터를 무작위로 입수해서 연구해보면, 새로운 속성들을 가진 새로운 박테리아와 바이러스가 항상 발견됩니다. 그 지식을 응용해서 새로운 생물을 만들 수 있어요. 트랜지스터, 저항, 축전기를 이용해서 생각할 수 있는 모든 전자회로를 만들 수 있는 것과 마찬가지로, 박테리아의 속성들을 적당히 조합하면 우리가 원하는 화학적 과정을 수행하는 생물을 만들 수 있을 것입니다. 대기에서 이산화탄소를 추출하여 고분자로 변환하는 생물을 만든다면 정말 멋지지 않을까요? 햇빛을 이용하여 물에서 수소를 추출하는 박테리아는 어떨까요? 유전학이 제공하는 수백만 개의 벽돌들을 이용해서 그런 속성들을 가진 생물을 조립할 수 있습니다."

2008년에 벤터는 한 생물의 게놈 전체를 처음부터 합성하는 데에 최초로 성공함으로써 생명의 비밀을 밝히기 위한 경쟁의 역사에 새로운 이정표를 세웠다. 그는 미코플라스마 게니탈리움(*Mycoplasma genitalium*)이라는 박테리아의 DNA와 똑같은 구조물을 분자들을 조립하여 만들어내는 데에 성공했다. 인간의 몸에서 임질과 유사한 증상을 일으키는 그 박테리아는 당시에 유전자의 개수가 가장 적은 종으로 알려져 있었다. 벤터는 "겨우" 58만2,970개의 염기쌍을 연결하여 미코플라스마 게니탈리움의 유전자 521개를 복제했다. 그는 위험을 예방하기 위해서 그 박테리아가 가진, 병을 유발하는 유전자는 제거했다.

벤터는 말한다. "다음 단계는 DNA를 세포에 집어넣는 것이었습니다. 이 작업은 컴퓨터의 운영체계를 바꾸는 것과 비슷하죠. 이를테면 윈도우스를 맥의 소프트웨어로 바꾸는 것과 같아요. 이런 식으로 우리는 유전 정보를 읽어내는 수준을 넘어서, 써넣고 실현하는 수준에 점차 접근할 것입니다." 그가 2010년 5월에 거둔 성과(인공으로 조립한 한 박테리아의 DNA를 다른 박테리아에 주입하여 번식시킨 것/역주)는 최초의 인공생명 창조라는 갈채를 받았지만, 벤터는 그 성과가 무로부터 생명을 창조한 것과는 다르다고 강조한다. "저는 우리가 아는 유전자 패턴들을 복제할 뿐이지, 새로운 유전자를 창조하는 것은 아니에요. 그러나 결국 우리는 생명 그 자체를 재생산할 수 있게 될 것입니다. 재생산은 생명에 대한 모든 정의에서 필수적인 요소이죠. 자기 자신을 복제할 수 있는 분자들은 생명을 향한 경쟁에서 한걸음 더 앞서 있는 것입니다."

현재 크레이그 벤터는 현존하는 유전 정보를 새롭게 조합하는 연구를 계획하는 중이다. 그는 그 연구가 지향하는 목표를 거리낌 없이 밝힌다. "앞으로 10년에서 15년 내에 산업이 완전히 달라질 것입니다. 우리는 컴퓨터 앞에 앉아서 우리가 원하는 화학반응들을 선택하게 되죠. 그러면 컴퓨터가 적절한 유전적 속성들의 조합을 찾아내서 우리에게 필요한 염색체를 출력하고, 우리는 그 염색체를 세포에 집어넣어서 원하는 화학반응들을 일으키겠죠. 우리는 박테리아를 생각할 수 있는 모든 목적에 이용할 수 있게 될 것입니다. 이 지구에서 인간이 하는 일은 완전히 달라지는 것이죠."

벤터의 꿈은 언젠가 실현될지도 모른다. 그러나 정말로 새로운 생물을 창조하려면, 단순히 표준적인 벽돌들을 조립하는 작업 이상이 필요할 것이다. 최초의 인공세포를 만들어내는 경쟁은 벤터의 승리로 끝났지만, 이제껏 알려지지 않은 생물을 창조하는 방법이 발견되기까지는 아직 많은 연구가 필요하다. 조절 메커니즘들의 복잡한 상호작용으로부터 생물의 속성들이 발생하는 과정을 정확히 이해해야만 유용하고 생존능력이 있는 생명을 창조할 수 있을 것이다. 그런 이해는 기존의 진단법과 치료법에 대한 통찰도 심화시킬 것이 분명하다.

DNA와 세포 내 조절 메커니즘들에 대한 이해는 이미 치료법에 큰 영향을 미치고 있다. 지금도 예측 유전자 검사(predictive genetic test)를 통해서 많은 질병들의 발생 가능성을 예측할 수 있다. 몇몇 질병에 대해서는 발병 위험을 효과적으로 줄이는 조치들도 마련되어 있다. 이런 식으로 환자 개인의 특성에 치료법을 맞추는 관행은 아직 시작 단계에 있다. 그러나 DNA 서열 판독비용은 급격히 낮아지는 중이다. 어쩌면 언젠가는 우리의 지식이 완벽해져서 병을 치유하는 것뿐만 아니라 생명을 재창조하는 것도 가능해질지 모른다. 그때쯤이면 크레이그 벤터는 이미 은퇴했을 가능성이 높다. 물론 그가 은퇴한 후에도 몇 년 동안은 그의 요트 '마법사 2호'에서 그의 모습을 발견할 수 있겠지만 말이다.

4.3
세계적 유행병에 대한 대비

이 챕터의 초고가 쓰여진 때는 2009년 신종 플루가 유행하기 전이었다. 그때 이후 돼지 독감, 멕시코 독감, H1N1 따위의 용어들이 연이어 언론의 주목을 받았다. 우리는 새로운 독감 변종이 진정한 의미에서 세계적으로 유행하는 상황을 처음으로 겪었다. 현실이 우리 저자들이 초고에서 예측한 것보다 더 빠르게 진행되었던 것이다. 저자들은 2013년에 멕시코가 아니라 인도네시아 동(東)자바 말랑 시에서 유행병이 발생하는 가상 상황을 이 챕터의 서두로 삼았었다. 그 시나리오는 예측이 아니라 단지 돌발적인 유행병의 귀결들을 보여주기 위해서 지어낸 이야기일 뿐이었다. 저자들은 새로운 병의 갑작스러운 출현이 얼마나 파괴적일 수 있는지 보여주고 싶었다. 저자들은, 이제는 모두가 잘 알게 된 사항들을 빠짐없이 묘사했다. 처음에 의사들은 별다른 관심이 없다. 가축들 곁에서 사는 사람들이 바이러스에 감염된다. 환자들이 고열과 심한 기침으로 입원한다. 제약 회사들은 비싼 백신을 팔러다니는 데에 혈안이 된다.

저자들이 지어낸 이야기에서는 곧이어 인도네시아 정부와 세계보건기구(WHO) 사이에 혈액 표본을 둘러싼 분쟁이 발생한다. 그 분쟁은 자국민은 사용할 엄두도 내지 못할 정도로 비싼 백신을 개발하는 사업에 협조하기를 꺼리는 개발도상국들의 입장을 반영한다.[1] 나머지 세계는 인도네시아의 전염병과 사망자의 증가와 외교 분쟁을 무시한다. 이 가상 상황은 2009년 초에 멕시코의 마을들에서 아마도 여러 주일 동안 발생했을 독감이 보고되지 않은 현실 상황과 매우 흡사하다. 저자들의 이야기에서는 오스트레일리아의 퍼스에서 간호사 두 명이 사망하면서 침묵이 깨진다. 이 사망 소식은 즉시 주요 뉴스로 보도된다. 그 다음 주에 인도네시아, 오스트레일리아, 싱가포르에서 수십 건의 사망이 보고되고, 뉴욕에서 첫 의심 환자가 발생했다는 소식도 전해진다.

그 다음에는 이제 우리에게 매우 익숙한 사건들이 이어진다. WHO는 독감 바이러스를 확보하여 새로운 백신 생산을 준비한다. 그러나 전염병은 들불처럼 번져나가고, 주요 도시들이 차례로 바이러스의 습격을 당한다. 감염 후 몇 시간 내에 사용해야만 효과가 있다는 의사들의 지적에도 불구하고 항바이러스제가 인터넷을 통해서 거액에 거래된다. WHO는 전염병의 확산을 막을 백신을 생산하려면, 6개월이 넘게 걸릴 것이라고 경고한다.

그러나 저자들의 이야기와 2009년의 신종 플루 사이에는 중요한 차이점이 있었다. 허구 속의 바이러스가 현실의 것보다 더 치명적이었던 것이다. 저자들은 인간에게도 전염되는 치명적인 조류 독감 바이러스 H5N1을 염두에 두었다. 허구 속에서 말랑 병원에 입원한 환자들은 고열과 기침으로 모두 신속하게 사망한다. 반면에 멕시코의 돼지 독감 바이러스는 비교적 덜 해로웠다. 과거의 돌발 독감들은 훨씬 더 치명적이었다. 1918년에 세계적으로 유행한 스페인 독감은 제1차 세계대전의 사망자 1,500만 명을 훨씬 능가하는 5,000만에서 1억 명의 사망자를 발생시켰다.[2] 1830년에 유행한 독감도 그에 못지않았다. 만약에 2009년의 신종 플루도 1918년의 독감만큼 치명적이었더라면, 사태는 전혀 다른 방향으로 전개되었을 것이다.

일단, 전 세계의 기반구조가 흔들렸을 것이다. 예를 들면, 동료가 죽는 것을 본 트럭 운전사들이 어떻게 행동할지 상상해보라. 거의 모두 일을 포기하고 집 안에만 머물 것이다. 따라서 매일 병원들에 공급되어야 하는 산소와 의약품이 부족해질 것이다. 최근의 고효율 적기(適期) 물류 방식은 재고량을 아주 적게 유지하기 때문에, 병원들은 물류의 차질에 극도로 취약한 형편이다. 전력 공급도 흔들리기 시작할 것이다. 발전소 관리자들

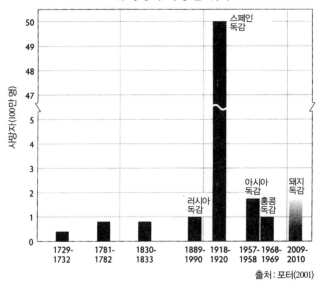

유행병의 가공할 위력

출처 : 포터(2001)

스페인 독감에 견줄 만한 세계적 유행병이 언제 다시 닥칠지 우리는 모른다. 그러나 1918년 이후 지금까지 이루어진 광범위한 국제화로 인해서 그런 유행병이 일으킬 혼란은 그때보다 더 클 것이라고 예상할 수 있다. 대유행병에 효과적으로 대비하려면 지구적인 안목을 채택하고 백신을 더 효율적으로 생산할 필요가 있다. 출처 : 포터, C. W.(2001). 독감의 역사. 「응용 미생물학 저널(*Journal of Applied Microbiology*)」, 91, 572-579.

은 기술자들의 출근을 필사적으로 독려하겠지만, 많은 기술자들은 두려움 때문에 집 밖으로 나서지 못할 것이다. 일부 국가들은 국경을 봉쇄할 것이다. 그것은 납득할 만한 조치이지만, 더 큰 혼란을 초래할 것이다. 예를 들면, 미국 의약품의 85퍼센트는 국외에서 생산된다.[3] 미국의 석유 보유량은 겨우 6주일 동안 버틸 만큼이다.[4] 한 사회가 외부와의 관계를 끊을 수 있던 시절은 이미 지났다.

물류 시스템의 동요는 백신 생산에도 영향을 끼칠 것이다. 새로운 백신도 별도의 시설에서가 아니라 매년──주로 가을에──전 세계 3억5,000만 명에게 공급되는 "평범한" 독감 백신을 생산하는 시설들에서 생산해야 한다.[5] 백신 바이러스는 발육 계란 속에서 배양되므로, 수정(受精)된 계란

3억5,000만 개 정도가 필요하다.[6] 매년 전 세계에서 생산되는 계란은 약 60억 개이므로, 백신 생산을 위한 원료는 충분한 셈이다.[7] 2009년 신종 플루 발생 몇 개월 전에 공개된 데이터는 백신 생산량을 연간 25억 명 분까지 늘릴 수 있다는 것을 보여준다. 따라서 전 세계 인구가 1인당 2회를 투여할 만큼의 백신을 생산하려면 4년이 걸릴 것이다. 백신 생산력은 2015년까지 2-6배로 향상될 예정이지만, 그렇게 되더라도 필요한 백신을 모두 생산하려면 1-2년이 걸릴 것이다.[8] 그것도 최선의 경우에 그렇다는 말이다. 운송 시스템에 과부하가 걸리면, 더 긴 시간이 필요할 것이다. 또한 인간뿐만 아니라, 닭도 이 새로운 독감에 걸린다면, 달걀 공급의 안정성도 보장되지 않을 수 있다.

새로운 백신

독감 바이러스는 신속하게 진화한다. 매년 겨울마다 독감이 위세를 떨칠 수 있는 것은 이 때문이다. 진화의 결과는 거의 항상 그리 극적이지 않다. 대부분의 사람들이 과거에 독감을 앓으면서 얻은 항체는 최신 계절 독감 바이러스에도 어느 정도 방어력을 발휘한다. 그러나 2009년에는 동물에게 감염되는 바이러스가 인간에게 감염되는 바이러스로 급변하여 완전히 새로운 변종이 등장했다. 우리는 그런 새로운 변종 바이러스에 대한 저항력이 전혀 없으므로, 그 결과 세계적인 유행병이 도래했다. 그런 사건이 일어날 가능성이 얼마나 높은지 우리는 모른다. 우리가 아는 것은 지난 두 세기 동안 독감의 대유행이 7번 있었다는 것뿐이다. 다음번 대유행은 내년에 닥칠 수도 있고, 더 나중에 닥칠 수도 있다. 또한 멕시코가 아니라 중국이나 베트남에서 시작될 수도 있다. 아시아에는 사람과 동물이 밀착해서 생활하는 지역들이 많다.

새로운 독감 바이러스는 그런 생활 조건에서 발생하기 쉽다. 바이러스들이 번식하고 돌연변이를 일으키는 자연적인 웅덩이들을 없앨 길은 없다. 새로운 독감의 세계적 유행은 수억 명의 사망자를 내고 지구의 기반 구조를 뒤엎고 지구 경제를 마비시킬 수도 있다. 아주 심할 경우에는 현대 문명에 종지부를 찍을지도 모른다.

데이비드 페드슨은 지구적인 독감 재앙을 경고하는 사람들 중 하나이다. 버지니아 대학교의 의학 교수와 프랑스 아벤티스 파스퇴르 MSD의 의학 책임자를 지낸 페드슨은 그의 직업 경력 전체를 독감 백신 연구에 바쳤고, 지금은 스위스 주네브 근처의 작은 프랑스 마을 세르지-오트의 350년 된 집에서 살고 있다. 그는 야무지고 친절한 인상에 어울리지 않게 재앙 수준의 독감 유행이 언제라도 닥칠 수 있다는 섬뜩한 메시지를 전한다. 그는 그런 유행병으로부터 가족을 보호하기 위해서 산 속의 집에 무슨 대비를 해놓았을까? 그는 말한다. "아무 대비도 없습니다. 제가 항바이러스제를 가지고 있다고 하더라도, 그 양이 마을 사람 전부에게 나누어 줄 만큼이기는 어려워요. 이웃의 아이가 죽어간다면, 제가 어떻게 할 수 있을까요? 약을 혼자 독차지하고 살 생각은 없습니다."

그의 동료들 중 일부는 다르게 행동했다. 2009년 신종 플루의 유행 기간에 독감 전문가들이 어떻게 행동했는지를 조사한 결과, 조사 대상의 절반이 가족을 위해서 타미플루를 확보하는 등의 대비를 했다고 시인했다. 그들은 더 지독한 변종이 출현하여 지역의 병원들이 감당할 수 없는 사태가 벌어질까봐 두려웠다고 말했다.[9]

데이비드 페드슨은 대꾸한다. "개인의 차원에서 대비할 수 있는 성질의 위험이 아닙니다. 정부들이 대비해야 하죠. 그런데 하지 않고 있어요. 심한 유행병이 닥치면, 수십억 명 분량의 백신이 필요할 것이고, 신속한 백신 생산이 요구될 것입니다. 그러나 내일 당장 새로운 유행병이 발생한다면, 우리는 아마 속수무책이겠죠." 2009년 돼지 독감의 대유행은 이런 사정을 분명하게 보여준다고 페드슨은 말한다. "재앙 수준으로 심각한 유행병이 아니어서 다행이었습니다. 그러나 그때의 일들은 국제사회가 공통의 건강 위협에 맞서서 협력할 능력이 없다는 것을 보여주죠. 보건 관료들은 효과적으로 대처할 수 있다고 자신 있게 발표했지만, 현실은 그렇지 않았습니다. 멕시코에서 유행성 바이러스가 출현했을 때, 그런 사태를 신속하게 파악하는 능력을 전혀 발휘하지 못했죠. 일찍이 1990년대 후반부터 바이러스 학자들은 새로운 유행성 바이러스가 돼지에서 출현할 수 있다는 증거들을 제시했음에도 불구하고, 돼지를 상대로 하는 바이러스 감시 시스템은 터무니없을 정도로 비효율적입니다. 전 세계의 백신 회사들과 규제기관들은 여전히 40년 된 유전자 재편성 기술로 백신 생산을 위한 균주를 만들어내죠. 이 방법은 역유전학(reverse genetics)을 이용하는 방법보다 훨씬 더 힘이 듭니다. 우리는 백신 생산 과정의 속도를 높이거나 규모를 늘리기가 어렵다는 것을 목격했죠. 백신 생산에 걸리는 시간은 최소 9개월입니다. 그러므로 생존자들만 백신을 맞을 수 있죠. 백신의 생산 속도를 높이려면 과학적 혁신이 필요해요. 만일 H1N1 바이러스가 돌연변이를 일으켜서 독성이 더 강한 변종이 등장한다면, 우리는 끔찍한 곤경에 처하게 될 것입니다."

"더 나은 대비를 위해서 여러 조치를 취할 수 있습니다. 최소한, 같은 양의 백신 바이러스로 더 많은 백신을 생산하는 전략들을 고려해야 해요. 예를 들면, 백신의 반응을 강화하는 **보조제들**(adjuvants)을 사용할 수 있습니다. 그렇게 하면, 1명 분량의 백신을 생산하는 데에 필요한 바이러스의 양을 현재의 10분의 1로 줄일 수 있다는 것을 시사하는 연구 결과가 있죠." 이 기술은 2009년 신종 플루의 유행 때에도 이용할 수 있었지만, 백신을 생산하는 국가들의 규제기관들은 이 기술의 사용을 허용하지 않았다고 페드슨은 말한다. "그 기술을 금지하면 백신 생산량이 줄어들고, 따라서 많은 국가들은 백신을 공급받지 못하게 됩니다. 최대한 많은 사람들을 보호하려면, 백신 속 항원의 양을 가능한 한 줄여야 해요."

페드슨은 항원의 양을 더 줄이는 방법들도 있을 수 있다고 덧붙인다. "그 방법들로 만든 백신은 개인에게는 효과가 덜할 수도 있겠지만, 더 많은 사람들에게 접종할 수 있으므로 집단 전체를 보호하는 효과는 더 클

수 있습니다. 이처럼 개인의 건강보다 집단 보호를 앞세우는 정책은 논란의 소지가 클 뿐만 아니라, 아직 엄밀하게 검증된 적이 없죠. 그런 정책을 검토하고 더 자세하게 연구할 필요가 있어요. 그런 정책으로 모든 사람에게 접종할 만큼의 백신은 얻을 수 없을지 몰라도 유행병이 잦아들 때까지 사회 기반구조를 유지하는 데에 반드시 필요한 노동자들에게 접종할 만큼의 백신은 얻을 수 있을 것입니다. 그들이 백신을 접종받는다면, 사람들은 적어도 사회가 붕괴되지는 않을 것이라고 확신할 수 있죠."

그러나 페드슨은 더 많은 인구를 확실히 보호하려면, 혁신적인 백신이 필요할 것이라고 믿는다. "현재 독감 백신으로 쓰이는 불활성 바이러스 대신에 살아 있지만 독성이 약한 감쇠 바이러스(attenuated virus)를 쓸 수도 있을 것입니다. 감쇠 바이러스 백신은 생쥐와 페럿을 대상으로 한 실험에서 광범위한 효능을 발휘했죠. 감쇠 바이러스 백신의 장점은 1인당 1회의 접종만 필요하고, 주사를 놓을 필요 없이 코 속으로 분사하는 방식으로 접종할 수 있다는 것입니다. 현재 인간이나 동물을 위한 불활성 독감 백신을 생산하는 시설들에서 감쇠 바이러스 백신을 생산하면 몇 개월 안에 수십억 명 분량을 생산할 수 있을 것입니다." 다른 아이디어들도 있다. "한 가지 가능성은 독감 바이러스와 유사한 입자들을 생산하는 것이죠. 여기에 필요한 생명공학 기술은 이미 존재하지만, 그 기술을 더욱 발전시킬 필요가 있어요."

페드슨은 이런 새로운 접근법들이 거대 백신 회사들과 그 후원자들의 사업을 근본적으로 방해할 것이라고 지적한다. "달걀을 이용하여 불활성 독감 백신을 생산하는 기술은 1950년대에 개발된 이래로 사실상 큰 변화를 겪지 않았습니다. 최근까지만 해도 변화의 필요성이 거의 없었죠. 그 기술은 매년 발생하는 계절 독감 백신을 생산하는 데에 완벽하게 적합했어요. 지난 10년 동안, 백신 회사들은 그 고전적인 기술로 생산할 수 있는 백신의 양을 늘리기 위해서 엄청난 돈을 투자했습니다. 현재 진행 중인 프로젝트들이 완성되려면 여러 해가 걸릴 것입니다. 따라서 새로운 유형의 백신을 생산하는 대안적인 기술들이 채택될 가능성은 사실상 없거나 아무리 좋게 봐도 중간 이하예요. 방금 언급한 새로운 접근법들은 달걀에 의지하는 고전적인 생산 방법과 충돌할 뿐만 아니라 세포 배양을 이용하는 비교적 새로운 생산 기술과도 충돌합니다. 세포 배양을 이용하면 달걀에 의지하지 않고 백신을 생산할 수 있고 생산 규모를 확대하기도 수월하죠. 그러나 이 기술은 백신 생산에 필요한 시간을 단축하지 못할 것입니다. 따라서 이 기술의 채택은 큰 진보가 아니죠."

백신 생산에 관여하는 사람들이 고도로 전문화된 인력이라는 점도 문제이다. "그들은 소수의 과학자, 정책 결정자, 경영자로 이루어진 소수 엘리트 집단이며, 백신과 항바이러스제에 대해서만 잘 압니다. 그래서 그들이 다른 대안들을 고려하기는 어렵죠."

가난한 사람들을 살리는 길

백신 생산만 문제가 아니다. 다양한 집단들에게 백신을 분배하고 접종하기 위해서 대규모 프로그램을 확립하는 것도 필요하다. 거의 모든 독감 백신을 겨우 9개 선진국이 생산하기 때문에, 개발도상국들에는 이것이 아주 어려운 과제일 것이라고 페드슨은 우려한다.[10] "비생산국들은 백신을 전량 수입해야 합니다. 그러나 생산국들은 백신을 우선 자국민에게 접종하겠죠. 그러므로 세계적 유행병에 대한 백신은 생산국 바깥으로 나갈 리가 없어요. 따라서 백신 생산업체를 보유하지 못한 나라의 국민들 ─세계 인구의 85퍼센트 이상─은 백신 접종을 받을 가망이 희박하죠. 지구적인 규모의 백신 접종을 위해서는 아주 높은 수준의 국제 협력이 필요한데, 그 정도의 국제 협력은 현재 고려조차 되지 않고 있습니다." 예를 들면, 세계적 유행병에 맞서 백신을 접종하기 위해서 충분한 주사기를 확보하는 것은 매우 어려울 것이다. 필요한 주사기는 수십억 개에 달한다. 미국에서만 3억 명에게 1인당 2회의 백신을 접종하기 위해서는 주사기 6억

개 정도가 필요한데, 그만큼의 주사기를 생산하려면 2년이 걸린다.[11]

페드슨은 숨김없이 말한다. "세계적 유행병에 맞선 백신 접종과 항바이러스제 투여를 위한 현존 프로그램들은 소득 수준이 낮거나 중간인 국가들과 무관합니다. 따라서 부자들은 살고 빈자들은 죽을 것이며, 세계적 유행병이 인류에게 입힐 상처는 수십 년 동안 곪아들어갈 수 있어요." 페드슨은 2009년 신종 플루의 유행 기간에 언론이 지킨 침묵이 이 사실을 생생하게 증언한다고 지적한다. "대부분의 언론은 백신이 공급되지 않은 국가들에 관심을 거의 기울이지 않았습니다. 그 가난한 지역들에 대해서는 기본적인 질문조차 던지지 않았죠. 그 국가들이 관심을 받을 자격이 없었기 때문일까요? 그 국가들이 백신을 충분히 잽싸게 주문하지 않아서 대기열의 끄트머리에 섰기 때문일까요? 그 국가들은 돼지 독감의 피해가 심각하지 않으리라고 생각했을까요? 우리는 그 나라들의 사정에 대해서 듣지 못했습니다. 그 침묵은 우리가 전 세계에서 발생하는 유행병의 피해를 상세하게 보려고 하지 않는다는 것을 반영합니다. 희생자가 수백만에 달하지는 않았을 수도 있어요. 그러나 가난한 국가들에서 발생한 사망 건수는 아마도 평범한 독감에 의한 것보다 훨씬 더 많았을 것입니다. 신종 플루 감염자가 계절 독감 감염자보다 훨씬 더 많았다는 사실을 근거로 그렇게 추정할 수 있죠. 이런 상황에서 치사율이 정말로 높은 독감이 유행하면 어떤 일이 벌어질지 묻지 않을 수 없습니다."

"우리에게는 세계적 독감 유행에 맞서 싸울 수단이 없어요. 다음 독감에 맞설 방안에 관한 통상적인 논의는 현존하는 기술들과 집중된 백신 생산을 토대로 삼죠. 그러나 복잡한 집중형 기술로는 세계적 유행병에 대처할 수 없습니다. 현재의 하향식 대처는 느리고 복잡하며 조직과 관리가 어렵다는 근본적인 약점을 가지고 있어요. 하향식 접근법은 무엇이 필요한지에 대한 오해를 반영합니다. 오히려 개발도상국들과 공유할 수 있는 기술들을 찾을 필요가 있어요. 평범한 사람들과 기존 보건 시스템에 기초를 둔 상향식 접근법, 독감 유행이 시작된 첫날부터 전 세계에서 저렴하게 구할 수 있는 복제약에 기초를 둔 접근법이 필요합니다."[12]

페드슨은 콜레스테롤 저하제 '스타틴(statin)'과 '피브레이트(fibrate)', 당뇨병 치료제 '글리타존(glitazone)'이 그런 복제약의 훌륭한 후보라고 믿는다.[13] 이 약들은 바이러스를 공격하는 방식이 아니라, 감염된 숙주의 대응을 지원하는 방식으로 효과를 발휘할 수 있다. "이 약들은 심근경색, 울혈성 심부전, 뇌졸중 예방과 당뇨병 치료에 쓰입니다. 이 병들과 독감은 증상이 비슷하고, 임상 연구와 실험실 연구들은 언급한 약들이 독감에 의한 사망과 입원을 줄일 수 있다는 것을 시사하죠. 게다가 이 약들은 저렴하고 개발도상국들에서도 이미 생산되고 있어요. 이것들이 독감 대유행에 대한 궁극적인 해결책은 아니지만, 세계적인 규모의 피해를 제한할 수 있는 유일한 전략이라고 저는 믿습니다."

연결망을 느슨하게 풀기

기반구조의 지구적인 마비와 국가 이기주의의 창궐을 막을 유일한 대책은 분산화이다. 이것은 의약품 생산에만 해당하는 이야기가 아니다. 분산화는 치밀하게 짜인 다른 국제 연결망들의 생존을 위해서도 핵심적으로 중요하다. 세계적인 상호연결은 우리가 교통, 통신 등의 기반시설에 전적으로 의존하게 될 정도로 강화되었다. 연결망들이 워낙 긴밀하게 얽혀 있기 때문에, 한 부문의 교란은 다른 많은 부문들로 신속하게 확산된다. 전기가 없으면, 도시에 물을 공급할 수 없고, 음식을 보존하거나 가공할 수 없으며, 석탄 운반 열차들이 달릴 수 없다. 또한 광산들이 작업을 중단하고, 정유소들이 문을 닫고, 인터넷과 기타 통신선들이 먹통이 되고, 지구 금융 시스템이 마비된다. 곧이어 이 문제들 각각이 다른 부문들에 악영향을 끼친다. 디젤유가 없으면 농사를 지을 수 없고, 금융이 마비되면 산업도 마비되며, 항공교통이 끊기면 의약품 공급에 차질이 생긴다.

지구적인 충격을 줄이려면, 연결망들을 느슨하게 풀 필요가 있다. 흥미롭게도 인터넷은 다른 연결망들에 비해서 갑작스러운 변화에 훨씬 덜 민감하다. 컴퓨터들이 바이러스의 공격을 받더라도, 인터넷 자체는 기능을 유지할 가능성이 높다. 인터넷은 분산형 통제구조를 가지고 있기 때문이다. 컴퓨터 바이러스가 대유행하면 일부 마디점들은 기능을 잃을 수 있겠지만, 그렇게 되면 자동적으로 통신 경로가 재편될 것이다. 오직 장거리 연결들 근처의 핵심 마디점들에 대한 직접 공격만이 디지털 통행 정체를 야기할 수 있다(3.2 참조). 정보통신 기반구조는 이처럼 강건하기 때문에, 새로운 프로그램을 신속하게 배포하여 보안상의 문제를 수습하는 것이 가능하다. 그런 프로그램을 개발하는 전문업체들은 문제가 발생하면 즉각 극도로 신속하게 개선책을 제공한다. 그들의 도움으로 컴퓨터의 감염을 치료한 회사들은 신속하게 연결망에 재접속하여 업무를 이어갈 수 있다.

또다시 새로운 독감이 세계적으로 유행할 때에 대비하여 다른 강건한 기반구조들을 본보기로 삼을 필요가 있다. 큰 충격에 대비하려면, 지구적인 연결망들을 느슨하게 풀어야 한다. 분산화는 우리의 세계를 더 안정적으로 만들 것이다. 태양전지와 나무를 때는 화덕을 사용하는 사람들은 전력망에 덜 의존하기 때문에 돌발적인 유행병에 더 잘 대처할 수 있다. 전략적으로 식량을 비축해둔 도시들은 더 잘 생존할 수 있다. 지구적인 원자재 공급사슬에 의존하지 않는 소규모 생산단위들은 돌발 사태가 일어나더라도 더 오래 조업을 이어가고 더 빨리 정상을 회복할 것이다.

그러나 어느 정도의 집중화는 여전히 필요하다고 데이비드 페드슨은 생각한다. "스타틴과 같은 복제약들의 생산과 배포는 필요하다. 그 복제약들이 인도와 같은 개발도상국들에서 자체적으로 생산되더라도, 우리는 그 약들을 인도 전역과 이웃 나라들에 배포할 필요가 있다. 그러나 그것들은 진행성 질병들의 치료에 매일 쓰이는 흔한 약이기 때문에, 많은 지역에서 유행병이 발생한 첫날부터 그 약들을 충분히 공급받을 수 있을 것이다. 아마도 전 인구의 2-10퍼센트에게 투여할 만큼의 약이 공급될 것이고, 그 정도면 위중한 사람들을 구하기에 충분할 것이다."

4.4
삶의 질

우리의 자식들은 몇 살까지 살까? 120살? 150살? 인간의 평균수명은 꾸준히 길어지고, 점점 더 많은 사람들이 장수를 누린다. 현재의 어린이들 중 상당수가 100번째 생일을 맞을 것이다. 대조적으로 1900년에는 인류의 절반이 37세 이전에 사망했다. 서양 세계에서 기대수명은 괄목할 만한 속도로 길어졌다. 따라서 노인 인구가 급증하는 중이다. 100년 전에는 세계 인구의 1퍼센트만이 65세 이상 노인이었다. 이 비율은 늦어도 2050년에 약 20퍼센트에 도달할 것이다. 2010년에 태어난 아기들은 1950년에 태어난 아기들보다 평균 20년을 더 오래 살 것이다.[1] 기술의 진보 덕분에, 기대수명은 10년이 지날 때마다 3년씩 연장된다. 생활 필수품들은 한 세기 전보다 지금 더 잘 공급된다. 적어도 서양 세계에서는 확실히 그렇다. 먹을거리는 충분하고, 옷과 주택도 잘 갖추어져 있다. 발전된 의학은 우리가 병에 희생되지 않고, 더 오래 살 수 있게 해준다. 설령 병에 걸린다고 하더라도, 과거보다 더 오래 생존할 수 있다. 만성 질환, 심장병, 암은 이제 더는 사망선고가 아니다.

오늘날 선진 세계의 사람들이 얼마나 오래 사는지는 50세 미만인 사람들의 주요 사망 원인이 의술의 소관을 벗어난 폭력과 자살이라는 사실에서 가늠해볼 수 있다. 우리의 몸이 "고장 나기" 시작하는 나이는 지난 100년 동안 꾸준히 높아졌고, 그 결과로 우리는 늦은 나이에야 의술에 의존한다. 현재의 노인들은 과거의 노인들보다 훨씬 더 정정하다. 현재의 75세

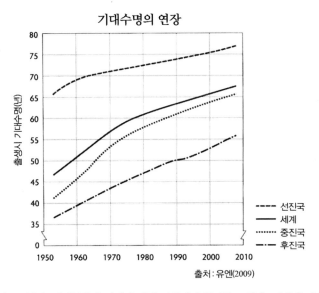

기대수명의 연장

출처 : 유엔(2009)

범례:
----- 선진국
―― 세계
······ 중진국
-·-· 후진국

노인 인구 비율은 선진국뿐만 아니라 세계 전역에서 증가하고 있다. 미래에 기대수명의 연장이 멈출 조짐은 없다. 이런 변화의 가장 중요하고 일차적인 원인은 의료 기술이다. 그러나 모든 노인을 충분히 돌볼 수 있을 만큼의 자원은 없기 때문에, 기대수명의 연장은 엄청난 사회적 귀결들을 불러올 것이다. 기술은 이 문제의 해결에 크게 기여할 수 있을 것이다.

노인은 건강, 활력, 삶의 질에서 두 세대 전의 65세 노인과 대등한 경우가 많다. 우리의 몸은 덜 마모되고, 우리의 생활조건은 더 낫고, 문제가 생기면 신속한 조치가 이루어진다. 가장 중요한 것은 건강하고 유쾌하게 노년을 즐길 수 있게 되면서 많은 사람들이 오래 살 가치가 있다고 믿게 되었다는 점이다. 그러나 이 챕터에서 논의하겠지만, 더 많은 사람들이 더 오래 살게 되면, 전혀 새로운 문제들이 발생할 가능성이 있다.

우리의 수명은 얼마나 연장될 수 있을까? 호모 사피엔스가 존재한 기간의 거의 대부분 동안 인간들은 간신히 40세를 넘겼다. 그러나 인간의 기대수명은 지난 세기 내내 꾸준히 상승했고, 그 상승이 멈출 기미는 아직 없다. 인간은 우리의 생각보다 더 강인하다. 우리 몸에는 정해진 유효기간이 없는 듯하다. 우리에게는 80세나 100세 또는 150세가 되면 터지는 시한폭탄과 같은 것이 장착되어 있지 않다. 늙은 나이에 스스로 자기

를 파괴하는 행동은 인간 종의 생존에 도움이 되지 않을 것이다.[2]

덩치와 수명 사이에는 일정한 관계가 성립한다. 코끼리는 70년, 소는 30년, 생쥐는 겨우 2년 산다. 5.4에서도 언급하겠지만, 덩치가 큰 동물은 작은 동물보다 물질대사의 속도가 느리다. 큰 동물들에서는 모든 과정이 느리게 일어나기 때문에 노화도 느린 것이다. 면역계의 차이도 수명의 차이를 산출하는 한 요인이다. 코끼리는 DNA 결함을 생쥐보다 더 효과적으로 복구한다. 코끼리는 몸이 충분히 커서 혈액 속에 수백만 가지의 방어세포들을 보유할 수 있다. 반면에 작은 동물들은 그럴 수 없기 때문에 덜 정교한 방식으로 병과 싸우고, 따라서 생존 가능성이 낮다.[3]

그러나 면역계가 아무리 정교하더라도, 어느 정도의 손상은 점검되지 않기 마련이고, 그런 손상은 동물이 사는 동안 축적된다. 개별 손상은 치명적이지 않아도, 손상들이 조합되면 유기체의 꾸준한 퇴화와 붕괴가 일어날 수 있다. 손상된 요소들이 상호작용하고 부담이 증폭되면, 결국 유기체 전반에 이상이 생긴다. 결국 복잡한 시스템인 몸 전체가 망가지는 것이다. 인류의 역사에서 우리는 이런 붕괴의 시기를 점점 더 늦춰왔다. 이 점에서 인간은 동물계에서 두드러진 예외이다. 몸무게만 따지면, 인간은 덩치가 비슷한 돼지나 양과 마찬가지로 기대수명이 약 15년이어야 한다. 그러나 호모 사피엔스는 자신보다 100배 더 무거운 코끼리와 비슷하게 오래 산다. 우리는 고령이 되어서 갑자기 치명적인 위기가 닥치기 전까지 우리 몸의 오작동들을 극복할 수 있다.

이런 논제들을 놓고 우리는 네덜란드의 노화 전문 의사이자 로테르담 에라스무스 대학교의 학장을 지낸 스티븐 람베르츠와 토론했다. 복잡한 상호작용 시스템에서 흔히 그렇듯이, 몸의 붕괴는 갑자기 일어날 때가 많다. 람베르츠는 말한다. "과거에 우리는 오랫동안 서서히 쇠퇴한 다음에 도움이 절실한 상태가 되곤 했습니다. 그러나 지금은 건강한 상태에서 병든 상태로의 전이가 더 급격해졌어요. 75세 전후에 갑작스럽게 문제들이 발생하기 시작해서 타인에게 의존하게 됩니다. 그때부터 여러 해 동안 집중적인 돌봄이 필요한 경우가 많죠. 저는 이런 상황이 걱정스럽습니다."

어쩌면 새로운 조직을 이식하여 손상된 DNA의 영향을 상쇄함으로써 몸의 퇴화를 저지할 수도 있을 것이다. 혹은 면역계를 보강하는 치료법들을 이용하여 기대수명을 계속 연장할 수 있을지도 모른다. 그러면 우리 몸의 조절 기능이 조금 더 늦게 붕괴할 것이다. 그러나 람베르츠는 이런 조치들이 그 다음의 사태를 더욱더 슬프게 할 뿐이라고 믿는다. 그는 장수가 행복의 동의어는 아니라고 말한다. 그는 의사로서 병실에 노인들이 꽉 찬 모습을 보며 눈물을 흘릴 때가 있다. "저는 수명을 연장하기 위한 노력이 무의미하다고 봅니다. 그 노력의 결과는 인생의 막바지에 타인에게 의존해야 하는 기간이 더 길어지는 것뿐이죠. 그렇게 되지 않기 위한 노력 또는 그렇게 되더라도 가능하면 견딜 만하게 되기 위한 노력이 훨씬 더 의미 있습니다. 우리는 완전히 무시하고 있지만, 이 문제에 대한 관심이 절실하게 필요해요. 개인적으로 저는 노인들이 병실에 틀어박혀 있는 모습을 보면서 깊은 절망을 느낍니다. 평생 열심히 일한 사람들이 한 방에 대여섯 명씩 누워서 죽음을 기다리죠. 저는 그들이 병상에 누운 모습을 보고 싶지 않습니다. 수만 명이 자신의 똥과 오줌 위에 누워서 생을 마감하는 것을 받아들일 수 없습니다. 그런 사람들을 24시간 내내 제대로 돌볼 인력을 확보할 수 있다는 생각은 비현실적이에요."

돌봄 인력의 부족은 노인들의 집에서도 문제라고 람베르츠는 생각한다. "앞으로 20년 동안에 많은 서양 국가들에서는 진정한 노인 인구가 두 배로 증가할 것입니다. 그 모든 노인들을 하루에 두 번 침대에서 일으킬 돌봄 인력을 확보한다는 것은 상상하기가 어렵죠. 이용 가능한 인력은 그렇게 많지 않아요. 그러므로 우리는 기술의 도움을 받아야 할 것입니다. 독립성과 사회생활의 기회는 삶의 질을 결정적으로 좌우하죠. 보고 듣고 화장실에 가고 이해하고 소통하고 침대에서 일어나는 것을 돕는 일은 기술의 과제입니다. 여러 보조 장치들을 상상할 수 있어요. 그것들은 절실하게 필요하고 쉽게 제작할 수 있으며 너무 비싸지 않고 노인들의 삶의 질을 대폭 높여줄 것입니다."

람베르츠는 그런 장치들이 아직 존재하지 않는 것은 기술의 발전이 노인들에게 이로운 방향으로 이루어지지 않기 때문이라고 믿는다. "첨단 기술을 구비한 미래의 가정에 대한 상상에는 어김없이 건강한 젊은이들이 등장합니다. 그들은 그런 보조 장치들이 필요하지 않아요. 그들은 전등의 스위치를 찾는 데에 아무 문제가 없죠. 그들 대신에 전등을 켜줄 특수 센서가 필요할까요? 우리는 노인들이 살기에 편리한 집을 설계해야 합니다. 기술은 노인들이 더 오랫동안 독립성을 유지하게 함으로써 많은 돈을 절약하게 해줄 것입니다. 많은 기술자들이 이 과제에 진지하게 집중한다면, 도약적인 발전이 일어날 수 있을 것입니다. 우리 사회는 노인들을 돕는 기술을 절실히 필요로 해요. 그러나 그 기술을 개발하려는 노력은 전혀 없는 듯합니다." 스티븐 람베르츠가 보기에는 의사들도 이 문제에 소홀하다. 예를 들면, 폐렴에 걸린 사람에게 의사들이 하는 일은 그저 항생제를 처방하는 것이다. 그러나 노인이 폐렴을 앓고 나서 다시 독립적인 생활을 할 수 있을 때까지는 훨씬 더 많은 도움이 필요하다. "이것은 의학의 문제가 아닙니다. 노인들을 어떻게 도울 것인가 하는 문제이죠. 우리 사회가 인생의 마지막 단계의 질을 향상시키는 데에 성공한다면, 그것은 아주 특별한 성취일 것입니다." 람베르츠는 저자들과 토론하면서 자신이 바라는 것들의 목록을 제시했다. 그는 노인을 돕기 위해서 전문화된 기술을 제안했고 가장 긴급한 문제들을 해결하기 위한 기술적 제안을 여러 가지 내놓았다.

보기와 거동하기

스티븐 람베르츠는 기술이, 예를 들면 시력 상실을 극복하는 데에 도움이 될 수 있다고 생각한다. 노인의 시력이 나빠지는 주원인의 하나는 황반 변성(macular degeneration)이다. 75-85세 노인의 3분의 1이 황반 변성에 걸린다. 망막 뒤에 지방이 점차 축적되어서 빛을 감지하는 세포들이 손상되고 결국 제 기능을 잃게 되는 것이다. 그러나 황반 변성은 오직 망막의 중심부만 손상시킨다. 그 부분은 대개 글을 읽을 때 쓰인다. 반면에 망막의 주변부는 온전하게 유지된다. 따라서 망막의 주변부를 사용하게 만드는 특수 프리즘을 이용하면 황반 변성 환자도 글을 읽을 수 있는 경우가 많다. 그러나 이 방법으로 걷거나 물을 끓이는 데에 도움을 얻을 수는 없다. 환자의 머리에 씌우는 무거운 장치도 있다. 카메라와 스크린이 포함된 그 장치는 환자가 주위의 사물을 볼 수 있게 해준다. "그러나 이론적으로, 휴대전화와 유사한 마이크로 전자 장치를 사용하지 못할 이유는 없어요. 그런 장치들은 황반 변성 등에 걸린 환자들이 독립적인 생활을 유지할 수 있게 해줄 것입니다. 발전된 보조 장치들은 노인 환자의 독립성 유지에 크게 기여할 것입니다."

람베르츠가 제시한 목록에는 관절을 위한 신기술도 들어 있다. 관절 치환술(joint replacement)은 비용이 많이 들 뿐만 아니라 효과도 일시적이다. 인공 고관절과 무릎 관절은 12년에서 15년 이상 사용할 수 없다. 이렇게 수명에 한계가 있는 주원인은 인공 관절을 뼈에 부착하는 방식에 있다. 인공 관절은 금속핀들에 의해서 고정되는데, 시간이 흐르면 고정 부위의 뼈가 성겨져서 핀들이 헐거워진다. 게다가 인공 관절은 운동 범위가 제한적이다. 인공 관절을 장착한 사람은 걷는 동작이 약간 뻣뻣하다. 또 인공 관절은 이례적인 운동을 감당할 유연성이 부족해서 자연 관절보다 더 빨리 마모된다. 요컨대 신속한 마모와 고정점이 헐거워지는 문제 때문에 인공 관절은 언젠가는 교체해야 한다. 75세에 인공 고관절 치환술을 받은 환자는 90세가 되면 새로운 인공 고관절을 끼워넣어야 할 것이다. 노인 인구가 더 많아지면 이런 사례들이 증가할 것이므로, 인공 관절의 수명을 연장할 필요가 있다. 방법은 두 가지이다. 예를 들면, 더 좋은 재료, 더 정교한 설계, 새로운 고정 기술을 통해서 인공 관절의 수명을 대폭 향상하는 것이다. 그러나 더 나은 해법은 환자의 관절에 적당한 자연 재료를 덧씌워서 새로운 연골의 구실을 하게 만드는 방법이다. 조직 공학(tissue engineering)은 이 방법의 실현을 가능하게 할 것이다.

　노화가 진행되면 근육도 기능을 잃기 시작한다. 그러면 우리는 스스로 침대에서 일어나서 화장실에 갈 힘을 잃게 된다. 람베르츠는 기계들이 많은 도움을 줄 수 있다고 생각한다. 노인이 몸을 일으키는 것을 돕는 기계 팔들을 침대 주위에 설치할 필요가 있다. 이런 해법들은 결국 우리가 3.7에서 언급한 가정용 로봇의 일반화로 이어질 것이다. 보정용 스타킹을 신기는 것처럼 정확성이 필요한 임무는 아직 로봇 팔이 맡기에는 너무 어렵다. 환자의 몸집과 행동이 너무 다양하기 때문이다. 그러나 간단히 버튼을 누르면 침대가 세워지는 장치는 현재의 기술로도 쉽게 만들 수 있다. 이런 보조 장치는 결정적인 순간에 노인의 독립성을 유지시킬 것이다. 근육을 자극하는 기술도 있다. 이 기술로 근육들을 전략적으로 자극하면, 하반신마비 환자도 걸음을 뗄 수 있다. 이 기술은 젊은 환자들에게 유용하게 쓰인다. 그들은 이 기술의 도움으로 남은 평생 동안 상당한 독립성을 유지할 수 있다. 반면에 흔히 노인들은 이런 유형의 도움을 받지 않는다. 도움을 받으면 운동능력을 회복하는 데에 도움이 될 텐데도 말이다. 스티븐 람베르츠는 이런 자극들을 더 저렴하게 제공하는 영리한 장치를 개발해서 노인들도 혜택을 누릴 수 있게 해줄 필요가 있다고 믿는다.

접촉

비용의 문제는 청력 상실 극복과 관련해서도 중요하다. 선천적인 청각장애 아동들은 인공 달팽이관을 이식받는다. 인공 달팽이관은 귀에서 진동을 감지하는 부분들인 망치뼈, 모루뼈, 등자뼈의 기능을 대신 맡는 인공 기관이다. 인공 달팽이관 이식술로 아동의 청력을 회복하려면 8만 달러가 든다. 그러나 성인들은 흔히 이 수술을 꺼린다. 살아갈 세월이 몇 년 남지 않은 노인들은 더 말할 것도 없다. 스티븐 람베르츠는 생각한다. "귀

머거리와 벙어리는 이제 우리 사회에 없어야 마땅합니다. 또 다양한 노인성 청각장애에도 대처할 수 있어요. 이를 위한 기술은 비쌉니다. 그러나 저는 상당히 많은 사람들이 내이(內耳)의 결함으로 인한 청각 상실을 방치하는 실정을 받아들일 수가 없어요. 인공 달팽이관 이식술과 같은 치료법의 혜택을 더 많은 사람들이 누릴 수 있도록 더 저렴한 기술들을 개발할 필요가 있습니다." 람베르츠는 기술이 외로움을 떨쳐내는 데도 기여할 수 있다고 말한다. "이것은 노인 복지에 필수적입니다. 노인을 위한 통신 장치들은 많지만 대다수는 응급차를 부르는 버튼 정도의 구실을 하거나 기껏해야 지원기관과의 전화연결을 제공하죠. 이런 통신 장치는 낙상을 당했을 때는 아주 유용하겠지만, 그냥 수다를 떨고 싶을 때는 별 도움이 되지 않습니다. 젊은이들은 전화를 하고 문자를 주고받고 때로는 인터넷 광대역 연결을 통해서 웹캠 화상까지 곁들여서 메시지를 교환하죠. 반면에 노인들은 구식 전화선을 통해서 자식이나 친구와 대화하는 것으로 만족해야 합니다. 시각 정보는 결속감을 강화할 수 있어요. 청력이 예전만 못한 노인의 경우에는 특히 더 그렇죠. 노인을 위한 단순한 화상 전화를 만드는 것이 그리 어려운 과제일 리 없습니다."

가장 큰 과제는 인지능력이 퇴화하는 노인들을 돕는 것이다. 우리는 지적인 훈련이 기억 상실 예방에 효과적임을 안다. 대화와 사회 활동도 인지능력의 퇴화 속도를 늦춘다. 기억력의 감소와 관련해서도 기술의 도움을 받을 수 있다. 람베르츠는 이렇게 평가한다. "예를 들면, 시각적 청각적 알림 장치는 밥이나 약을 먹을 시간을 알려줄 수 있습니다. 자동으로 켜지고 꺼지는 밥솥, 화상을 입을 염려가 없는 주전자가 필요해요. 인지능력의 퇴화는 흔히 아주 천천히 진행되어서 결국 치매로 이어집니다. 기술은 치매로 인한 고통도 어느 정도 완화할 수 있어요. 진정한 치료 효과는 거의 없더라도, 아무튼 도움이 된다는 것이 중요합니다. 기술이 인지능력 자체에 줄 수 있는 도움은 가련할 정도로 작지만요."

이것들은 노화로 인한 능력의 쇠퇴를 만회하기 위해서 필요한 혁신의 두 가지 예에 불과하다. 삶을 더 편리하게 해줄 수 있는 다른 기술들도 있다. 중요한 것은 미생물학이나 생명 연장 의약품이라기보다 인류의 기존 도구상자에 새로운 도구들을 추가하는 작업이다. 따지고 보면, 우리의 수명을 양이나 돼지의 수명보다 길게 연장시킨 장본인은 우리의 뇌이다. 우리는 온갖 도구를 발명하여 몸을 보완함으로써 사실상 더 커지고 더 강해질 수 있다. 노인을 돕는 장치들은 많은 경우에 이미 기술적으로 실현이 가능하다. 그러나 진정한 도약을 위해서는 저렴한 대량 생산이 필요하다. 따라서 설계자들의 마음가짐이 바뀔 필요가 있다. 온갖 기능을 갖춰서 비싸고 복잡한 장치들 대신에 핵심 기능만 하는 장치, 대량 생산이 가능한 단순한 하드웨어를 설계해야 한다. 이것이 우리의 공업 디자이너들이 맡아야 할 과제이다. 또한 이것은 필요한 혁신을 이루기 위해서는 과학과 공학의 여러 분야들이 협력해야 한다는 것을 일깨워주는 복잡한 문제의 한 예이기도 하다. 실용적인 해법들을 마련하려면 우리가 가진 최고의 전자공학, 기계공학, 전기통신 기술, 제어 시스템, 의학이 필요할 것이다.

제5부
사회

5.0
사회공학

이 책의 많은 부분이 쓰여진 장소에서 그리 멀지 않은 베를린에서 1989년에 격동이 일어났다. 모든 일의 시작은 현지의 교회에서 매주 열린 평화를 위한 작은 기도회였다. 동독 공산당 정권이 폭력으로 시위를 해산하던 시절, 교회는 수백 명 그리고 나중에는 수천 명의 피난처가 되었다. 동독 사회는 굳어져 있었다. 복잡성 과학의 용어로 표현하면, 사회 연결망이 팽팽하게 당겨져서 어떤 충격이라도 쉽게 시스템 전체로 확산될 수 있는 상황이었다. 경찰은 기도회 참석자들을 거듭 구타했지만, 군중은 예상대로 반응하지 않았다. 그들은 맞서서 주먹과 발을 휘두르는 대신에 기도하고 노래했다. 예상된 작용과 반작용의 논리에 따라서 행동하지 않는 군중 앞에서 경찰은 결국 혼란에 빠진 채로 물러났다. 집회 참석자들은 양성 피드백을 창출했고, 그 결과 참석자들의 수는 더욱 증가했다. 훗날 어느 경찰 간부는 회고했다. "우리는 만반의 대비를 했지만 촛불에 대한 대비는 하지 않았다."

그런 저항은 동독의 완고한 지도자들마저 어리둥절하게 만들었다. 저항이 절정에 이르렀을 때, 동독의 한 장관은 시민들에게 서방 세계로의 여행을 허용한다고 선언했다. 이어진 혼란은 어마어마했다. 지금도 역사가들은 그때 일어난 사건들의 순서를 정확하게 밝히려고 애쓰는 중이다. 임계 전이가 임박하면, 낡은 힘들이 흩어지면서 예측할 수 없는 움직임들이 발생한다. 베를린의 격동은 작은 움직임이 거대한 결과를 초래할 수 있다는 것을 보여주는 전형적인 예이다. 그런 격동은 다른 복잡한 시스템들에서도 나타난다. 수만 명의 군중이 베를린 장벽을 포위했다. 결국 누가 차단기를 올리기로 결정했는가는 역사의 안개에 묻혀서 알 수 없게 되었다. 아마 국경 통제소의 하급 장교가 더는 군중을 통제할 수 없다고 판단하여 차단기를 올렸을 것이다. 그는 압력을 완화하기 위해서 시민 몇 명을 통과시켰다. 그것은 불에 기름을 붓는 행위, 바꿔 말하면 양성 피드백을 창출하는 행위였고, 그 결과로 돌이킬 수 없는 전이가 촉발되었다. 겨우 몇 분 만에 군중의 행동은 걷잡을 수 없어졌다. 유일하게 남은 선택지는 국경을 영구적으로 개방하는 것이었다. 그렇게 베를린 장벽이 무너졌다.

동독에서 일어난 평화혁명을 평형 상태를 훨씬 벗어난 복잡계의 행동에 빗대어서 이해해볼 수 있다. 점점 더 많은 사회학자들이 그런 과정을 더 잘 통찰하기 위해서 복잡성 과학의 방법들을 사용하고 있다. 그들은 개인들의 행동이 어떻게 집단현상을 일으키는지를 모형을 통해서 이해하려고 애쓴다. 그들의 연구 대상은 대개 혁명보다 덜 급격한 사회적 움직임이다. 그들은, 예를 들면 어떻게 여론과 소문이 퍼지는지, 어떻게 집단들이 형성되는지, 어떻게 박수의 물결이 청중 전체로 퍼지는지 연구한다. 이 과정들에 대한 연구는 금융시장의 공황, 도시화, 인구 증가와 같은 더 복잡한 현상들을 이해하는 데에 도움이 된다.

사회 동역학(social dynamics)이라고 불리는 이 신생 과학은 지난 10년 동안 축적된 인간 행동에 관한 방대한 데이터를 기반으로 삼는다. 개인 수준에서 인간의 행동과 상호작용에 대한 새로운 이해의 토대는 신경과학에 의해서 제공되기 시작했다. 다른 한편, 집단 수준의 현상들을 연구하는 새로운 사회과학자들은 우리의 디지털 사회가 기록하는 거의 모든 인간 활동의 흔적, 그 엄청난 데이터에 의지할 수 있다. 5.3에서 등장하는 도시화 전문가는 어느 대도시의 휴대전화 사용 데이터를 예로 든다. 그 데이터는 그 도시에 새로 정착한 사람들이 새로운 사적 연결망들을 형성하는 방식을 정확히 살펴볼 수 있게 해준다. 그 데이터가 제공하는 통찰은 전통적인 설문조사와 수작업에 기초해서 얻을 수 있는 통찰보다 훨씬 더 정확하고 완벽하다.

가상 사회 창조는 사회를 정량적으로 분석하기 위한 또 하나의 새로운 수단이다. 가상 사회 창조는 컴퓨터 게임 심시티(SimCity)와 유사하다. 이 게임에서 개별 시민들은 미리 정해진 패턴에 따라서 상호작용한다. 창조된 모형 사회는 계속 변화하는 상호작용 연결망이다. 그 연결망 안에서 다수의 사람들이 서로에게 반응한다. 모형 사회는 컴퓨터 안에서 진화하면서 현실에서 일어날 법한 집단행동들을 나타낸다. 그런 모형을 통해서, 예를 들면 혁명 과정에서 어떤 조건들이 폭동을 유발하는지 연구할 수 있다. 이런 식으로 러시아 혁명의 주요 사건들이 연구되었다.

이것은 정량 사회학(quantitative sociology)을 위한 새로운 방법들이다. 과거의 사회학자들도 계산하기 했지만, 그들은 데이터와 계산능력의 부족 때문에 연구 대상을 평형에 가까운 정적인 상황들로 국한할 수밖에 없었다. 반면에 새로운 접근법에서는 비선형, 비평형 현상들도 감안해서 상황을 시뮬레이션할 수 있다. 이런 시뮬레이션은 떼거리 행동(herd behavior)을 비롯한 "비합리적" 현상들을 이해하고 시장의 붕괴나 사회의 변화를 연구하는 데에 필수적이라는 것이 드러났다. 이와 같은 새로운 접근법은 이미 신선한 성과들을 폭발적으로 쏟아내고 있다.[1] 많은 새로운 통찰들은 복잡한 시스템을 모형화하고 대규모 데이터에서 패턴을 찾아내는 훈련을 받은 외부자——흔히 물리학자나 수학자——에 의해서 얻어졌다.

이어지는 챕터들에서는 자기 분야의 변방에서 활동하는 전문가들도 만나게 될 것이다. 그들이 가장 먼저 이룬 성취들 중 하나는 주식시장의 붕괴에 관한 정확한 통계를 산출한 것이었다. "통계학적 특이값"이라고 할 수 있는 그 붕괴는 여러 세대의 경제학자들을 난감하게 해왔다. 그러나 오늘날의 경제학자들은 큰 붕괴를 주식시장의 작은 요동과 같은 맥락에서 이해할 수 있다. 이와 유사한 연구들은 바이러스가 어떻게 확산되는

지, 사람들이 도시를 어떻게 통과하는지, 항공 교통망이 어떻게 진화하는지를 보여준다. 다양한 첩보기관들도 이런 연구를 수행하고 있을 것이 분명하다. 실제로 이 연구는 남한과 북한, 중동 국가들, 미얀마 등 집단과 집단을 분리하는 장벽들이 세워진 모든 곳의 지도자들에게 도움이 될 수 있다. 저항이 걷잡을 수 없이 번지는 것을 막으려면 누구를 체포해야 할까? 결연히 경찰을 무시하고 노래를 부르는 군중을 어떻게 해산시킬 수 있을까? 혼란에 빠진 사람들을 설득하여 다시 한번 지도자들을 따르도록 만들려면 어떻게 해야 할까? 이것은 권력자와 저항세력 모두에게 아주 중요한 질문이다.

제5부는 개인에게 초점을 맞춘 두 챕터로 시작된다(5.1, 5.2). 이 챕터들에서 저자들은 사회 환경이 우리에게 어떤 영향을 미치는지, 우리가 어떻게 학습을 하는지, 외부의 번잡한 자극들에 의해서 우리의 뇌가 어떻게 변화하는지 살펴볼 것이다. 그 다음에는 대도시들의 흥망에 대한 생각들을 곁들인 더 깊은 논의가 이어진다(5.3). 이어서 저자들은 재난 상황에서 떼거리 행동을 통제하는 방법을 설명한다(5.4). 마지막 두 챕터에서는 지구 규모의 인간 연결망들(human networks)을 다룬다. 오늘날 경제적 연결망들(economic networks)은 워낙 치밀하고 팽팽해서 한 곳에서 발생한 경제 위기들이 모든 곳에서 감지된다(5.5). 그러나 그 상호연관은 국가들 간에 무력 분쟁이 발생할 가능성을 낮추는 구실도 한다(5.6).

5.1
필수 교육

아기의 무력함은 매우 사랑스럽다. 갓난아기는 혼자 힘으로 겨우 숨만 쉴 수 있을 뿐, 다른 모든 면에서 철저히 미숙하고 의존적이다. 아기는 걷거나 말하기는 어림도 없고 가까스로 보기만 할 수 있다. 이렇게 미숙한 상태로 태어나는 동물은 거의 없다. 또한 인간처럼 의존적으로 학습하는 종은 없다. 예를 들면, 코끼리 새끼는 태어난 지 몇 분 안에 스스로 일어설 수 있다. 거의 모든 동물들이 그렇게 "미리 프로그램된" 상태로 태어난다. 코끼리의 임신 기간은 무려 22개월이다. 반면에 우리 인간은 새끼를 낳은 다음에도 오랫동안 돌봐야 한다. 어린아이는 오랫동안 어른의 보호를 필요로 한다. 또한 왕성한 영양 섭취를 필요로 한다. 갓난아기가 섭취하는 에너지의 60퍼센트는 뇌에서 소비된다. 생의 첫 1년 동안, 아기의 머릿속 뉴런들은 분주하게 활동하면서 크기와 복잡성을 키우고 무수한 연결들을 형성한다. 뇌의 발달 방식은 다음 챕터(5.2)에서 다룰 주제이다. 여기에서는 우리가 생의 첫날부터 어떤 교육을 받는지에 초점을 맞출 것이다.

이누이트와 오스트레일리아 원주민은 지구 반대편의 전혀 다른 기후에서 살지만 아이를 낳는 능력에서는 사실상 차이가 없다. 다른 동물 종들은 환경에 훨씬 더 얽매여 있다. 인간 이외의 영장류는 먹이와 기후에 의해서 제한된 소생활권(小生活圈, biotope)에서 살도록 진화했다. 인간은 훨씬 더 보편적이다. 모든 인간 아이는 어디에서 태어나든지 생존 가능성이 동일하다. 인간은 성숙과 적응의 시기를 출생 이후로 미룬다. 이 때문에 출

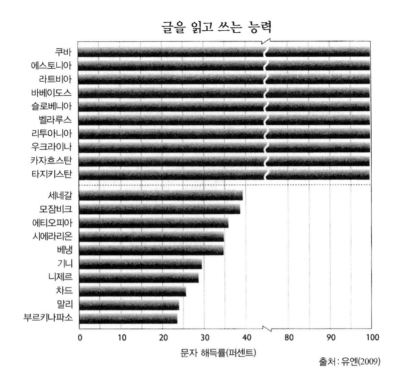

글을 읽고 쓰는 능력

쿠바
에스토니아
라트비아
바베이도스
슬로베니아
벨라루스
리투아니아
우크라이나
카자흐스탄
타지키스탄

세네갈
모잠비크
에티오피아
시에라리온
베냉
기니
니제르
차드
말리
부르키나파소

0   10   20   30   40   80   90   100

문자 해득률(퍼센트)

출처 : 유엔(2009)

교육은 지구적인 문제들을 푸는 노력의 핵심 요소들 중 하나이다. 위의 그래프는 강한 중앙 정부가 있는 국가의 문자 해득률이 높다는 것을 보여준다. 그러나 주민의 교육 수준은 법과 질서에 의해서만 결정되지 않는다. 신경과학, 사회학, 컴퓨터 과학 분야의 연구도 교육──외딴 곳에서의 교육도 포함하여──에 관한 신선한 통찰을 제공한다. 강한 사회적 유대와 새로운 통신 기술도 교육에 매우 중요하다. 출처 : 「유엔 개발 계획 보고서 2009(*United Nations Development Programme Report 2009*)」

생 후 발달의 차이가 더욱 두드러진다. 말리나 부르키나파소에서 태어난 아이는 읽기를 영영 배우지 못할 가능성이 높다.[1] 반면에 옥스퍼드에서 태어난 아이는 이른 나이에 라틴어를 배우기 시작할 것이다. 이누이트 아기와 오스트레일리아 원주민 아기는 평등하게 태어나지만, 사는 법을 배우면서부터 다른 길을 가게 된다. 우리는 타고난 천성에 의해서가 아니라 성장 과정에서 주변 사람들이 우리에게 주입한 문화에 의해서 결정된다. 학습은 아이들 사이에 차이를 만든다. 1억 명이 넘는 학령 아동이 학교에 다니지 못하는 현 상황을 받아들일 수 없는 것은 이 때문이다. 유엔은 교육을 받지 못하는 학령 아동의 수를 2015년까지 0으로 줄이는 것을 "새천년 목표들(Millennium Goals)" 중 하나로 삼았다. 지금까지 어느 정도 성과가 있긴 했지만, 슬프게도 현재 기초 교육이 없는 86개국 중 3분의 2는 그 목표를 2015년까지 달성하지 못할 가능성이 높다.

교육은 흔히 정치에 의해서 희생된다. 세계의 지도자들은 고문, 자유 억압, 불공정한 재판 등의 이유로 비난을 받는 일은 있어도 교육 정책과 그것이 자국의 아동과 어머니에게 끼친 영향 때문에 비난을 받는 일은 없는데, 이것은 이상한 일이다. 기초 보건은 교육과 직결된 과제이다. 병든 아이와 어머니는 교육을 통한 발전을 꾀하기 어렵다. 교사, 교육 예산, 청소년 발달에 대한 이해의 부족도 학교 교육을 가로막는 장애물이다. 교육과 인류 문화에의 보편적 접근을 보장하기 위해서는 진정한 혁신이 필요하다. 사회학, 신경과학, 컴퓨터 과학에서 나온 새로운 통찰들은 인간의 학습에 대한 통념을 바꾸고 있다.[2] 그 통찰들은 교육과 문화 일반에 근본적인 영향을 끼칠 수 있으며 궁극적으로는 평등하게 태어난 아기들에게 평등한 기회를 보장함으로써 인류를 하나로 묶는 데에 기여할 것이다.

모방

학습은 사람과 사람 사이의 활동이다. 아이들은 사회적 관계를 실마리로 삼아서 세계를 이해한다. 타인을 모방하는 것은 아동 발달의 주춧돌 가운데 하나이다. 타인의 행동은 스스로 시도해볼 가치가 있을 가능성이 높기 때문에, 모방을 하면 많은 시도와 오류를 건너뛸 수 있다. 우리는 이른 나이부터 패턴을 인지하고 반응하는 훈련을 한다. 아기들은 말을 배우기 전부터 부모의 말소리를 흉내낸다. 중국 아기의 옹알이를 들어보면, 미국 아기의 옹알이와 다르다. 중국 옹알이를 하다가 미국에 온 아기나 그 반대의 아기는 결코 주위 사람들의 언어 기능을 따라잡지 못할 것이다. 아기들은 일찍부터 어머니의 표정을 흉내내고 아버지가 혀를 내밀면 따라서 내민다. 어머니가 자판을 두드리는 것을 보면, 그 행동도 흉내낸다. 이런 행동은 일부러 가르친 것이 아니며, 아마 그만두게 할 수도 없을 것이다. 또한 무슨 타고난 성향이 있어서 플라스틱 자판을 손가락으로 두드리는 것도 분명 아니다. 아이는 단지 자기가 본 것을 흉내낼 뿐이다.

모방은 본능이다. 우리의 뇌에서 감각들을 처리하는 구역들은 행동을 유발하는 구역들과 겹친다. 아동을 대상으로 한 실험들은 사회적 상호작용이 학습을 아주 다양한 방식으로 보강함을 보여준다. 감정 이입, 관심의 공유, 일대일 교습은 모두 학습에 도움이 된다. 삶이 진행됨에 따라서 뇌는 수천 가지 예들에 더 고정된 방식으로 반응하게 된다. 뇌는 한꺼번에 닥친 많은 일들을 매우 효율적으로 처리하는 절차를 저장해둔다. 우리는 상황을 신속하게 파악하고 매번 모든 기준들을 검토하지 않고 순간적으로 결정을 내린다. 예를 들어 자동차가 돌진해오는 것을 보면, 우리는 즉시 물러난다.

문화는 바로 이런 식으로 아이의 정신에 새겨진다. 어머니가 읽고 쓸 줄 알면, 아이는 읽고 쓰기를 원한다. 어머니의 교육 수준이 높을수록, 자녀의 발전 가능성이 더 높다. 문화는 아이에게 고도 문명으로 진입할 기회를 제공한다. 아이에게 텔레비전과 리모컨은 나무와 마찬가지로 자연스럽다. 인터넷과 함께 성장하지 않은 아이는 인터넷 문명을 영영 따라잡지 못할 것이다. 매 세대는 이전 세대보다 더 높은 수준에서 더 복잡한 지식을 가지고 출발한다. 문화의 진보는 우리의 학습 덕분에 가능하다.

컴퓨터를 모형으로 삼기

컴퓨터는 경험을 통한 학습을 잘하지 못한다. 컴퓨터는 해야 할 분석과 결정을 위한 규칙들을 확정하는 프로그램을 떠먹이듯이 주입해야만 비로소 유용한 작업을 할 수 있다. 컴퓨터 과학자들은 이런 상황을 바꾸기 위해서 아이들의 학습을 흉내내는 방법을 모색하고 있다. 그들은 미리 프로그램할 필요가 없는 컴퓨터들을 개발했다. 그 기계들은 갓난아기처럼 백지 상태로 출발하지만, 그 백지에 관찰 자료들이 채워지고 그것들이 다시 기계의 작동을 지배하게 된다. 3.5에서 보았듯이, 이런 인공 신경망은 규칙들을 확정하기 어려운 온갖 상황들에 이미 적용될 수 있다. 지금은 컴퓨터도 사람처럼 실내온도 조절이나 음성 인식과 같은 분야에서 모호한 기준들을 토대로 결정을 내릴 수 있다. 요컨대 불완전하거나 절반만 이해된 정보의 처리는 이제 살아 있는 뇌의 독점 영역이 아니다. 인공 신경망은 쉽게 프로그램할 수 없는 문제들을 해결하는 데에 유용할 뿐만 아니라, 아이들이 복잡한 환경을 파악해가는 과정을 탐구하는 데에도 도움이 된다. 컴퓨터는 다양한 학습 규칙들의 실제 효과를 시험해보는 실험실의 구실을 할 수 있다. 예를 들면, 우리는 복잡한 입력을 어떻게 주면 컴퓨터의 학습에 가장 효과적인지를 시험해볼 수 있다. 컴퓨터는 신호 몇 개만으로 학습 과정을 시작한 후에 점차 복잡성을 늘려나갈 때 더 효과적으로 학습하는 것으로 보인다.

컴퓨터의 학습은 사회적 상호작용을 가미하면 더 향상될 수 있다. 한 실험에서 연구자들은 컴퓨터 인형에 자신의 행동과 환경의 변화 사이의 상관관계를 찾아내는 과제를 부여했다. 그 인형은 몇 분 만에 자신이 큰 소리로 울면 앞에 있는 창백한 타원면에서 어김없이 소리가 난다는 것을 깨달았다. 즉 표정에 특정한 의미가 있다는 것을 학습했다. 그후 그 인형은 더 복잡한 상호작용들을 분류하기 위한 지침으로 사람의 표정을 사용할 수 있었다.

이런 실험들은 학습을 연구하는 과학에 새로운 차원을 열어주고 있다. 뇌 과학의 성과들도 마찬가지이다. 신경과학자들은 외부 세계의 정보가 어떻게 뇌로 전달되고 저장되고 재현되는지를 점점 더 정확하게 관찰하고 있다. 그 덕분에 교육 이론들을 검증할 가능성이 열렸다. 전통적으로 선생들은 직관과 믿음과 주관적 관찰에 기초하여 임무를 수행해야 했다. 그러나 지금은 마리아 몬테소리, 루돌프 슈타이너(발도르프 교육), 헬렌

파크허스트(돌턴 학교)를 비롯한 저명한 교육 이론가들이 제기한, 때때로 상반되는 주장들을 실험적으로 검증하고 새로운 과학적 교육학의 토대를 마련할 수 있다. 이 신선한 접근법은 비록 아직은 걸음마 단계에 있지만, 이 분야의 혁신은 새로운 통찰들을 낳아서 더 수월한 학습을 가능하게 할 것이다. 그러면 고립된 지역의 청소년들을 포함한, 아이들은 이 복잡한 세계에 일찌감치 적응할 기회를 더 많이 가지게 될 것이다.

복잡성 학습

한스 반 깅켈은 박사학위를 받을 때까지 세계 곳곳에서 교육을 받았다. 인도네시아 태생의 네덜란드인인 그는 원래 인문 지리학과 도시 계획을 가르치는 교수였으나, 1997년에 도쿄에 있는 유엔 대학교의 총장으로 임명되면서부터 관심을 개발도상국들에서의 교육으로 옮겼다. 유엔 차관과 국제대학협회장을 지낸 그는 이제 은퇴했지만 여전히 교육 분야에서 폭넓게 활동하는 중이다. 그는 말한다. "교육은 우리 세계의 복잡성을 더 효과적으로 다루어야 합니다. 사람들의 교류가 잦아지고 통신 거리가 길어지고 있어요. 우리는 과거보다 더 많은 사람들을 알고 접촉하죠. 우리는 세계가 더 복잡해졌다는 것을 압니다. 가나의 농부는 현지의 시장에만 관여하지 않아요. 그는 유럽 연합의 보조금에 대해서 알고 있고, 미국의 식량 생산을 염두에 두어야 합니다. 모든 것이 모든 것과 연결되어 있죠. 이것이 지구화의 본질입니다. 연결, 변화, 수렴을 특징으로 하는 국제질서가 등장하고 있는 것이죠. 좋든 싫든 우리의 후손들은 이처럼 점점 더 복잡해지는 세계에서 사는 법을 터득해야 할 것입니다. 단순한 세계에서 보면, 복잡한 세계는 아주 멀리 있는 것처럼 보이죠. 인간 정신의 도약에는 한계가 있어요. 그러므로 이른 나이부터 교육에 복잡성을 집어넣을 필요가 있죠. 그래야만 교육이 성공적일 것입니다. 이것은 교육이 수행해야 하는 중요한 임무예요. 사람들은 복잡성과 규모에 대해서 생각하는 법을 배울 필요가 있죠. 이것은 일부 교육 이론가들의 견해와 상반되는 주장입니다. 또 우리 사회의 여론을 주도하는 많은 사람들의 견해와도 상반되죠. 그러나 우리에게 정말로 필요한 것은 기술과 사회의 복잡성(complexity)에 대한 더 나은 이해입니다."

반 킹켈은 설명한다. "복잡성은 분야의 다양성뿐만 아니라 규모의 다양성과도 관련이 있습니다. 교육은 사람들이 규모에 대한 감각을 키우도록 도와야 해요. 점점 더 큰 규모에서의 상호관계를 배우게 하려면 과목들을 통합적인 방식으로 가르쳐야 합니다. 상호관계 학습은 학교 교육의 핵심이 되어야 하죠. 예상 밖의 사건을 예상하는 법을 배우는 것도 그 학습의 일부입니다. 복잡한 시스템들은 제각각 다르죠. 자연 재난은 단일 사건이 아니라 여러 사건들의 조합에 의해서 발생합니다. 과거의 경험만을 토대로 삼은 조기 경보 시스템의 가치는 제한적이에요. 우리 사회에서 발생하는 많은 일들이 그렇죠. 그런 일이 터질 경우, 미리 정해진 교과과정에서 얻은 선형(線型) 지식은 도움이 되지 않습니다. 전체를 보는 눈과 민활한 대응이 필요하죠."

이것들은 단순한 지식 전달을 통해서 배울 수 있는 것들이 아니라고 반 킹켈은 주장한다. "또 위키피디아를 검색해서 배울 수도 없습니다. 작은 마을들을 인터넷으로 연결하는 것이 교육 향상을 위한 최선의 방법은 아니에요. 정보사회는 어디에나 있는 컴퓨터를 통해서 사람들에게 합리적 선택의 기회를 제공한다는 주장을 흔히 접합니다. 그러나 우리가 정보를 맥락 안에 넣는 방법을 모른다면, 정보는 우리를 불안하게 만들 뿐이죠. 정보는 부족하지 않아요. 오히려 정반대이죠. 중요한 것은 정보를 사용할 줄 아는 것입니다. 온라인 교육이 아프리카에서 좋은 성과를 내지 못한 이유 중 하나가 여기에 있어요. 사이버 대학을 비롯한 진취적인 구상들은 아프리카 사회에 낯설기 때문에 효과가 없습니다. 그런 유형의 교육은 인터넷에 접속할 수 있는 사람들에게도 별 도움이 되지 않아요. 라디오 교육 방송이 훨씬 더 낫죠. 라디오 방송은 현지에서 간단하게 만들 수 있고, 수신 범위가 넓으며, 여러 사람들이 모여서 청취할 수 있어요. 여기에서도 알 수 있듯이, 현지의 관례와 제도를 이용해서 새로운 아이디어를 도입해야 합니다. 외부에서 온 것들은 내부에서 나온 것보다 덜 효과적이죠. 사회는 내부의 것들과 함께 성장할 수 있어야 합니다."

새로운 학습의 과학이 올바른 선택에 도움이 될 수 있다. 한스 반 깅켈은 지적한다. "이런 유형의 온라인 교육은 사람들을 그들의 학습 공동체 바깥으로 이끕니다. 게다가 이런 진취적인 구상들 때문에 기존 교육기관들을 위한 예산이 줄어들고 있어요." 그는 기존의 학습 공동체를 확장하는 쪽을 선호한다. "세계가 점점 더 긴밀하게 연결되는 상황에서 북반구와 남반구 사이의 격차가 유지되거나 더 벌어진다면, 과연 세계가 번영할수 있을까라는 질문을 던져야 합니다. 교육 수준을 동등하게 맞추려면 돈을 나누어주는 것으로는 부족해요. 우리의 생각, 우리의 뇌를 나누어주어야 합니다. 교육은 철저히 인간적인 활동이에요. 우리의 생각을 나누어주려면 돈을 나누어줄 때보다 더 큰 노력이 필요하죠. 부유한 나라들에서 온 자원봉사자들이 나름의 역할을 하지만, 그들은 흔히 매우 미숙합니다. 그러나 은퇴자들과 휴직자들이 지식과 경험을 나누어주는 긍정적인 추세도 나타나고 있어요. 국외 관련 기관들과의 자매결연과 특정 목표를 위한 협력 프로그램도 중요합니다."

한스 반 깅켈은 경험 많은 자원봉사자들과 기관들의 참여는 세계가 단지 돈을 중심으로만 돌아가지 않는다는 것을 분명하게 보여준다고 생각한다. "좋은 활동이 현금의 이동과 무관할 수도 있음을 보여주는 것은 기쁜 일입니다. 이상을 품은 사람들이 필요해요. 우리는 더 나은 텔레비전을 설계하겠다는 정도의 야심을 품은 사람들을 원하지 않습니다. 세계는 자신의 이상을 실현하고자 하는 개인들을 필요로 해요. 사람들이 이상을 잃을 때, 사회는 가장 큰 위험에 빠집니다. 당신이 공부를 마치면, 당신 앞에 세계가 열릴 것임을 알아야 해요. 이것이야말로 진정한 의미에서 지구적인 과제입니다."

5.2
정체성 유지

남작 부인 수전 그린필드의 혈통은 그녀의 작위에서 느껴지는 것과 달리, 평범하다. 그녀의 아버지는 런던 인근 공업지대에서 일하는 기계공이었다. 다른 많은 나라들에서와 달리, 영국에서는 혈통이 아니라 업적을 통해서 귀족 지위를 얻는 것이 가능하다. 그린필드 여사는 인간의 뇌를 연구하는 세계 최고 수준의 권위자이다. 그녀는 기술이 우리의 삶에 깊이 침투하여 뇌의 작동 방식과 우리의 성격 자체에 영향을 미치기 시작했다고 염려한다. 그녀는 말한다. "사람들은 의미를 찾기보다 체험하기를 열망합니다. 사람들은 순간을 더 중시하고 삶의 연속성에 관심이 적어요. 시작, 중간, 끝을 느끼는 능력이 부족하죠. 어린 시절부터 청년기, 부모가 된 이후, 조부모가 된 이후까지 줄거리를 갖춘 이야기처럼 전개되는 인생 내내 자신의 정체성을 발전시킨다고 느끼는 사람들이 줄었습니다. 내용보다 포장이 더 강조되죠. '인지적인' 면보다 '감각적인' 면이 훨씬 더 강한 사람들이 등장했어요."

수전 그린필드는 이와 같은 변화의 한 원인을 우리의 뇌가 아주 이른 나이에 받는 자극들에서 찾는다. 시각 인상들이 범람하는 현재의 삶은 그녀 자신이 어린 시절을 보낸 1950년대나 1960년대의 삶과 전혀 다르다. 우리의 뇌는 성장기에 만들어진다. 인생의 첫 2년 동안에 뇌는 미친 듯이 성장하면서 연결들의 미로를 형성한다. 그리고 그후에도 얼마 동안 극도의 민첩함을 유지하면서 신속하게 환경에 대응하여 새로운 연결들을 형성하고 변화한다. 이 뇌 형성기의 산물은 대체로 우리가 유아기, 아동기, 이른 청소년기에 경험한 세계에 의해서 결정된다. 이 시기에 뇌는 그린필드가 "가소성(plasticity)"이라고 부르기를 즐기는 성질을 매우 높은 정도로 나타낸다. 연결이 필요하면 형성되는 시기인 것이다.

그린필드 여사의 성격도 성장기에 그 토대가 놓였다. 어린 수전의 왕성한 독서가 뇌에 결정적인 영향을 미쳐서 그녀의 상상력과 긴 이야기들을 다루는 정신적 능력을 강화했다. 어쩌면 그녀가 미래에 가지게 된 직업적 관심도 그때 형성되었을 것이다. 예를 들면, 언젠가 그녀는 토끼의 뇌를 손에 쥐었는데, 그것은 잊을 수 없는 경험이었다. 천성과 교육이 조화되는 행운 덕분에 뛰어난 과학자가 된 그녀는 옥스퍼드 링컨 칼리지의 시냅스 약리학 교수가 되었고 왕립연구소의 소장도 지냈다. 종신귀족인 그린필드 여사는 영국 상원의원이기도 하며 뇌 연구에 관한 대중서적을 여러 권 출판했다.[1]

우리는 복잡하다

뉴런 1,000억 개의 연결망인 우리의 뇌는 이 책에 등장하는 가장 복잡한 구조의 하나이다. 평균적인 성인의 뇌에는 500조(5×10^{14}) 개의 연결이 존재한다. 수전 그린필드는 뇌를 다른 복잡한 연결망들에 비유하기를 즐긴다. 그 비유에서 드러나는 유사성들은 매우 흥미롭다. 우리가 맺은 사회적 관계들의 망을 생각해보자. 그 관계들은 뉴런 연결들과 마찬가지로, 사용할수록 그리고 입력의 강도가 높아질수록 강화된다. 그 관계들은 끊임없이 변화한다. 특히 우리가 성장하는 시기에는 더욱 그러하다. 그녀는 이것이 피상적인 비유에 그치지 않는다고 주장한다. 사회 연결망과 뉴런 연결망은 서로에게 영향을 끼친다. 이 영향관계는 뉴런 연결망이, 예를 들면 알츠하이머 병의 발발로 망가지기 시작할 때 분명하게 드러난다. 알츠하이머 병은 그린필드가 신경과학자로서 전공하는 분야이다. 치매가 발병하면 뇌는 퇴화한다. 뇌 속의 연결들이 소멸하고, 우리가 살면서 습득한 기능들을 점차 상실한다. 사건들을 연결하여 논리적인 이야기를 구성하는 능력이 상실됨에 따라서 우리의 개인적인 정체성도 희미해져간다. 결국 우리는 주위 사람들을 그저 일반인으로, 우리의 기억과 무관한 사람으로 보게 된다. 뇌 연결망이 망가짐에 따라서 사회 연결망도 와해되는 것이다.

뇌가 통신의 수단으로 삼는 화학반응들의 정밀한 균형을 교란하는 약물의 영향 아래에서도 비슷한 연결망 와해가 발생할 수 있다. 어떤 경우에는 약물이 뇌 내부의 통신만 봉쇄한다. 그러나 더 많은 경우에는 도파민을 비롯한 호르몬들이 과잉되면 뉴런의 활동이 지나치게 자극되어서 뇌 기능에 문제가 생긴다. 우리는 행동의 귀결들을 논리적으로 추론하는 능력을 상실하고, "지금 여기"에서만 살기 시작한다. 섹스를 하거나 춤을 추거나 롤러코스터를 탈 때에도 비슷한 현상이 발생한다. 그린필드는 인정한다. "그렇게 되면 기분이 좋아집니다. 그러나 지나친 자극은 순간의 짜릿함 너머를 추론하는 능력을 손상시킬 수 있죠. 뇌 속의 연결들이 끊어질 수 있다는 말입니다."

그린필드가 가장 염려하는 것은 이러한 뇌 손상이다. 짜릿함을 추구하는 젊은이들의 행동은 도파민 과잉을 초래할 수 있다. 그녀는 컴퓨터 게임을 예로 든다. "갇혀 있는 공주를 구해내는 게임도 마찬가지입니다. 요즘 컴퓨터 게임들에서 인물은 중요하지 않아요. 게임을 하는 사람은 그 공주가 누구인지 알려고 하지 않죠. 단지 게임을 하면서 느끼는 짜릿함만이 중요합니다." 그 짜릿함은 뇌 속의 도파민 방출과 게임을 계속하려는 욕구로 이어진다. "속도가 빠르고, 인지 활동이 아니라 감각을 매우 강조하는 멀티미디어에 둘러싸이면, 뇌는 그 환경에 맞게 작동할 것입니다. 신속하게 반응하는 능력은 향상되겠지만, 의미를 지탱하는 연결들과 연상능력은 부족해지죠. 이것은 슬픈 변화입니다. 정체성의 약화, 자신이 누구인지에 대한 느낌의 약화이기 때문이죠. 당신은 순간의 감각을 통해서 당신의 정체성을 정의할 수 없습니다. 의미와 목적은 정체성의 필수 요소입니다."

수전 그린필드는 사람들이 컴퓨터 게임에 쏟는 시간이 길어짐에 따라서 사태가 더욱 악화되고 있다고 믿는다. "이토록 많은 사람들이 이토록 많은 여가시간을 가졌던 적은 수도원에서라면 모를까, 그 어디에서도 없었습니다. 최근까지만 해도 거의 모든 사람의 일상은 지겨운 노동으로 채워졌죠. 많은 생각을 할 시간이 없었고, 수명도 짧았습니다. 지금은 역사상 최초로 많은 사람들이 고통 없이 안락을 누리면서 당장의 생존 이외의 것들에 시간을 할애할 수 있게 된 시기입니다. 또한 역사상 최초로 성인이 아이처럼 나름의 게임들을 하기 시작한 우려스러운 시기이기도 하죠. 오늘날의 성인들은 몇 세대 전의 사람들과 달리, 게임을 사회화의 수단으로 삼지 않습니다. 인류 문명이 온갖 과학으로 이룬 성취가 고작 성인들이 스크린 앞에 앉아서 사적인 짜릿함에 빠져드는 광경이라면, 이것은 몹시 슬픈 일이죠. 어른이 아이로 퇴행하는 중인 것입니다."

노바디 시나리오

이런 우려는 그린필드 여사로 하여금 사람들을 여러 성격 유형으로 분류하게 했다. 그녀의 분류에서 섬바디(Somebody) 유형이란 타인들과의 관계를 통해서 정체성을 형성한 사람을 뜻한다. 섬바디의 뇌는 많은 연결들을 가지고 있고, 그 연결들은 외부에서 온 인상들에 의해서 끊임없이 재편된다. 섬바디는 타인들에게 보이는 모습 그대로 존재한다. 애니바디(Anybody) 유형은 더 보수적인 성격의 소유자이다. 애니바디의 뇌도 많은 연결들을 가지고 있으나, 그 연결들은 덜 가변적이다. 이 유형의 삶은 정해진 틀을 고수하는 경향이 강하다. 애니바디의 정체성은 더 한결같고 외적인 조건에 덜 좌우된다. 애니바디는 원칙에 따라서 행동할 가능성이 높고 근본주의자로 생각될 수도 있다. 계몽시대부터 20세기 말까지의 서양사는 기본적으로 섬바디와 애니바디, 개인주의와 집단주의, 민주주의의 압도적인 선택지들과 독재의 명료함 사이의 갈등이었다.

그린필드는 21세기에 세 번째 성격 유형이 등장했다고 믿는다. 이 유형의 사람들은 뇌 속의 연결들이 성기다. 이들에게는 주위 세계에 의미를 부여하기 위한 기본 틀이 없다. 이러한 노바디(Nobody) 유형은 전체적인 이야기들을 소유하지 못하고 단지 체험들만을 소유한다. "더 큰 이야기를 들려줄 사람이 없으면, 비유적인 사고를 배우지 못할 것입니다. 교육이란 무엇인가를 다른 무엇인가와 관련짓는 법을 가르치는 것이죠. 그런 관련짓기의 본보기를 보지 못하면, 더 큰 이야기를 스스로 발견할 수 없을 것입니다." 노바디 성격은 도파민 과잉에 의해서, 컴퓨터 게임과 시각적 자극들의 빠른 연쇄에서 얻는 짜릿함에 의해서 더욱 강화된다. 그린필드는 생각한다. "이것은 좋은 일이기도 하고 나쁜 일이기도 합니다. 신세대는 다중 작업, 운동 협응, 패턴 포착의 측면에서 매우 유능한 뇌를 가지고 있어요. 그러나 그들은 자신이 하는 일의 깊은 의미를 이해하는 능력이 부족하죠. 사람들이 지금 여기에 더 많이 집중하게 되면서, 위험 감수 행동은 증가하고 정체성에 대한 감각은 약해졌습니다. 비유적이고 상징적인 사고보다 사물들을 액면 가치대로 받아들이는 태도와 말의 표면적인 의미가 더 중시되죠."

그린필드는 인간관계가 변화하고 있다는 것을 보여주는 증거가 이미 포착되었다고 생각한다. "어떤 여성에게서 페이스북에 친구가 900명이나 있다는 말을 들었습니다. 있을 수 없는 일이죠. 900명의 친구를 둘 수 있는 사람은 없어요. 이런 상황은 친구의 개념 자체를 격하시킵니다. 친구란 애인에게 차였을 때나 직장에서 해고되었을 때 오랫동안 함께 산책할 수 있는 그런 사람이죠. 페이스북에서만 관계를 맺는 사람을 친구라고 할 수는 없습니다." 이런 추세가 극단화되면, 사람들은 자신의 정체성과 타인의 정체성이 별개라고 생각하지 않게 될 것이라고 그린필드는 주장한다. 개인의 인생을 유일무이하게 만드는 전체적인 이야기는 사라질 것이고, 사회는 사실상 치매에 걸릴 것이다.

그린필드는 이와 같은 세 가지 성격 유형들은 21세기에 필요한 자존감과 자아실현에 도달할 수 없을 것이라고 믿는다. 다른 한편으로, 그녀는 네 번째 유형이 점점 더 중요해지는 중이라고 생각한다. 그 유형은 유레카(Eureka) 성격이다. 이 성격을 가진 사람의 뇌는 과거의 연결을 포기하고 이제껏 상상하지 못한 새로운 연결을 형성하기에 충분한 가소성을 가지고 있다. 유레카 성격은 외적인 자극에 휩쓸리지 않고 스스로의 노력으로 뇌 속의 연결들을 재편하는 창조적인 성격이다. 유능한 과학자, 미술가, 작곡가가 이 유형에 속한다. 그들은 지식을 흡수하고 이해해서 새로운 생각을 창조하기 때문이다. 지식을 더 큰 맥락 안에 넣을 수 없다면, 지식의 가치는 제한적이다. 지식의 이면에 숨은 문제들에 대한 이해는 창조의 발판이다. 요컨대 유레카 유형의 인물은 지식을 흡수하면서 배경과 맥락을 이해할 수 있는 사람, 새로운 지식과 이해를 창조할 수 있는 사람이다.

수전 그린필드는 기술자들이 그러한 창조성의 증진에 기여해야 한다고 말한다. "어떻게 하면 기술을 통해서 감각과 안락이 아니라 의미와 목적을 줄 수 있을지 생각해보아야 합니다. 사람들이 대부분의 시간을 스크린 앞에서 보낸다면, 스크린이 현실에서 실망한 사람들에게 무엇을 주는지 알아내야 하죠. 그런 다음에는 그와 비슷한 것을 현실에서 만들기 위해서 노력할 수 있을 것입니다. 또는 현실에서 사라져가는 것들을 2차원 매체를 이용해서 제공할 수도 있죠. 예를 들면, 창조성을 증진할 수도 있습니다. 저는 기술자들이 컴퓨터 게임의 발전에 더 많이 관여해야 한다고 생각합니다. 컴퓨터 게임은 매우 강력하고 흥미로운 기술이죠. 그 기술을 이용해서 더 큰 이야기에 대한 감각을 키워야 할 것입니다. 아무도 볼 수 없는 장소, 오직 당신만을 위한 장소를 인터넷에 만드는 것도 생각해볼 수 있어요. 당신의 생각을 900명의 타인들과 공유하는 곳인 페이스북과 정반대되는 장소 말이죠. 그런 장소는 일기장과 유사할 것입니다. 당신이 당신다울 수 있는 곳, 당신의 생각을 남겨놓는 곳, 당신의 기억과 사진을 보관하는 곳, 당신의 기록을 당신 자신을 위해서 보관하는 곳이 될 것입니다. 컴퓨터는 그 기록을 소설이나 현실의 인물들과 비교하는 일을 도울 수 있어요. 그렇게 되면 당신은 그 기록에 새로운 의미를 추가로 부여할 수 있을 것입니다."

그린필드는 과학 교육도 긍정적인 기여를 할 수 있다고 생각한다. "사회가 과학 문맹의 상태를 벗어나야 합니다. 지금 과학과 기술은 소수의 활동으로 인식되고 있어요. 사람들은 뇌가 어떻게 기능하고 환경에 얼마나 민감한지 더 잘 알게 되면, 자신의 행동에 더 많은 관심을 기울입니다. 학생들은 뇌의 기능에 대해서 배우고 나면 학업 성취도가 높아지죠. 뇌의 기능에 대한 교육이 자발적인 노력을 유도하기 때문이에요. 이런 교육들은 사람들의 잠재력을 최대한 끌어내는 데에 기여할 것입니다. 지금 당장 이런 것들을 실천해야 해요. 그렇지 않으면, 어느 날 갑자기 아이팟 세대의 세상이 도래하고 말겠죠. 서로에게 문자를 날리고, 번개 데이트를 즐기고, 매 순간만을 생각하며 사는 사람들의 세상 말입니다."

5.3
도시의 미래

당신이 지금 창밖을 내다보면, 콘크리트, 아스팔트, 자동차가 지배하는 풍경이 보일 것이다. 그럴 확률이 50퍼센트를 넘는다. 세계 인구의 절반 이상이 도시에서 살며, 도시 인구의 비율은 계속 증가하는 중이다. 덩달아서 인구 집중으로 인한 문제들도 증가하고 있다. 넓은 면적에 분산되어 살던 농경사회의 사람들이 인구밀도가 높은 도시로 이주하는 흐름, 200년을 이어온 그 흐름은 21세기에 점차 종결될 것이다. 도시의 성장은 우리 시대의 가장 큰 역설로 꼽힌다. 새로운 기술들은 회사와 개인에게 전례 없이 큰 장소 선택의 자유와 이동성을 제공한다. 우리는 수천 킬로미터 떨어진 사람을 곁에 있는 사람처럼 보고 듣고 느낄 수 있다. 그럼에도 불구하고, 과거 어느 때보다 많은 사람들이 가까이 모여 살기를 원한다. 그렇게 하지 않으면, 소통이 불가능하기라도 한 것처럼 말이다.

대부분의 사람들이 도시로 이주하고 나면 도시는 인간의 주거 환경을 대표하게 될 것이고, 폭발적인 도시화는 종결될 수밖에 없을 것이다. 그 다음에는 도시화 이후의 시대가 시작될 것이고, 도시는 새로운 동력을 발견해야 할 것이다. 도시가 외부 사람들을 끌어들임으로써 성장하는 것은 불가능해질 것이다. 도시들은 현재의 규모를 유지할 수 있을까? 혹시 21세기가 진행되면서 역도시화가 일어나서 상하이, 뭄바이, 시카고의 도심이 황무지로 바뀌지 않을까? 도시가 생기를 잃으면 어떤 일이 벌어지는지를 디트로이트에서 엿볼 수 있다. 그 도시에서 과거의 극장은 현재 주

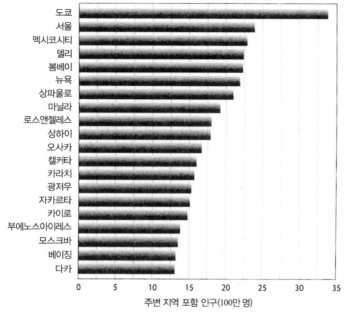

세계 최대 도시들

주변 지역 포함 인구(100만 명)

출처 : Th. 브링코프(2009)

한 세기 전에 지구에서 가장 큰 도시는 런던과 뉴욕이었다. 현재 가장 폭발적으로 성장하는 도시들은 개발도상국들에 있다. 도시 사회는 늘 진보의 촉매 구실을 해왔지만, 머지않아서 끊임없는 인구집중으로 인한 부담이 도시생활의 혜택을 능가할 수도 있다.
출처 : 브링코프, T.(2009).「세계의 주요 인구밀집 지역들(*The principal agglomerations of the world*)」, http://vermeer.net/city

차장이다. 남은 주민들은 과거의 도심 광장에서 채소를 기르고, 텅 빈 사무실 건물들은 차츰 퇴락하는 중이다. 자동차 산업은 몰락했고, 대체 산업은 등장하지 않았다. 어떻게 하면 도시들이 자체 무게 때문에 무너지는 것을 막을 수 있을까?

도시는 살아 있다

당신은 아마 도시의 모든 곳에서 요란한 교통 소음을 들을 수 있을 것이다. 당신은 도시의 심장박동을 느낀다. 도시의 식욕은 절대로 누그러들지 않는다. 도시는 환경을 먹어치우고 끊임없이 쓰레기를 배출한다. 도시는 괴물, 거대한 개미집, 공룡이다. 도시는 수백 년 전부터 생물에 비유되었다. 이는 적절한 비유이다. 크고 작은 도시들에 관한 통계자료는 생물들에 관한 통계자료를 강하게 연상시킨다. 양쪽 모두에서 멱법칙이 성립한다. 실제로 도시들의 순위 규모 분포(rank-size distribution)는 멱법칙이 성립하는 인공적인 사례들 가운데 가장 잘 알려진 것에 속한다. 이 사실은 세계 인구의 10퍼센트만이 도시에서 살던 20세기 초에도 이미 과학자들의 호기심을 불러일으켰다.[1] 1900년에 인구가 200만 명을 넘는 도시는 단 4곳뿐이었지만, 그때에도 도시의 크기는 멱법칙에 따랐다. 인구가 약 100만 명인 도시의 개수는 약 200만 명인 도시의 개수보다 2배 많았다. 현재 인구가 10만 명인 도시의 개수와 20만 명인 도시의 개수를 비교해도 동일한 관계가 성립한다. 인구가 기준의 절반인 도시의 개수는 기준 도시의 개수의 2배이다.[2]

지금은 대도시가 훨씬 더 많아졌지만, 크기와 개수 사이의 멱법칙은 여전히 성립한다. 동물계에서도 유사한 법칙이 관찰된다. 코끼리보다 생쥐가 많다는 것은 놀라운 일이 아니다. 그러나 동물들의 크기와 개체수를 통계적으로 검토해보면, 도시들에서와 마찬가지로 멱법칙이 선명하게 확인된다.[3] 도시와 동물의 유사성은 통계적인 측면에 국한되지 않는다. 내부구조의 측면에서도 도시는 동물과 매우 유사하다. 양자 모두 규모의 이익을 누린다. 도시가 클수록, 주민 1인당 필요한 아스팔트, 전력선, 쇼핑 공간은 줄어든다. 예를 들면, 런던의 주민 1만 명당 주유소 개수는 맨체스터보다 적다. 도시가 클수록, 주유소 등의 시설을 더 효율적으로 사용할 수 있다. 대형 동물들도 이와 똑같은 규모의 이익을 누린다. 코끼리는 고릴라보다 몸무게는 20배 더 무겁지만 대동맥은 겨우 3배 더 굵다. 이는 코끼리의 순환계가 더 효율적이라는 것을 의미한다. 도시도 규모가 더 클수록 기반시설을 더 경제적으로 활용한다.

삶의 속도

그러나 도시와 동물 사이에는 결정적인 차이점이 있다. 동물은 덩치가 클수록 더 느리다. 코끼리의 심장은 고릴라의 심장보다 더 느리게 박동한다. 생쥐의 심장박동은 우리가 셀 수 없을 정도로 빠르다. 큰 동물은 물질대사 전체가 느리다. 쥐는 매일 자기 몸무게의 절반만큼의 먹이를 먹어야 하는 반면, 우리 인간은 그보다 훨씬 덜 먹는다. 그뿐만 아니라, 큰 동물은 생활주기 전체가 길다. 큰 동물은 성숙하는 데에 오랜 시간이 필요하고 수명도 길다. 일찍이 1932년에 스위스 생리학자 막스 클라이버는 물질대사율과 몸무게 사이에 성립하는 멱법칙을 제시했다.[4] 그 법칙은 동물과 식물의 내부구조, 구체적으로 관(管) 시스템의 기하학에서 비롯된 결과라는 것이 21세기가 시작될 무렵에 밝혀졌다. 큰 동물은 에너지 소비를 제한하고 절약할 수밖에 없다. 큰 동물의 몸 안에서 수송되는, 세포 하나당 이용 가능한 에너지의 양은 작은 동물보다 적다. 큰 동물은 덩치가 크기 때문에 내부의 열과 폐기물을 방출하기가 쉽지 않다. 이 단점을 극복하기 위해서 큰 동물은 에너지 소비를 줄이고 삶의 속도를 늦추는 방식으로 적응했다.[5]

도시의 성장이 오직 규모의 이익 때문에 일어난다면, 도시들은 대형 동물과 마찬가지로 성장할수록 점점 더 굼떠지고 결국에는 성장을 멈출 것이다. 그러나 우리가 보는 현실은 그렇지 않다. 큰 도시일수록 더 바쁘다. 당신이 사는 도시의 사람들이 얼마나 빠르게 걷는지 살펴보라. 도시의 보행자들이 걷는 속도를 측정한 사회학자들은, 예를 들면 도쿄 중심의 사람들은 말 그대로 뛰어다닌다는 것을 발견했다. 적어도 도쿄보다 작은 뉴욕이나 런던에서 온 사람의 눈에는 그렇게 보인다. 도쿄 시민들 자신은 그런 보행 속도가 지극히 정상이라고 생각한다. 다른 한편, 피츠버그 시민은 뉴욕 시민의 빠른 걸음걸이에 놀랄 것이다.[6] 단지 보행 속도만 그런 것이 아니다. 큰 도시에서의 삶은 모든 면에서 빠른 듯하다. 이처럼 도시와 동물은 정반대이기도 하기 때문에 도시를 동물에 빗대어서 완전하게 이해할 수는 없다. 도시가 어떻게 성장하는지 이해하려면, 다른——아마도 인간의 세계에만 있는——과정들을 살펴볼 필요가 있다.

도시는 점점 더 빨라진다

루이스 베텐코트는 여러 도시에서의 삶의 속도를 경험하고 연구하기 위해서 전 세계를 여행한다. 포르투갈에서 태어난 그는 독일, 영국, 미국에서 물리학을 공부했고 지금은 미국 뉴멕시코 주 로스앨러모스 국립연구소의 교수로 재직하고 있다. 베텐코트의 연구 분야는 전염병학, 사회 연결망, 도시 동역학이다. 도시는 얼마나 크게 성장할 수 있을까? 베텐코트는 말한다. "고대 로마의 인구는 약 100만 명이었습니다. 당대의 저자들은 인구가 그렇게 많은 도시는 오래 존속할 수 없다고 생각했죠. 그 저자들과 비슷하게, 최근에 도쿄를 방문한 저는 깜짝 놀랐습니다. 도쿄는 세계에서 두 번째로 큰 도시보다 거의 두 배가 더 큽니다. 인구가 3,500만 명인 도시의 존재를 허용하는 메커니즘을 생각하는 것은 흥미로운 작업이죠. 그토록 많은 사람들이 함께 일하고 사는 것을 가능하게 하는 기술과 행동이 필요합니다. 도쿄의 기반시설은 놀랍도록 복잡하죠. 도쿄 시민은 더 이상 지리적인 공간에 살지 않는다고 해도 과언이 아닐 정도입니다. 한 지하철 노선에서 다른 노선으로 갈아타려면, 온갖 정보를 처리해야 하죠. 지하철 연결망은 독자적인 생명을 가진 듯합니다. 게다가 워낙 복잡해서 현지인들도 길을 잃을 정도이죠. 그래서 어디에나 옳은 방향을 알려주는 직원들이 있습니다. 장소는 삶에 영향을 미치죠. 도쿄는 정말 놀라운 장소입니다." 그러나 크기가 도쿄의 절반 정도인 뭄바이, 뉴욕, 멕시코시티도 도쿄와 별로 다르지 않다. 이 도시들도 공간의 압박을 받고 있다. "도시들이 서로 많이 다르다고 생각하는 사람들도 있지만, 실제로 도시들은 많은 면에서 매우 유사합니다. 그 유사함의 정도가 늘 저를 놀라게 하죠. 도시들 사이의 차이는 주로 크기의 차이에서 나옵니다."

　도시들 사이의 유사성은 루이스 베텐코트와 동료들이 수집한 도시 데이터에서 분명하게 드러난다. 그들은 도시의 크기와 관련된 두 가지 법칙을 발견했다. 그 법칙들은 세계 곳곳의 많은 도시들에서 성립한다. 첫 번째 법칙은 **규모의 경제의 법칙**(law of economies of scale)이다. 큰 도시일수록 물리적인 기반구조가 더 효율적이다. 이 법칙은 앞서 언급한 동물계에서의 규모의 경제와 유사하며, 도로의 면적, 전력선의 길이, 자동차들의 이동거리에 적용된다. 두 번째 법칙은 인간의 활동과 관련이 있으며 **생산 가속의 법칙**(law of accelerated productivity)이라고 부를 수 있다. 도시의 규모가 2배로 커지면, 주민 1인당 생산은 15퍼센트 증가한다. 이 관계는 도시의 GDP뿐만 아니라, 특허와 발명 건수에도 해당된다. 마찬가지로 주민 1인당 임금도 증가한다. 큰 도시로 이주하면 수입이 늘어날 것이다. 그러나 지출도 늘어날 가능성이 높다. 더 나아가서 도시의 사회구조를 이루는 모든 요소가 생산 가속의 법칙을 따른다.[7] 인구 대비 에이즈 환자의 수, 폭력범죄의 수도 그러하다. 역시 도시가 커지면, 보행 속도만 빨라지는 것이 아니다. 베텐코트는 결론짓는다. "도시가 커지면, 거주자들이 같은 시간에 더 많은 일을 하는 듯합니다. 삶의 속도가 더 빨라지는 것이죠. 부가 창출되는 속도가 빨라지면, 시간의 가치가 상승합니다. 또한 생활비도 상승하기 때문에, 시민들은 시간을 더 효율적으로 써야 하죠. 이처럼 가속은 도시생활의 핵심 화두입니다. 그 가속의 바탕에는 사람들의 상호작용이 있는 것이 분명하죠."

　예를 들어 범죄율 통계를 자세히 살펴보면, 생산 가속의 법칙이 뚜렷이 확인된다. 베텐코트는 말한다. "미국에서 살인이나 가중폭행과 같은 폭력범죄를 당할 확률은 큰 도시가 작은 도시보다 높습니다. 반면에 절도와 같은 재산범죄 발생률은 대도시나 소도시나 별 차이가 없죠. 미국에서 살인은 흔히 조직범죄와 관련이 있어서 또다른 살인으로 이어지는 경향이 있습니다. 이것이 흔히 단독 사건으로 끝나는 절도와 다른 점이죠." 그와 동료들이 발견한 두 법칙은 다양한 정도의 인구밀집 지역에 두루 타당하다. 소도시에도 타당하고 거대도시에도 타당하다는 말이다. 규모의 경제의 법칙은 도시의 물질적 구조에 적용되고, 생산 가속의 법칙은 시민들의 연결망에 적용된다. 이 두 법칙은 도시를 유지시키고 성장시키는 다양한 힘들의 단면을 보여준다.

성장 메커니즘

사회학이 등장할 때부터 학자들은 도시가 성장하면 인간관계가 어떻게 변화하는지를 관찰해왔다. 도시가 커지면 사회 연결망들은 더 다양해지고 노동은 분업화하기 시작한다. 토론토 대학교의 도시학 교수 리처드 플로리다는 최근에 고급 기술자들, 예술가들, 남성 동성애자들이 수준 높은 경제활동을 촉진한다는 주장을 내놓아서 많은 주목을 받았다. 그의 가설에 따르면, 이 개척자들은 기업과 자본과 창조적인 사람들을 끌어들인다.[8] 이런 주장을 검증하기는 매우 어렵다. 사회학자가 할 수 있는 일은 질문을 던지고 사람들의 수를 세는 수준을 크게 벗어나지 않기 때문이다. 이 때문에 도시 사회학자들 사이에 서로 경쟁하는 견해들이 존재한다. 리처드 플로리다가 말하는 "창조적인 계급(creative class)"의 중요성에 모든 도시 사회학자들이 동의하는 것은 아니다. 어떤 이들은 많은 노동력의 존재가 분업을 가능하게 하고, 따라서 도시의 성장을 촉진한다고 주장한다. 또는 풍부한 소비와 지출의 기회가 도시 성장의 동력일 수도 있다. 확실한 판단을 가능하게 하는 경험적 데이터가 없는 상황에서 도시 성장의 미시 메커니즘들은 치열한 논쟁의 대상이다.

 큰 규모의 사회적 상호작용에 대한 관찰은 최근에야 가능해졌다. 이제는 사람들의 상호작용이 현대적인 통신 시스템에 남기는 흔적 덕분에 다량의 사회학적 데이터가 이용 가능해지고 있다. 사상 처음으로 다양한 사람들의 행동을 한꺼번에 관찰하는 것이 가능해졌다. 루이스 베텐코트는 르완다의 수도 키갈리의 휴대전화 사용 데이터를 기반으로 삼아서 연구를 진행해왔다. 그는 설명한다. "그 데이터는 그 도시에 사는 개인 각각을 추적할 수 있게 해줍니다. 예를 들면, 전원지역에 살면서 가까운 이웃과 자주 접촉하는 사람을 포착할 수 있어요. 그가 어느 시점에 도시로 이주한다고 해보죠. 그러면 그의 통화 패턴이 바뀝니다. 연구자는 그의 도시에서의 연결망이 어떻게 발전하고, 고향 마을과의 접촉이 어떻게 줄어드는지 관찰할 수 있죠. 풍부한 연결망을 확보한 사람이 도시에서 성공한다는 것을 휴대전화 사용 데이터에서 확인할 수 있습니다. 연결들을 많이 확보하지 못한 사람은 성공하지 못하고 귀향하는 경향이 있어요. 현재 우리는 그 데이터를 분석해서 사회적 상호작용과 통합이 도시의 성장을 어떻게 촉진하는지 연구하는 중입니다."

좋거나 나쁜 이유로 두드러진 도시들을 비교하면, 도시 성장 메커니즘에 관한 단서들을 추가로 얻을 수 있다. 생산 가속의 법칙은 많은 도시에서 유효하다. 베텐코트는 말한다. "그러나 규모에 비해서 생산이 너무 많거나 너무 적은 도시들도 있습니다. 그런 특이한 도시들은 흔히 아주 오랫동안 그런 특이성을 유지하죠. 저는 그런 특이성을 '국지적 특색(local flavor)'이라고 부릅니다. 예를 들면, 텍사스 주 남부와 캘리포니아 내륙의 도시들은 수십 년 동안 규모에 비해서 생산이 적은 상태를 유지해왔어요. 대조적으로 새너제이(실리콘 밸리)와 샌프란시스코는 우리의 데이터가 미치는 시점부터 줄곧 매우 훌륭한 생산성을 발휘해왔죠. 이 두 도시는 50년 전에도 번창했습니다. 그때는 마이크로 전자공학이나 인터넷 기업의 열풍이 불기 훨씬 전이었죠. 새너제이의 규모는 지난 반세기 동안 두 배로 커졌지만, 그 도시 특유의 고생산성은 유지되거나 심지어 증폭되었습니다. 약 50년 전에 샌프란시스코 남부에는 이미 전자공학 산업이 있었어요. 그 산업은 점차 소프트웨어 산업으로 발전했죠. 오래 전에 뿌려진 성장의 씨앗들이 여전히 그 도시들을 번창하게 합니다. 그 반대의 경우들도 있죠. 아무것도 없는 도시는 매력이 없어요. 그래서 사람들이 모이기는커녕 오히려 떠나는 경향이 있죠. 이처럼 도시는 오랫동안 기억됩니다. 도시의 매력은 영속적이고, 창조적인 웹디자이너 계급이 발휘하는 매력보다 훨씬 더 일반적이죠. 현재 우리는 이런 특이한 도시들의 고용 상황을 비교분석하고 있습니다. 이 연구에서 도시의 성장 메커니즘에 대한 통찰을 얻을 수 있을지도 모르죠."[9]

이런 식의 연구들은 도시화를 다루는 사회학자들에게 매우 익숙하다. 그러나 이제 우리는 조사 자료와 몇 번의 관찰에 의지하지 않아도 되는 시대를 맞이했다. 오늘날에는 방대한 데이터에서 사람들의 집단 형성을 관찰할 수 있고, 컴퓨터를 써서 사회적 과정들을 모형화할 수 있다. 이와 같은 새로운 유형의 연구는 생산 가속의 법칙의 바탕에 깔린 힘들에 관한 단서들을 제공할 수 있을 것이다. 이를테면 휴대전화 사용 데이터에서 사회 연결망의 역동성을 포착하여 그런 단서로 삼을 수 있다. 데이터가 더 많이 축적되면, 우리는 도시를 살찌우는 인간들의 상호작용에 대해서 더 잘 알게 될 것이다.

거대도시의 미래

규모의 경제의 법칙과 생산 가속의 법칙은 도시가 성장하는 방식을 이해하는 데에도 도움이 된다. 도시의 성장 방식은 우리가 이 챕터의 서두에서 던진 도시의 미래에 관한 질문들과 관련해서 매우 중요하다. 위의 두 법칙은 정반대의 힘들을 대변한다. 생산 가속의 법칙은 도시로의 이주를 매력적으로 만든다. 개인이 도시로 이주하면 돈을 더 벌 테고, 회사가 도시로 이주하면 생산성이 더 높아질 테니까 말이다. 성장은 성장을 부른다. 부, 창조성, 혁신 등 사람들의 상호작용에서 나오는 열매들은 양성 피드백을 창출하여 점점 더 많은 사람들을 끌어당긴다. 도시는 커질수록 더 큰 매력을 발휘한다. 지금 전 세계에서 믿기 어려운 속도로 진행되는 도시화가 이 사실을 증명한다. 다른 한편, 규모의 경제의 법칙은 성장을 제한한다. 도시가 커지면, 주민 1인당 기반시설은 줄어든다. 모든 주민이 느리게 사는 대형 동물처럼 기반시설 사용을 절약한다면, 1인당 기반시설의 감소는 장점일 수도 있다. 그러나 생산 가속의 법칙에 따라서 꾸준히 빨라지는 속도는 도시의 물리적 기반시설에 점점 더 큰 압력을 준다. 도시가 성장하면, 도시의 조직을 깊이 도려내지 않으면서 혈관들을 확장하기가 불가능해진다. 따라서 삶의 속도가 느려지기는커녕, 점점 더 많은 사람들이 혼잡한 거리와 대중교통에서 이동을 위한 전쟁을 벌이게 된다.

이런 관점에서 볼 때, 도시가 규모를 유지하거나 성장하는 것은 놀라운 현상이다. 기반시설을 재정비하는 것은 대도시보다 소도시가 더 쉬우므로, 대도시에 묶여 있을 이유가 없는 주민은 대도시를 떠나는 것이 논리적으로 옳다. 그러나 생산 가속의 매력이 워낙 커서 사람들은 대도시의 도로들이 항상 막히는 것을 당연시하는 것으로 보인다. 한 가지 타협책은 교외에서 사는 것이다. 그렇게 하면, 밤에는 비교적 한산하게 살고 낮에는 도시가 제공하는 집중의 혜택을 누릴 수 있다. 그러나 이 타협책은 교통 시스템의 부담을 가중시킨다. 사람들이 도시에 머무는 또다른 이유는 인간관계 때문이다. 그러나 도시 생활의 가속은 장기적으로 유지될 수 없다. 도시에서의 삶은 얼마나 더 빨라질 수 있을까? 일부 도시들에서는 삶의 속도와 기반시설의 부담이 이미 견디기 힘든 수준에 이르렀다. 노동자들은 그 빠른 속도에 적응해야 한다. 일본어에는 지나치게 일하다가 죽음에 이르는 것을 뜻하는 특별한 단어(軽し [과로사])까지 있다. 우리는 도시 생활을 견뎌내기 위해서 심리 상담가와 요가 선생에게 도움을 청한다. 도시들은 자멸할 지경이 될 때까지 계속 성장할까? 보행자들의 속도가 무한정 빨라질 수는 없다. 언젠가는 도시의 시스템들이 인간이 따라잡을 수 없을 정도로 빨라지는 때가 올 것이다. 과밀한 공간이 발휘하는 척력이 도시의 붕괴를 초래할 정도로 강해지는 때는 언제일까?

이 질문은 이 챕터에서 가장 중요한 다음과 같은 질문으로 우리를 이끈다. 어떻게 하면 우리 도시들을 거주 가능한 곳으로 유지할 수 있을까?

루이스 베텐코트는 생각한다. "도시는 자신을 재창조함으로써 위기를 피합니다. 도시는 작동 방식을 바꾸죠. 혁신은 신제품을 생산할 때뿐만 아니라 도시 기반시설과 사람들이 살고 일하는 방식을 바꿀 때도 쓰입니다." 가장 큰 도시들이 가장 먼저 지하철과 고속도로를 건설했고, 노동 패턴은 도시 환경의 압력에 맞게 변화했다. "도시구조의 제약들을 극복하려면 혁신이 필요합니다." 베텐코트는 이렇게 단언하면서, 뉴욕을 예로 든다. "지난 200년 동안 뉴욕의 인구는 거의 항상 증가했어요. 그러나 증가 속도는 일정하지 않았죠. 급성장은 20세기 초에 이민과 섬유 산업과 기타 대량 생산이 시작되었을 때와 1990년대에 대중매체와 인터넷 기업이 번창했을 때에 일어났습니다. 성장의 속도가 그 도시의 내적 역동성으로 감당할 수 없을 정도로 빠를 때는 항상 변화가 일어났죠. 굴뚝들에서 나오는 연기를 정화하는 기술이나 인구 과밀을 완화하는 기술이 없었다면, 뉴욕의 산업은 유지될 수 없었을 것입니다. 1970년대에 새로운 주민이 대폭 늘면서 범죄가 급증했을 때, 시 당국은 새로운 법 집행 방법들을 도입하여 범죄를 수용할 만한 수준으로 줄였죠. 이와 같은 혁신은 뉴욕을 유지시키고, 계속 변화하고 성장하게 합니다. 그리고 그 혁신에는 패턴이 있어요. 성장을 유지하기 위해서 뉴욕은 점점 더 빠른 속도로 혁신을 이루어내야 합니다. 인구가 증가할수록, 다음 위기가 닥쳐서 또 한번의 혁신으로 극복되기까지의 시간은 짧아지죠. 오늘날 뉴욕을 비롯한 대도시에 사는 사람들은 평생 동안 큰 변화를 여러 번 경험합니다."

베텐코트는 이와 같은 혁신의 패턴을 뉴욕의 역사 자료에서 확인했다. 그러나 그는 그 패턴을 도시의 인력과 척력에 관한 수학에서 도출하기도 했다. "도시의 인력과 척력이 빚어내는 상태는 불안정합니다. 도시가 유지되려면 끊임없이 변화해야 하죠. 도시의 장점들이 단점들을 압도하게 하려면, 끊임없이 활동해야 해요. 그렇지 않으면, 붕괴에 직면할 것입니다." 버펄로, 피츠버그, 클리블랜드 등에서는 이미 그런 붕괴가 일어났다. 이 도시들은 1960년 이후에 축소되었다. 이곳들은 혁신을 이어가는 데에 실패해서 음성 피드백이 발생했고, 주민들이 이탈했다.

거대도시들의 가속 성장을 멈추기 위해서 우리가 할 수 있는 일은 없을까? 베텐코트는 말한다. "우리는 그 성장의 배후에 있는 메커니즘들을 이제 막 이해하기 시작했습니다. 훨씬 더 많은 이론과 모형과 데이터가 필요해요. 그러나 결국 관건은 우리가 성장 속도의 가속을 멈출 수 있느냐 하는 질문이죠. 우리의 혁신은 계속될 것입니다. 혁신은 인간 본성의 일부이죠. 혁신의 중단은 우리의 본성에 반합니다. 그러나 무자비한 가속은 중단되어야 하죠. 언젠가는 기술이 혼잡 없는 집중을 가능하게 할지도 몰라요. 심지어 물리적인 집중 없이도 생산의 가속을 유지할 수 있는 날이 올 수도 있습니다. 그렇게 되면, 우리는 21세기 초를 돌아보면서 그때는 도시의 황금시대였다고, 인류가 역사를 통틀어서 가장 큰 문제들에 직면한 동시에 가장 큰 성취들을 이룬 때였다고 기억하게 될 것입니다."

지속 가능한 도시를 향하여

도시의 인적구조를 더 잘 이해하기 위해서 컴퓨터 시뮬레이션과 데이터 분석이 활발히 이루어지고 있다. 도시의 빠른 혁신 속도는 동물계에서 유례가 없다. 만일 도시가 살아 있는 동물처럼 느리게 혁신을 이룬다면, 도시는 벌써 폐허가 되었을 것이다. 도시의 물리적 기반시설이 유기적으로 성장하는 과정은 자연에서 관찰되는 패턴과 유사할 수도 있지만 인적 상호작용은 그렇지 않다. 루이스 베텐코트와 동료들의 발견은 우리가 이 책 곳곳에서 마주친 수많은 연결망들을 연상시킨다. 그러므로 그 연결망들을 논할 때 등장한 해법들은 도시의 미래를 고찰하는 데도 유용할 수 있다. 통신망은 몇 가지 점에서 도시의 인적구조와 유사하다. 정보 교환은 생산 가속의 법칙의 성립 여부를 결정한다. 통신망은 도시 사회학자 마누엘 카스텔이 "흐름들의 공간(space of flows)"이라고 부른 것, 즉 실시간 장거리 경제협력을 위한 정보 교환의 공간을 형성한다.[10] 도시를 인터넷에 속한 마디점과 비교해보라. 인터넷 마디점에는 분주히 작동하는 컴퓨터들이 있는 반면, 도시에는 발상과 생각과 지식을 교환하는 개인들이 있다. 도시는 데이터의 흐름을 수집하고 처리하고 바꾸는 인터넷 허브와 매우 유사하다. 인터넷에서 허브들의 크기 분포는 도시들의 크기 분포와 마찬가지로 멱법칙을 따른다. 통신망의 진화와 도시의 팽창은 많은 유사성을 가지고 있다. 3.2에서 우리는 인터넷 허브들이 도시들과 마찬가지로 극도로 빠르게 성장하고 있음을 보았다. 허브들에서의 정보 처리량은 인터넷 접속점의 개수보다 더 빠르게 증가하고 있다. 도시에서의 생산량이 도시인구보다 더 빠르게 증가하는 것처럼 말이다.

컴퓨터들이 통신 속도의 증가에 어떻게 대처하는지 살펴보면, 흥미로운 점들을 발견하게 된다. 마이크로 전자공학의 전통적인 해법은 프로세서의 클록 속도를 높이고 부품들을 더 밀집시켜서 상호작용 시간을 줄이는 것이었다. 이는 도시들이 규모를 키움과 동시에 활동 속도를 높이는 것과 유사하다. 또한 도시의 고층화와 매우 유사하게 마이크로칩도 입체 구조를 더 잘 이용하는 쪽으로 진화해왔다. 그러나 3.1에서 보았듯이, 이와 같은 마이크로 전자공학의 발전은 21세기가 시작될 무렵에 너무 빠른 클록 속도 때문에 칩이 과열될 지경에 이르면서 정체기를 맞았다. 재료의 물리적 한계가 발전을 가로막게 된 것이었다. 이와 유사하게 도시인구의 증가도 물리적 한계에 접근하고 있다. 우리가 도쿄 시민들이 이미 도달한 보행 속도보다 훨씬 더 빠르게 걷기는 어려울 것이다. 하나의 프로세서에 다수의 코어를 설치하여 병렬로 작동하게 하면 지금도 프로세서의 속도를 더 높일 수 있다. 이 해법을 도시에 적용한다면, 한 도시에 여러 중심을 두거나 인접한 여러 도시들을 묶어서 기능들을 분담시키는 방법을 고려할 수 있을 것이다. 마이크로 전자공학에서는 8개 이상의 코어를 병렬하는 것은 대개 실익이 없다. 코어들을 그렇게 많이 병렬하면, 상호작용의 복잡성이 증가하여 병렬의 효과가 상쇄되기 때문이다.

요컨대 더 이상 성장하기 어려운 최대 인터넷 허브들에서 취할 수 있는 조치들은 한계가 있다. 그 결과들 중 하나는 비교적 작은 허브들의 중요성이 증가하는 것이다. 가장 빠르게 성장하는 허브들은 이제 도쿄나 런던이나 뉴욕의 데이터 센터들이 아니라 그보다 작은 곳들이다. 그곳들은 최대 허브들을 우회하여 직접적인 상호연결을 형성해가고 있다. 실제로 이 신흥 데이터 센터들은 필요한 전문성과 시설을 모두 갖추었으며 추가 통신선 확보도 용이하다. 그러므로 미래에는 1밀리초의 상호작용 시간까지도 중요한 컴퓨터 서비스들만이 최대 허브들을 이용하게 될 것이다. 이와 같은 추세 때문에 인터넷 내부에서 최대 허브들을 우회하는 연결들의 밀도는 2001년경부터[11] 상승해왔다.[12] 이와 유사하게 최대 도시들도 빠른 상호작용이 필요한 기능들을 전담하는 쪽으로 진화하리라고 예측해볼 수 있다. 실제로 사스키아 사센을 비롯한 일부 도시 지리학자들은 그런 진화를 관찰했다.[13] "거대도시들"의 일부는 속도가 빠르고 잘 연결된 밀집 상태를 필요로 하는 사업들을 전담하는 쪽으로 되돌아가기 시작했다. 사센은 특히 대규모 금융 거래에 초점을 맞춘다. 그 사업은 거대도시에 머무는 반면, 여타 활동들은 다른 장소로 옮겨가는 경향이 갈수록 커지고 있다. 이러한 경향은 결국 최대 도시들의 성장을 제한할 것이다. 게다가 속도가 빠른 활동 부문 몇 개에 의존하는 구조는 거대도시들을 위태롭게 만든다. 예를 들면, 2008년에 시작된 금융 위기를 거대도시들이 어떻게 극복할지는 아직 지켜보아야 한다.

붕괴 예방

1980년대에 전산 센터들이 겪은 변화는 더욱 극단적이었다. 그 전의 10년 동안 점점 더 성능이 향상된 컴퓨터들은 전산 센터들로 모여들었다. 덕분에 여러 사용자들이 전문가와 값비싼 자원을 공유할 수 있었고, 이 혜택은 원거리 접속과 복잡한 사용일정 계획의 불편을 압도했다. 이 상황 역시 도시를 연상시킨다. 도시에서도 생산 가속의 혜택은 우리로 하여금 비좁고 갑갑한 환경을 감내하게 한다. 그러나 개인용 컴퓨터와 저렴한 연결망의 등장으로 상황은 갑자기 바뀌었고, 전산 센터들은 돌연 붕괴하기 시작했다. 전산 센터들은 차례로 해체되었고 그들이 쓰던 냉방이 갖추어진 방들은 디트로이트 도심처럼 버려졌다. 이와 유사하게 대도시들이 상호연결이 더 강한 소규모 공동체들로 쪼개지는 것은 충분히 가능한 시나리오이다.

개인용 컴퓨터가 등장한 지 20년이 흘렀다. 컴퓨터의 역사에서 20년이면, 영원이라고 할 만큼 긴 시간이다. 이제 과학자들은 우리가 3.2에서 살펴본 방식으로 최대 인터넷 허브들을 개조하기 위해서 애쓰는 중이다. 그곳들의 전자공학 장치들은 인터넷의 혈관인 광섬유를 통해서 운반된 빛 펄스를 직접 조작하는 장치들로 대체될 수 있을 것이다. 그러면 상호작용 시간이 단축되고 발생하는 열이 감소할 것이다. 도시도 이와 유사하게 발전한다면, 사람들의 상호작용 능력은 강화되면서 현재 그 강화에 동반되는 문제들은 발생하지 않게 될 것이다. 이 발전은 어떤 마법으로 인간의 본성을 바꿈으로써가 아니라 우리의 활동력을 향상시킴으로써 성취될 것이다. 예를 들면, 우리의 일을 대신 해줄 도구들을 마련함으로써 그 발전을 이룰 수 있을 것이다. 인적 상호작용의 판에 박힌 부분은 기계에 맡기고, 우리는 온갖 행정 업무에서 벗어나서 우리의 잠재력과 창조력에 더욱 집중할 수 있을 것이다.

그렇다고 해서 우리가 서로 교류할 필요성이 줄어들지는 않는다. 오히려 정반대로 개인적 상호작용은 더 친밀해질 필요가 있다. 따라서 여전히 당분간은 가까이 모여 살 필요가 있다. 그러나 미래에는 광대역 통신시설들 덕분에 가상 현실에서 실시간 실물 크기로 사교생활을 하는 것이 가능해질 것이다. 그러면 물리적으로 멀리 떨어진 타인들도 우리의 "곁에" 있게 될 것이다.

통신 기술이 발전하면 프로젝트들의 복잡성과 실행 속도가 동시에 높아진다. 정보시대의 도래와 도시들의 성장 시기가 일치하는 것은 아마도

이 때문일 것이다. 컴퓨터 연결망 비유는 우리의 도시들이 더 안정적이고 성장이 덜 급격한 상태를 향해서 진화할 가능성뿐만 아니라, 붕괴를 향해서 진화할 가능성도 시사한다. 연결망 관점은 도시의 미래를 생각할 때 확실히 유용하다. 그래서 이미 많은 사람들이 그 관점을 추구하고 있다.[14]

5.4
재난 시나리오들

중국 해안을 강타하는 태풍은 미국에 상륙하는 허리케인보다 10배는 더 치명적이다.[1] 미국에서는 더 나은 예방 조치와 경보 시스템과 피난 방법 덕분에 희생자가 그리 많지 않다. 더 효과적인 관찰과 통신이 사람들의 목숨을 구하는 것이다. 한 세기 전에 허리케인은 매년 7,000명의 미국인을 죽였지만, 요즘에는 카트리나(Katrina)처럼 많은 사상자를 내는 허리케인은 극히 드물다.

이런 진보는 아직 전 세계로 확산되지 않았다고 구스 베르크호우트는 유감스러운 듯이 말한다. 이 네덜란드 지구 물리학자는 과학자로 첫발을 내딛던 때부터 줄곧 재난과 재난 예방의 메커니즘을 연구해왔다. 그는 네덜란드 델프트 공과대학에서 처음에는 지하 영상화 전공 교수로, 나중에는 혁신 전공 교수로 일했다. 저자들은 해발 고도 마이너스 3미터에 위치한 대학 캠퍼스에서 그와 대담했다. 베르크호우트는 자신의 실험실과 동료들을 보호하기 위해서 필요한 조기 경보 시스템과 비상 계획을 연구하는 중이다. 그는 강조한다. "지진과 화산 분출, 태풍, 해일의 발생을 막을 길은 없습니다. 또 지진이나 태풍을 충분히 정확하게 예측하는 것도 아마 영원히 불가능할 것입니다. 사람들이 위험지역에서 사는 것을 막을 수도 없을 것입니다. 한마디로 위험지역들은 너무 매력적이에요."

실제로 사람들은 재난의 언저리에서 사는 것을 열망하는 듯하다. 세계 은행의 계산에 따르면, 전 세계 국가들의 5분의 1은 영구적인 자연 재난의 위협 아래에 놓여 있다. 세계 인구의 대략 절반인 34억 명이 자연 재난으로 목숨을 잃을 위험을 짊어지고 산다.[2] 그러나 위험지역들은 흔히 생활하고 일하기에 특별히 매력적이다. 그 이유 중 하나는 범람원과 화산 기슭의 토양이 매우 비옥하다는 점에 있다. 해안은 내륙보다 기후가 더 온화하고 토양이 더 기름지고 교통이 더 편리하다. 캘리포니아와 일본의 최대 인구밀집 지역들이 증언하듯이, 지진의 가능성도 사람들을 이주시키기에 충분하지 않다. 지진 활동이 있는 곳을 향하는 현재의 이주 동향은 위험지역의 인구가 앞으로도 증가하리라는 것을 시사한다. 특정 지역에서 살기 때문에 얻는 즉각적인 혜택들은 흔히 미래에 재난이 발생할 막연한 가능성을 압도하는 듯하다. 이런 연유로 수많은 사람들이 위험지역을 마다하지 않는 것으로 보인다.

조기 경보

구스 베르크호우트는 생각한다. "우리가 할 수 있는 주된 일은 재난을 조기에 탐지하고 완충하여 사람들이 무사히 탈출할 확률을 높이는 것입니다. 저는 영리한 센서들과 응답기들로 구성된 지구적인 감시 시스템을 구상하고 있어요. 공중에서, 지표면에서, 지하에서 무슨 일이 일어나고 있는지 정확히 알 필요가 있죠. 그 다음에는 그 모든 데이터를 종합하여 대책을 마련해야 할 것입니다."

필요한 기술은 이미 존재한다. 베르크호우트는 빈에 위치한 포괄적 핵실험 금지조약 기구(CNTBTO)를 위해서 일상적으로 수행되는 신속 탐지 활동을 예로 든다. 그 기구는 핵실험을 탐지할 목적으로 설계된, 초음파 측정 장치들의 지구적 연결망을 운영한다. 이 시스템은 매우 민감해서 어부가 고기를 잡기 위해서 일으킨 다이너마이트 폭발이나 빙산의 부스러짐까지 탐지한다. 2004년 12월 26일에 발생하여 쓰나미를 일으킨 지진도 즉시 탐지했다. 그러나 그 기구는 핵실험 감시 권한만을 가지고 있었

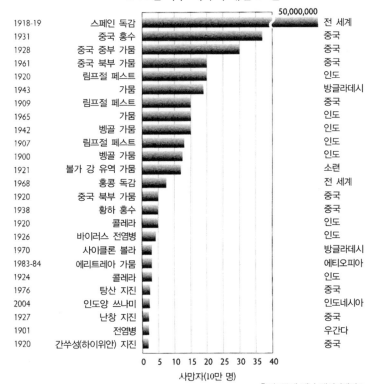

1900년 이후 최악의 재난 25건

연도	재난	지역
1918-19	스페인 독감	전 세계
1931	중국 홍수	중국
1928	중국 중부 가뭄	중국
1961	중국 북부 가뭄	중국
1920	림프절 페스트	인도
1943	가뭄	방글라데시
1909	림프절 페스트	중국
1965	가뭄	인도
1942	벵골 가뭄	인도
1907	림프절 페스트	인도
1900	벵골 가뭄	인도
1921	볼가 강 유역 가뭄	소련
1968	홍콩 독감	전 세계
1920	중국 북부 가뭄	중국
1938	황하 홍수	중국
1920	콜레라	인도
1926	바이러스 전염병	인도
1970	사이클론 볼라	방글라데시
1983-84	에리트레아 가뭄	에티오피아
1924	콜레라	인도
1976	탕산 지진	중국
2004	인도양 쓰나미	인도네시아
1927	난창 지진	중국
1901	전염병	우간다
1920	간쑤성(하이위안) 지진	중국

사망자(10만 명)

출처: 국제 재난 데이터베이스

가장 치명적인 재난들은 예나 지금이나 세계에서 가장 가난한 지역들에서 발생한다. 부와 재난 대비는 동전의 양면이다. 우리의 과제는 신뢰할 만한 지구적 재난 경보 시스템들을 마련하고 지역사회의 자구 노력을 돕는 것이다. 출처: 「국제 재난 데이터베이스(*The international disaster database*)」(2009), http://vermeer.net/disaster

기 때문에 인도네시아, 스리랑카, 인도에 경보를 보낼 수 없었고, 곧이어 닥친 쓰나미는 23만 명의 목숨을 앗아갔다.[3]

그후, CNTBTO 감시 시스템은 임무가 확장되어서 쓰나미 경보도 발령할 수 있게 되었다. 그러나 구스 베르크호우트는 이것이 시작에 불과하다고 믿는다. "그 기술을 확장하여 다른 재난들의 조짐도 포착해야 합니다." 그는 일본을 예로 든다. 일본에는 진동이 지각을 따라서 이동하는 데에 어느 정도 시간이 걸린다는 사실에 착안한 경보 시스템이 마련되어 있다.

지진이 발생해도 정확히 진앙에 있지 않은 사람들은 진동이 도달하기까지의 몇 초 동안에 건물 밖으로 빠져나올 수 있다. 2005년에 일본 센다이시 인근에서 지진이 발생했을 때, 그 도시의 한 학교의 학생들은 경보 발령 후 16초 동안에 무사히 건물 밖으로 대피했다.[4] 이런 성공적인 대피를 위해서는 상당한 훈련과 믿기 어려울 정도로 신속한 통신이 필요하다. 위성들도 지진 직전에 일어나는 전기 현상을 포착함으로써 조기 경보에 기여할 수 있다. 위성들이 효과적으로 가세한다면, 사람들이 대피할 시간을 몇 초는 더 확보할 수 있을 것이다.

베르크호우트는 이렇게 덧붙인다. "요즘은 감시 데이터와 과학적 모형을 결합하여 가까운 미래를 예측하는 경향이 점점 더 강해지고 있습니다. 그런 예측은 '재난 발생 시점'에 앞선 긴급 조치를 더 일찍 취할 수 있게 해주죠. 실제로 과학적 모형의 타당성은 궁극적으로—저는 역사와의 일치라고 부르는—과거 측정 자료와의 일치가 아니라, 미래 사건에 대한 예측을 통해서 검증된다는 것을 점점 더 많은 과학자들이 깨닫고 있습니다. 생생한 예로 기후 변화를 들 수 있죠. 현재의 기후 모형들은 예측력이 부족하기 때문에 역사와의 일치 단계에서 끊임없이 개량됩니다. 이 문제는 기후 변화를 둘러싼 과학적 논쟁에서 중요한 역할을 하죠.

조직의 타성

더 많은 센서들과 더 나은 모형들은 우리의 지식을 발전시키는 데에 당연히 도움이 될 것이다. 그러나 베르크호우트는 모든 이용 가능한 정보를 행동으로 바꾸는 것이 더욱 중요한 과제라고 주장한다. "예측력을 향상하여 조기 경보를 실현하는 것만으로 신속한 대응이 완성되는 것은 아닙니다. 정보는 행동의 단계에서 파편화되는 경향이 있어요. 정보가 여러 지역들과 조직들로 쪼개지는 것이죠. 다양한 기반시설들 사이의 비호환성은 정보 교환을 어렵게 만듭니다. 또 재난 시에 누가 전체적인 책임을 지는가에 대해서 정식으로 합의된 바가 전혀 없어요. 이런 상황에서는 모든 정보를 검토할 수 있다고 하더라도, 지휘 계통을 따라서 아래로 제때에 결정을 전달하는 일이 여전히 문제가 될 것입니다. 현재의 결정 위계는 너무 느릴 뿐만 아니라 너무 취약해요. 그 위계는 선형적이기 때문에 한 부분의 결함이 사슬 전체를 망가뜨립니다. 선형사슬은 취약하기로 악명이 높죠."

이런 문제들은 2004년 쓰나미에서 참담하게 불거졌다. 최신 지진 정보를 볼 수 있었던 태국의 한 기상학자는 쓰나미의 조짐이 충분히 명확하지 않다고 믿었기 때문에 경보를 발령하지 않기로 결정했다. 이처럼 하향식 선형 시스템은 단 하나의 결정 때문에 무력화될 수 있다. 그러므로 CNTBTO의 감시 시스템이 활용되더라도 의사결정 과정은 매우 중요하다. 구조 활동의 지휘와 관련해서도 마찬가지이다. 허리케인 카트리나가 강타한 뉴올리언스에서는 사전 경보가 충분히 있었음에도 불구하고, 위계적인 지휘구조가 옳은 결정들을 막았기 때문에 구조 활동이 매우 혼란스러웠다. 베르크호우트는 말한다. "모든 것이 멈추는 상황을 볼 수 있었죠. 사람들이 미리 받은 지시들을 고분고분 따르게 만드는 것은 아무 도움이 되지 않습니다."

최근의 연구들은 네덜란드에 폭풍이 닥치면 조직의 타성 때문에 수천 명이 희생될 수 있다는 것을 보여준다.[5] 네덜란드는 중세 이래로 끊임없이 바다와 싸우며 영토를 확보해온 저지대 국가이다. 지금 네덜란드는 사회의 복잡성이 꾸준히 높아지는 변화 때문에 그 싸움에서 질 위험이 있다는 것을 깨닫는 중이다. 복잡한 사회에서는 결정을 내리고 피난을 실행하는 데에 너무 오랜 시간이 걸린다. 구스 베르크호우트의 실험실도 위험지역에 있다.

자체 조직화

베르크호우트는 덧붙인다. "현재의 비상 계획들은 여전히 엄격한 지침들을 선형적으로 억지스럽게 따르는 과정을 특징으로 합니다. 관련자들은 예상 밖의 사태에 즉석에서 대응하기 위해서 필요한 정보를 완전히 확보하지 못해요. 예를 들면, 뉴올리언스에서 지휘 계통에 속한 한 인물은 침수되어가는 슈퍼마켓의 상품들을 대피소로 옮길 수 있게 꺼내기로 결정했습니다. 이것은 유용한 발상이었지만, 과연 시급한 조치였을까요? 모래주머니를 만들어야 할 군인들이 갑자기 물에 빠진 동물들을 건지는 등의 다른 작업에 투입되는 일도 있었습니다. 이것 역시 유용한 작업이지만, 당시 상황에서 가장 절실한 작업인지는 아무도 몰랐죠."

위계 연결망은 뜻밖의 사건과 실수가 거의 없어야 제대로 작동한다.[6] 그러나 뜻밖의 사건과 실수야말로 재난 상황의 핵심 특징이다. 베르크호우트는 설명한다. "중앙 통제소에서 위계 연결망을 통해서 내려오는 지시들은 재난 상황에서는 너무 늦게 도착하거나 아예 도착하지 않기 마련입니다." 따라서 유실된 정보를 벌충하기 위한 여분의 정보가 반드시 필요하다. 최적의 조직구조는 기계적이지 않다. 예상 밖의 사건과 유실된 데이터를 다루는 데는 분산형 유기 연결망이 가장 튼튼하다.[7] "위기가 닥치면 평범한 사람들이 스스로 결정을 내릴 수 있어야 합니다. 위기 관리는 주로 자체 조직화를 통해서 유연하게 이루어져야 하죠. 지휘 계통은 자원 관리와 전략적 결정에만 집중해야 합니다. 다시 말해서 현장에서의 '상황 파악'과 중앙 통제소에서의 '총체적 개관'이 균형을 이루어야 하는 것이죠. 그렇게 되려면 위기 대처 조직과 수단들이 크게 바뀌어야 합니다. 문화가 많이 달라져야 한다는 것은 말할 것도 없죠."

구스 베르크호우트는 최신 정보 기술과 통신 기술이 문화가 자체 조직화를 권장하는 방향으로 변화하는 것을 가속한다고 믿는다. 경찰차에 동료 경찰들의 위치를 알려주는 모니터를 설치하고 경찰관들의 행동 변화를 살피는 실험들이 이미 진행되고 있다. 그 모니터는 페이스북, 트위터, 링크드인 등의 온라인 사회 연결망처럼 경찰관들이 주변의 동료들을 찾아낼 수 있게 해준다. 통제실은 사건 현장에 가장 가까이 있는 경찰관이 누구인지 판단할 필요가 없다. 순찰 중인 경찰관들이 차량에 탑재된 컴퓨터의 도움을 받아서 스스로 판단할 수 있으니까 말이다. 이와 유사하게, 재난이 임박했을 때 사람들에게 충분한 정보가 주어진다면, 사람들은 스스로 알아서 대피소로 이동할 수 있을 것이다. 베르크호우트는 말한다. "그렇게 되면 피난 과정이 적은 비용과 적은 인력으로 훨씬 더 빠르게 진행될 것입니다. 현재 자체 조직화를 통한 협력 기술들은 현실에 적용하기에 충분할 만큼 발전되어 있어요. 그 기술들의 적용은 안전의 측면에서 진정한 도약일 것입니다. 더구나 사회의 복잡성이 계속 증가하고 있기 때문에, 그 기술들의 적용은 시급하게 필요하죠. 정보에 접근할 수 있고 자기 자신을 위한 구조 활동을 스스로 결정할 수 있는 사람들이 더 많아지지 않는다면, 사회의 복잡성 증가는 타성의 증가를 의미합니다."

모두에게 알려라

상세한 피난 행동을 이재민 자신들에게 맡기는 전략은 당연히 위험한 측면도 있다. 온갖 예상 외의 강력한 상호작용들이 발생할 수 있기 때문이다. 사람들이 쥐떼처럼 앞사람의 등만 보면서 달릴 수도 있다. 이런 피난 상황은 다른 복잡한 동역학 시스템과 마찬가지로 이론상 불안정하고 심지어 카오스적이 될 수도 있다. 구스 베르크호우트는 힘주어 말한다. "그러나 전략적인 수준에서 거시 규모의 결정들이 내려지는 한, 그런 혼란은 발생하지 않을 것입니다. 게다가 국지적인 결정들이 전부 합리적일 필요는 없어요. 단지 그 결정들의 다수가 합리적이면 되죠. 강력한 접촉은 모든 사람이 보조를 맞추게 만들 것입니다. 이러한 조정은 모든 사람이 자신의 자동차를 스스로 운전하는 고속도로에서 일어나는 조정과 유사해요. 자동차들은 끊임없이 서로 반응하여 작은 조정들을 실시함으로써 높은 속도를 유지하면서도 안전하게 통행할 수 있습니다. 이 현상을 일컬어서 **지능적인 무리짓기**(intelligent swarming)라고 하죠."

물론 무리가 틀린 결정을 할 수도 있다. 임박한 재난 앞에서 미디어가 대중을 뒤흔들어서 모든 사람이 쥐떼처럼 한 방향으로 질주하게 될 위험을 경계해야 하지 않을까? 베르크호우트는 그럴 필요가 없다고 주장한다. "미디어가 그런 구실을 하는 것은 정보가 부족할 때뿐입니다. 쥐들이 달려갈 방향을 안다면 혼란은 일어나지 않겠죠. 모든 사람이 동일한 정보를 입수할 수 있다면, 추측이 들어설 여지는 없습니다. 그런 상황에서 기자들은 초조하고 목소리가 큰 사람들의 진술에 근거를 둔 보도를 하지 않을 것입니다. 사람들은 추정 사상자 수의 근거를 스스로 파악할 수 있어요. 사람들은 이미 블로그에서 스스로 기자의 역할을 하기 시작했습니다. 우리는 미디어와 대중이 위기 관리에 참여해야 한다는 것을 깨닫기 시작했죠. 미디어와 대중은 정보사슬의 일부입니다."

베르크호우트는 이렇게 강조한다. "이 모든 것들에 대한 연구는 현재 진지한 게임의 형태로 이루어지고 있습니다. 디지털 컴퓨터들이 페타플롭(petaflop : 1초당 1,000조 회의 연산/역주) 시대로 접어드는 지금, 우리는 온갖 재난을 매우 현실적으로 시뮬레이션할 수 있죠. 더 나아가서 대안적인 의사결정 과정들이 다양한 시나리오에서 얼마나 효과적인지 평가할 수 있어요. 이런 식으로 우리는 미래의 재난에 대비해야 합니다."

앞으로 20년이 지나도 재난은 여전히 우리 곁에 있을 것이 분명하다. 그러나 구스 베르크호우트는 우리가 재난의 귀결들을 완화하여 희생자를 줄일 수 있다고 말한다. "더 나은 과학적 모형들, 더 나은 예측 기술, 근본적으로 다른 조직, 사상자와 피해 금액을 줄이려면 이 세 가지가 모두 필요합니다. 이것들을 시급히 마련하는 것이 우리 모두의 도덕적 의무이죠."

5.5
신뢰할 만한 금융

저자들이 이 챕터의 초고를 작성할 무렵, 세계는 갑자기 1930년대 이래 최악의 경제 위기에 빠졌다. 금융의 불안정성, 보너스 문화, 금융 거품 붕괴가 우리의 집단적 미래에 가할 수 있는 충격에 대해서 글을 쓰자마자 그 글의 내용이 종이에서 나와서 세계 경제를 휘젓는 모습을 보는 기분은 착잡했다. 저자들은 글쓰기를 중단하고 금융 전문가 장-필립 부쇼를 다시 만났다. 당시 현실에서 벌어지던 불길한 사태들은 몇 개월 전에 저자들과 부쇼가 토론할 때 주제로 삼았던 것들이었다.

부쇼는 돈이 얼마나 빠르게 움직일 수 있는지를 잘 안다. 그는 자신의 컴퓨터 시스템들을 세 대륙의 금융 중심지에 최대한 인접한 곳들에 설치했다. 대륙 사이의 통신은 몇 밀리초의 시간 지체를 초래할 수 있기 때문이다. 쉽게 말해서 그는 그러한 시간 지체로 인한 손실을 감당할 수 없다. 부쇼는 농담조로 말한다. "투기성 단기자금의 이동 속도는 빛의 속도에 가깝습니다. 상대성 이론을 감안해서 금융을 해야 할 판이죠." 물리학자인 부쇼는 상대성 이론이 우리의 행동을 어떻게 제한하는지 잘 안다. 그러나 그가 자연법칙들에서 얻은 교훈은 그것만이 아니다. 부쇼가 주된 관심을 쏟는 분야는 가장 정교한 물리학, 개별 원자들의 행동에서 전기 전도성이나 자기와 같은 집단현상이 어떻게 발생하는지 설명하는 물리학이다. 그는 현재 명문 파리 이공과 대학의 교수이지만, 여러 해 전부터 집단현상에 대한 물리학 지식을 금융시장의 가격 변동에 적용하는 작업을 해왔다. 부쇼는 장-피에르 아길라, 마크 포터스와 함께 캐피탈 펀드 매니지먼트 사를 설립했는데, 이 회사는 급성장하여 프랑스에서 가장 크고 성공적인 헤지펀드가 되었다. 이 회사가 이토록 큰 성공을 거둔 것은 아마도 부쇼의 아이디어가 경제 전문가들이 오랫동안 발전시켜온 표준적인 접근법과 근본적으로 다르기 때문일 것이다.

우리가 아는 경제학의 종말

금융시장의 패턴을 발견하기 위한 연구는 1950년대와 1960년대에 엄청나게 많이 이루어졌다. 그 결과로 오늘날 은행을 비롯한 금융기관들이 일상적으로 사용하는 "계량" 경제학 이론들이 탄생했다. 그 이론들과 연계된 수학적 모형들은 거래자들이 시장을 분석하고, 컴퓨터들이 자동으로 거래할 수 있게 한다. 그러나 필립 부쇼는 이 경제학 이론들이 지금까지 낸 성과는 실망스럽다고 지적한다. "경제학이 무슨 성과를 냈습니까? 경제학자들은 위기를 예측하거나 예방하는 데에 번번이 실패했습니다. 2007-2008년의 세계적인 신용 위기 때에도 그랬죠." 2007년에 금융시장이 정통 경제학에 따르면 10억 년에 1번 있을까 말까 한 행동을 나타내기 시작했을 때, 모형 제작자들은 충격에 빠졌다.[1] 가격들은 이론이 예측한 방향에서 정확하게 반대로 움직였다. 위험에 대비했다고 자부한 투자자들은 자신들의 자산이 증발하는 것을 지켜봐야 했다. 경제학 이론들을 써서 자동으로 거래하는 컴퓨터 프로그램들은 갑자기 무용지물이 되었다. 눈덩이 효과는 거침없는 눈사태로 바뀌어서 가격들을 급락시켰다. 이것은 정상을 훨씬 벗어나 문턱을 넘어서 기본적으로 통제불능 상태가 된 불안정한 시스템의 행동 특징이다.

표준 이론은 경제 행위자들이 모든 이용 가능한 정보를 효과적으로 이용한다고 전제한다. 표준 이론은 어떤 기업이 얼마나 가치가 있고, 따라서 그 기업의 주식은 가격이 얼마여야 하는지를 전문가들이 안다고 생각

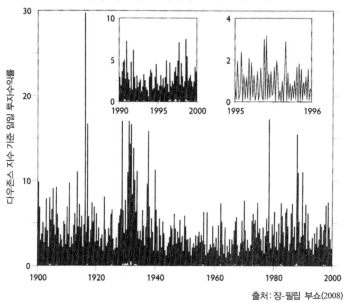

여러 시간 규모에서 주식 가격의 변동

출처: 장-필립 부쇼(2008)

금융 거래의 패턴은 어떤 시간 규모에서 보더라도 유사한 구조를 나타낸다. 연구 결과들은 주식 거래와 기업 관련 뉴스 사이에 연관성이 거의 없다는 것을 보여준다. 거래자들은 나름의 고유한 메커니즘에 따라서 행동하는 듯하다. 우리의 당면 과제는 금융 시장의 거품과 위기를 유발하는 떼거리 행동을 방지하는 것이다. 출처 : 장-필립 부쇼와의 대화(2008).

한다. 이 이론에서 주식 가격은 항상 합리적이다. 기업에 관한 소식들이 전해짐에 따라서 기업의 가치는 등락하고, 주식 거래는 가격이 다시 균형에 도달할 때까지 이루어진다. 이러한 이론적 균형은 근대 경제학 전체의 토대이다. 스코틀랜드 경제학자 애덤 스미스는 일찍이 1776년에 참된 가치를 어김없이 반영하는 가격을 통해서 수요와 공급의 균형을 맞추는 "보이지 않는 손(an invisible hand)"이 존재한다고 주장했다.[2] 일리 있는 주장이다. 투자자들이 돈을 잃을 위험을 무릅쓰고 기업의 실제 가치보다 더 많은 가격에 주식을 살 이유가 없지 않은가? 부쇼는 이렇게 대꾸한다. "2008년의 위기가 준 교훈이 있다면, 그것은 많은 행위자들이 비합리적으로 행동한다는 것입니다. 사람들이 각자 고립된 상태로 자신의 판단력과 이성에 입각하여 판단한다는 것은 틀린 말이에요. 이제 와서 하는 말이지만, 자유시장이 모든 것을 알고 완벽하게 효율적이라는 생각은, 믿을 만한 과학이라기보다 반공 선전에 가깝습니다. 자유시장 옹호자들의 주장과 달리, 많은 경우에 시장의 균형을 깨는 것은 정부의 규제가 아니에요. 거래자들 자신이 시장의 균형을 깨는 경우가 더 흔하죠. 사람들은 서로를 흉내냅니다. 그러면서 지나치게 확신하거나 겁을 먹죠. 거래자들은 정보를 잘 갖추고서 자기들끼리 옳은 균형을 찾아내는 전문가들이 결코 아닙니다." 이 지적은 수전 그린필드의 생각을 연상시킨다(5.2). 거의 모든 거래자들은, 지식은 많지만 해당 사안에 대한 이해가 부족할 가능성이 높다. 게임을 즐기는 사람들의 대부분과 마찬가지로, 거래자들은 맥락에 큰 관심을 두지 않아도 사건과 정보에 신속하게 반응할 수 있다.

거래의 바탕에 깔린 메커니즘들을 제대로 이해하려면 새로운 경제학 이론, 시장의 불균형을 감안하는 이론이 필요하다고 부쇼는 믿는다. "거래자들과 소비자들의 비합리성을 모형화할 수 있는 이론, 호모 이코노미쿠스(*Homo economicus*)의 행동 방식의 핵심 요소들을 두루 고려하는 이론이 필요합니다. 가격의 균형을 깨는 과정들이 명백히 존재하는 듯한데도 그런 이론이 없다는 것은 놀라운 일이죠."[3, 4]

공포와 탐욕이 지배하는 시장

가장 시급한 과제는 경제학 모형에 떼거리 행동을 포함시키는 것이라고 장-필립 부쇼는 생각한다. "우리는 모방을 통해서 배워요. 이것은 아마 훌륭한 생존 전략일 것입니다. 그러나 모방은 위험한 행동이기도 하죠. 모방은 통제하기 어려운 집단현상을 유발할 수 있어요. 저는 박수치기와 같은 단순한 모방 상황들을 연구해왔습니다. 연주회의 청중은 다른 사람들의 박수치기 행동에 민감하게 반응해요. 얼핏 생각하면, 박수가 천천히 잦아들다가 끝날 것이라고 예상할 수 있습니다. 그러나 누구나 타인들의 박수소리에 귀를 기울이기 때문에, 현실에서 박수는 갑자기 끝이 나죠. 박수를 치는 마지막 인물이 되고 싶은 사람은 없습니다. 모방은 갑작스러운 변화의 원인이 될 수 있어요. 서로의 박수소리를 들을 수 없다면, 청중의 박수는 차츰 잦아들 것입니다." 떼거리 행동의 또다른 예는 재난을 다룬 챕터에서 언급되었다(5.4). 다른 사람들이 달아날 때 덩달아 달아나는 것은 옳은 생존 전략일 가능성이 높다. 그러나 그 전략 때문에 통제불능의 집단적인 행동이 합리적인 이유 없이 발생할 수도 있다.

이 생각들을 금융시장에 적용하기는 어렵지 않다. 거래자들이 각자 나름대로 시장에 대한 통찰을 확고하게 가지고 있지 않고, 적어도 부분적으로 주변 사람들의 영향을 받는다고 해보자. 금융시장의 복잡성을 생각할 때, 이 전제는 비합리적이지 않다. 이 경우에 거래자들은 타인들이 낙관적일 때 덩달아서 낙관적인 태도를 취하여 청중의 박수를 연상시키는 집단적인 행동을 강화하고 결국 시장의 급격한 호황을 야기할 것이다. 실제로 2007-2008년의 신용 위기에 앞선 몇 년 동안 정확히 그런 일이 벌어졌다. 사람들은 집단적인 행복감으로 인해서, 식별할 수 있었을 시장의 부정적인 징후 여러 건을 감지하지 못했다. 거꾸로 이러한 높은 기대들이 유지될 수 없다는 것이 밝혀지고 거래자들이 새삼 불길한 예상을 품게 되자, 상승 경향은 갑자기 뒤집혔다. 박수가 돌연 중단되었다. 비선형 동역학 시스템을 다루는 과학의 개척자인 페르 박은 이 모방 과정을 정량적으로 탐구했다. 그는 인간의 모방 행동에 기초를 둔 단순한 모형을 통해서 주식 가격들이 나타내는 이상한 패턴, 즉 경제학자들을 수십 년 동안 혼란스럽게 했던 그 패턴을 이해할 수 있다는 것을 발견했다.[5]

가격 요동의 문제

금융시장의 가격들은 뚜렷한 이유 없이 오르내린다. 이런 특징을 경제학자들은 **변동성**(volatility)이라고 일컫는다. 장-필립 부쇼는 설명한다. "시장의 활동성은 합리적인 전제하에서 기대할 만한 수준보다 훨씬 더 높습니다. 전형적인 개별 주식의 가격은 하루에 2퍼센트 변동하죠. 그러나 어떤 회사의 가치에 영향을 끼칠 만한 뉴스가 전혀 없는 날에도 그 회사의 가치가 매우 많이, 매우 자주 바뀐다는 것이 말이 될까요? 주식 가격들은 심지어 1초 동안에도 격하게 요동합니다. 어떤 뉴스도 따라갈 수 없을 정도로 빠르고 빈번하게 요동하는 것이죠. 요컨대 가격의 움직임과 해당 회사에 관한 뉴스 사이에 일대일 관계는 없습니다." 부쇼는 이렇게 단언한다. 또한 그는 이 단언을 정량적으로 증명했다.[6]

가격 변동이 야기하는 문제는 그것에 국한되지 않는다. 폭락들이 표준 경제 이론의 예측보다 훨씬 더 자주 발생한다. 아무도 과거의 폭락과 관련된 수치들에 진지한 관심을 기울이지 않는 듯하다.[7] 금융시장 요동의 통계는 평형점 근처에서의 무작위한 운동을 닮지 않았다. 그 통계는 오히려 불안정성의 원형적인 예인 지진과 눈사태의 패턴을 연상시킨다. 그 패턴은 이 책의 곳곳에서 등장하는 멱법칙의 패턴으로 긴장이 축적되어서 갑자기 방출되는 과정을 시사한다. 그런 과정에서는 큰 요동이 평형 상태보다 훨씬 더 자주 발생한다.

페르 박의 계산들은 이 요동을 떼거리 행동을 통해서 쉽게 설명할 수 있다는 것을 시사한다. 떼거리 행동은 거래의 근거가 될 만한 뉴스가 없어도 거래가 계속되는 이유도 설명해준다. 페르 박의 떼거리 모형은 심한 단순화의 결과라고 할 수도 있겠지만, 표준 경제학으로 설명할 수 없는 현상을 단순한 전제들을 채택함으로써 이해할 수 있다는 것을 보여주는 좋은 예이다. 떼거리 모형들을 더 현실적으로 만들려면, 거래자들의 위험 감수를 부추기는 보상체계 등의 비합리적 요소들을 추가해야 한다. 부쇼는 도박 성향이 인간의 천성이라고 주장한다. "거래자들은 도박을 하고 위험을 감수할 동기가 있습니다. 최악의 결과는 일자리를 잃는 것이지만, 최선의 결과는 그들의 인생을 바꿔놓을 만큼의 특별 수당을 받는 것이죠. 이 보상의 비대칭성이 사람들로 하여금 누구도 통제할 수 없을 정도의 위험을 감수하도록 부추깁니다. 이로 인해서 촉발된 양성 피드백은 2008년 위기 때에 시장을 심각하게 교란했죠."

이처럼 비선형 동역학에서 영감을 얻은 새로운 모형들은, 중요하지만 잘 이해되지 않은 시장의 특징들을 설명한다. 부쇼는 경고한다. "그러나 이것은 아직 비주류에 불과합니다. 이 연구는 경제학의 변방에 머물러 있죠. 우리는 여전히 외부자입니다. 저는 요즘에 과거보다 강연 요청을 더 많이 받지만, 이 생각들이 주류 경제학에 진입한 것은 아니에요. 교과서도 없고, 대학에서 가르치지도 않습니다. 바꿔 말해서, 낡은 믿음들이 여전히 건재하죠."

시장의 투명성 향상

주식시장의 움직임과 비평형 과정들이 매우 깔끔하게 일치한다는 깨달음은 경제 물리학자들에게 의심할 여지가 없는 성취였다. 그러나 격한 요동과 거품과 폭락이 우리 금융시장의 내재적 특징이라는 생각은 우리를 불안하게 만든다. 유일한 희망은, 주식시장의 저변에 깔린 과정들을 더 깊이 통찰하면 요동을 완화하고 다음번 위기를 막을 수단들을 얻을 수 있을지도 모른다는 것이다. 장-필립 부쇼는 규제기관들이 가장 먼저 해야 할 일들 중 하나는 시장의 투명성을 높이는 것이라고 생각한다. "데이터가 없으면, 시장을 이해할 가망이 없습니다. 그러나 은행들이 강하게 반발하기 때문에, 시장의 투명성 향상은 매우 어렵죠. 은행들은 무엇인가를 숨길 수 있어야 유리합니다. 당신이 자동차를 팔 때와 비슷하죠. 당신은 구매자가 자동차의 작은 결함까지 전부 다 알기를 원하지 않을 것입니다. 그러나 효율적인 시장은 정보가 모든 사람에게 알려질 것을 요구하죠. 정보가 보편적으로 공유되지 않으면, 구매자가 지불하는 금액은 자동차의 참된 상태에 걸맞지 않을 것이 뻔합니다."

시장의 투명성 향상이 어려운 것은 금융 연결망들이 끊임없이 진화하기 때문이기도 하다. 부쇼는 말한다. "금융기관들은 다른 모든 산업과 마찬가지로 혁신합니다. 새 상품들은 처음에 잘 이해되지 않는 경우가 많죠. 그래서 새 위험들이 거의 규제 없이 발생해요. 이것은 놀라운 일입니다. 식품과 의약품의 경우, 새 상품을 시장에 내놓기 전에 스스로 위험을 평가하도록 요구하는 규제기관들이 있죠. 새 상품이 많은 사람들을 위험에 빠뜨릴 수 있기 때문에 그런 규제는 정당합니다. 그러나 우리가 얼마 전에 보았듯이, 금융 위기도 평범한 사람들에게 매우 큰 충격을 줄 수 있어요. 새로운 금융 상품도 식품이나 의약품과 마찬가지로 규제하고 모든 시장 데이터를 공개하도록 요구해야 합니다." 일단 정보를 확보하면, 컴퓨터로 정보를 분석하고 금융 모형들을 검증할 수 있다. "컴퓨터는 많은 데이터를 순식간에 분석할 수 있습니다. 그 결과 불안정의 조짐들이 감지되면, 우리는 곧바로 그에 대항하여 행동할 수 있죠. 컴퓨터가 가담한 피드백 고리들은 인간의 의사결정보다 훨씬 더 신속합니다. 그 고리들은 신속한 대처를 가능하게 해서 통제불능의 사태에도 연착륙의 가능성을 열어줄 것입니다."

취리히에서 연구하는 한 팀은 이 아이디어를 실행에 옮기고 있다. 국제적인 지진 전문가 디디에 소르네트는 스위스 연방 공과대학에 "금융 위기 관측소"를 차렸다. 그곳에서 그의 컴퓨터들은, 대체로 지각에 변형력이 축적되었다는 조짐을 탐색할 때와 같은 방식으로, 금융시장에서의 비합리적 떼거리 행동의 조짐들을 탐색한다. 소르네트는 어떤 양이든 지수적인 증가율보다 더 빠르게 증가하는 것은 위험한 조짐이라고 믿는다. 그런 증가는 지나친 확신의 결과이며, 사람들의 모방 행동을 유발하여 시장의 지속 불가능한 상승을 초래한다. 2008년 금융 위기 직전에 미국의 주택 가격이 바로 그렇게 상승했고, 1990년대에 인터넷 기업 거품과 2006-2008년에 석유 가격 거품이 형성될 때에도 유사한 패턴이 탐지되었다. 부쇼는 말한다. "이것은 모든 투자자가 해야 할 최소한의 행동입니다. 우리는 리먼 브라더스의 신용 부도 스와프 상품들이 위험한 속도로 증가하는 것을 감지하고 곧바로 조치를 취했죠. 우리는 파산 며칠 전에 투자금을 회수했습니다. 이런 분석들은 절대적으로 필요하지만, 데이터가 있어야만 할 수 있죠."

비합리성 제거

장-필립 부쇼는 또 하나 필요한 것이 시장에서 인간의 감정을 추방하는 것이라고 주장한다. "잘 아는 사람들은 거래를 덜 합니다. 투자 상품의 가치에 거래비용 이상의 변화를 일으킬 새로운 정보가 없다는 것을 알기 때문이죠. 너무 잦은 매매는 수학을 잘 모르는 사람의 행동일 경우가 많아요. 자동 거래 시스템은 불필요한 거래를 없앨 것입니다. 컴퓨터는 감정이 없기 때문에, 자동 거래 시스템은 과신과 오만의 문제를 극복할 수 있죠. 컴퓨터는 특별 수당을 받지 않아요. 또 미친 결정을 내리지 않고 갑자기 생각을 바꾸지 않습니다. 컴퓨터는 해야 할 일만 하죠."

그러나 컴퓨터 거래는 프로그램 오류와 결함 등의 다른 위험들을 초래할 수도 있다고 부쇼는 경고한다. "그릇된 경제적 아이디어들에 바탕을 둔 알고리듬을 사용하는 컴퓨터들은 금융시장에서 이미 여러 번 일어난 것과 같은 양성 피드백을 뜻하지 않게 일으킬 수 있습니다. 그러므로 우리는 컴퓨터들의 한계를 잘 알아야 하죠. 그러나 적절한 컴퓨터 사용은 장기적으로 시장을 안정화할 수 있을 것입니다. 시장의 변동성은 위기 전의 마지막 5년 동안 감소했는데, 그 원인 중 하나는 자동화된 거래 전략이었죠."

그러나 가장 중요한 점은, 비선형 동역학을 경제학에 적용함으로써 시장 메커니즘을 더 잘 이해할 수 있다는 것이다. 컴퓨터 시뮬레이션과 기타 새로운 연결망 과학의 도구들은 거래 연결망 내부의 상호작용들에 대한 더 깊은 통찰을 제공하고, 시장의 안정성을 향상시키는 새로운 방법에 관한 교훈을 줄 수 있다. 가능한 한 가지 해법은 시장을 더 국지화하는 것이다. 국지화는 위험한 병이 발생했을 경우에 확실히 이로운 전략이며 생태계가 안정을 추구하는 방식과도 유사하다. 어쩌면 금융 거래세 형태의 마찰을 시장에 도입할 필요가 있을 것이다. 국지화는 지구적인 상호의존성을 감소시키는 구실도 할 것이다. 현재 스웨덴은 이 해법의 도입을 원하고 있다. 또는 이제껏 아무도 생각하지 못한 해결책이 있을지도 모른다. 부쇼는 강조한다. "비평형 과정들을 포함하는 더 나은 모형들을 개발하는 일이 매우 중요합니다. 옳은 모형은 비록 정교하지 못하더라도, 중요한 통찰을 제공할 것입니다 그런 모형은 틀린 전제들을 토대로 삼은 정교한 모형들보다 훨씬 더 낫죠. 편협한 모형들은 시장 메커니즘에 관한 오해를 심어줍니다. 다른 과학 문화가 등장해야 해요. 물리학자들인 우리는 최대한 많이 의심하라고 가르치는 문화 속에서 성장했습니다. 경제학은 몇 가지 전제들에 대한 맹목적인 믿음을 토대로 삼죠. 이것이 바뀌어야 합니다."

장-필립 부쇼가 이끄는 캐피탈 펀드 매니지먼트 사의 성공은 더 합리적이고 투명한 금융 거래 전략의 위력을 잘 보여준다. "우리는 위기 때문에 거의 모든 펀드의 가치가 떨어지던 2008년에 수익률 8.5퍼센트를 달성했습니다. 독성이 있는 금융 상품들을 항상 멀리한 덕분이었죠. 우리는 완전히 투명하고 모든 데이터를 이용할 수 있는 시장에 나온 금융 상품들만 거래합니다. 우리의 전략은 언제나 위험을 일정한 수준으로 유지하는 것이죠. 바꿔 말해서 한 시장에서 변동성과 위험이 증가하면, 우리는 그 증가를 상쇄하기 위해서 자금의 일부를 회수합니다. 이것은 완벽하게 합리적인 전략이며 확실히 득이 되었어요. 유일한 문제는 고객들이 공황에 빠지기 시작한 것이었죠. 위기가 절정에 달했을 때, 우리 고객 3명 중 1명은 펀드에서 이탈했는데, 그것은 우리의 성과 때문이 아니라 다른 곳에서 발생한 손실을 메워야 했기 때문에 또는 순전히 공황 상태가 왔기 때문이었습니다."

5.6
평화

매년 100만 명이 전쟁과 테러로 사망한다.[1] 이 통계대로라면, 앞으로 20년 동안 2,000만 명이 무력 분쟁으로 인해서 사망할 것이다. 이것을 막기 위해서 우리가 할 수 있는 일이 있을까? 전쟁의 기원은 인류의 가장 오래된 질문 가운데 하나이다. 모든 주요 종교는 무력 분쟁을 제한하는 규칙들을 제시한다. 그럼에도 불구하고 전쟁은 역사 속에서 항상 존재해온 듯하다. 과연 우리의 능력으로 전쟁과 테러를 막을 수 있을까?

영국 기상학자 루이스 프라이 리처드슨은 전쟁을 통계적으로 분석한 최초의 인물 중 하나이다. 리처드슨은 신앙 때문에 전투에 참가할 수 없는 퀘이커 교도였기 때문에 제1차 세계대전 중에 구급차를 운전했다. 그러면서 무력 분쟁으로 인한 사망자 데이터를 처음으로 수집하기 시작했다. 리처드슨은 1820년부터 1945년까지 발생한 소규모 국지전에서부터 세계대전에 이르기까지 다양한 규모의 군사 분쟁들을 연구했다. 누구나 예상할 수 있듯이, 치명적인 분쟁일수록 더 드물게 발생한다는 것을 그는 발견했다. 그러나 전쟁들의 빈도가 지진과 눈사태가 따르는 것과 유사한 멱법칙을 따른다는 발견은 예상 밖이었다. 사망자가 100만 명을 넘는 분쟁은 한 세기에 약 15회 발생한다. 더 나아가서 사망자가 10만 명을 넘는 분쟁은 100회, 1만 명을 넘는 분쟁은 800회가 발생한다. 요컨대 사망자가 10배 증가하면, 빈도는 8배 감소한다.

이 발견은 전쟁들이 무작위로 발생하지 않는다는 것을 시사하기 때문에 놀랍다. 크고 작은 전쟁들의 일정한 비율은 전쟁들이 서로 관련이 있고, 공통의 힘들에 의해서 발생한다는 것을 의미한다. 이 결론은 통상적으로 각각의 전쟁 발발을 유일무이한 우연들의 탓으로 돌리는 역사학자들을 심각하게 위협한다. 역사학자들의 생각은 진실의 한 부분을 반영할 뿐이다. 전쟁의 규모와 빈도가 멱법칙을 따른다는 통계는 모든 전쟁이 공유하는 보편적인 특징들이 있다는 것을, 그 특징들이 인간 사회에 내재하는 것들일지도 모른다는 것을 시사한다. 조만간 또다른 히틀러가 세계 어디에선가 출현해서 또다른 전쟁을 일으킬 수 있다. 만일 대규모 분쟁이 정말로 반복되는 사건이라면, 우리는 100만 명을 넘는 사망자를 발생시킬 다음번 분쟁을 염려할 필요가 있다. 그 염려는 온갖 질문들로 이어진다. 왜 인류는 과거의 분쟁들에서 아무런 교훈도 얻지 못했을까? 왜 전쟁이 거듭되어도 우리는 영구적인 평화에 접근하지 못할까? 우리는 우리의 피비린내 나는 운명을 바꿀 수 없는 것일까? 지진이나 눈사태와 마찬가지로 무력 분쟁이 반드시 일어나도록 만드는 자연법칙들이 있고, 우리는 그 법칙들에 따를 뿐인 것일까?

상호의존에 기초한 평화

전쟁 관련 통계는 정말로 그런 식의 결정론적 해석을 유도한다. 그러나 더 긴 기간들에 초점을 맞추면, 멱법칙이 일관되게 성립하지 않는다는 것을 알 수 있다. 예를 들면, 18세기는 피비린내 나는 분쟁들로 점철된 반면, 19세기는 비교적 평화로웠다.[2] 분쟁의 성격은 국제정치의 변화에 따라서 달라졌다. 또한 역사 속에서 전쟁의 규모가 변화하는 것도 논리적으로 얼마든지 수긍할 수 있다. 인간의 본성이나 우리 사회의 호전성이 변화하지 않더라도, 기술의 발전은 외교의 성과와 살상의 규모에 큰 영향을 미친다. 예를 들면, 유럽에 등장한 철도는 군대의 규모와 활동 범위를 바꾸어놓았다.[3] 군대를 이쪽 국경에서 저쪽 국경으로 하루 내에 옮기는 능력은 1871년에 이루어진 독일제국 건설의 토대가 되었다. 철도는 산업의 구조와 사회의 복잡성도 변화시켰다. 이것은 국제사회에 근본적인 변화를 일으킨 기술의 한 예에 불과하다. 또다른 예로 통신 기술의 발전을 들 수 있다. 발전된 통신 기술을 이용한 신속한 피드백은 외교의 성격을 바꾸어놓았다. 또한 산업의 급격한 성장은 국가들로 하여금 불가피하게 국경 너머에서 자원을 구하게 했다. 이처럼 기술은 국제적인 긴장을 유발할 수 있다. 그러므로 기술의 진화는 분쟁이 촉발되어서 격화되는 방식과 정도에 영향을 미친다고 할 수 있다. 기술이 앞으로도 매우 신속하게 진화할 것임을 전제할 때, 리처드슨이 발견한 전쟁의 통계적 패턴이 미래에도 성립할지는 매우 불분명하다.

오늘날 국제 분쟁의 패턴에 눈에 띄는 변화가 있을까? 우리는 세계 평화의 증진에 기여할 기술들을 개발할 수 있을까? 저자들은 이 질문들에 대한 답을 얻겠다는 희망으로 전쟁 관련 통계를 제쳐놓고 스톡홀름을 방문했다. 분쟁의 원인, 국제 외교, 석유와 식량과 물을 확보하기 위한 경쟁이 전쟁으로 이어질 가능성에 대해서 풍부한 지식과 경험을 가진 전문가 한스 블릭스를 만나기 위해서였다. 그는 국제 원자력 기구(IAEA) 사무총장, 이라크에 파견된 유엔 감시검증사찰 위원회(UNMOVIC) 위원장을 지냈으며 국제법을 전공한 박사이다. 저자들과 블릭스가 전쟁과 평화에 대해서 토론하는 동안, 이 책에서 다룬 주제들의 다수가 거론되었다. 지금 국제질서에는 모종의 변화가 일어나고 있을까?[4]

한스 블릭스는 대답한다. "국가 간 무력 사용은 최근 몇십 년 동안 감소했습니다. 전쟁을 할 이유들이 줄어들었죠. 이제 식민주의는 없어요. 국경들은 확정되었고, 정복이나 이데올로기를 위한 전쟁은 거의 없죠. 국제질서가 정착되었고, 그 질서를 바꾸려는 사람은 없는 듯합니다. 냉전시대에는 공멸의 위험이 항상 있었어요. 심지어 한 개인의 실수로 모두가 공멸할 수도 있었죠. 그런 위험은 점차 사라졌습니다. 물론 이란이나 북한이 핵으로 위협할 수도 있겠지만, 그 결과로 세계적인 전쟁이 발생할 가

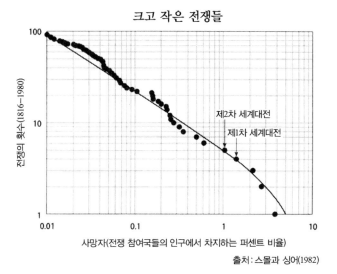

크고 작은 전쟁들

전쟁의 횟수(1816~1980)

사망자(전쟁 참여국들의 인구에서 차지하는 퍼센트 비율)

제2차 세계대전
제1차 세계대전

출처 : 스몰과 싱어(1982)

모든 전쟁의 사망자 수는 공통의 법칙을 따르는 것처럼 보인다. 크고 작은 전쟁들의 빈도를 살펴보면 위의 그래프와 같은 정해진 패턴이 포착된다. 그래프의 수직축은 전쟁의 횟수, 수평축은 사망자 수를 나타낸다. 이 그래프는 미래에 대규모 전쟁이 또 일어날 것임을 시사한다. 미래의 전쟁을 예방하려면 전쟁의 바탕에 깔린 메커니즘들을 더 잘 이해할 필요가 있다. 출처 : 스몰, M., 싱어, J. D.(1982). 「무력에 의존 : 국가 간 전쟁과 내전, 1816-1980(Resort to arms : International and civil wars, 1816-1980)」. Thousand Oaks, Calif.: Sage Publications.

능성은 낮죠. 현재의 위협들은 냉전시대에 비해서 더 작은 대신에 더 자주 발생합니다."

요컨대 핵무기들이 분쟁 통계를 나쁜 방향으로 이끌 위험은 여전히 존재한다. 역사는 핵무기의 완벽한 금지나 절대적으로 확실한 소재 파악이 불가능하다는 것을 보여준다. 그러나 블릭스는 핵전쟁의 위협이 줄어들어감에 따라서 핵무기 감축에 대한 대중의 지지도 약해졌다고 지적한다. "국제 평화를 위해서는 사회적, 법적, 심리적 요소들이 중요합니다. 국제 원자력 기구는 어느 정도 안전 장치의 구실을 하지만, 실상은 감시기구에 불과해요. 짖긴 하지만, 물지 않는 개와 같죠. 또 국제 원자력 기구의 감시가 완벽한 확실성을 보장하는 것도 아닙니다. 불확실성은 항상 남기 마련이죠. 이와 유사하게 국제법은 금지선입니다. 국가들은 법적인 의무를 위반하기를 꺼리죠. 리비아와 이라크는 핵확산 금지조약을 위반하다가 다시 금지선 안으로 돌아갔습니다. 그러나 금지선도 절대적인 안전을 보장하지는 못합니다."

블릭스는 기술도 도움이 될 수 있다고 덧붙인다. "기술은 투명성 향상에 기여할 수 있습니다. 위성은 모든 곳을 볼 수 있게 해주는 훌륭한 도구이죠. 핵감축 수단으로서 위성의 중요성은 이미 입증되었습니다. 환경시료 채취도 핵개발 활동을 검증하는 데에 유용해요. 예를 들면, 물, 나뭇잎, 직물의 시료를 분석해서 미량의 핵물질을 찾아낼 수 있죠. 지질 조사를 통해서 지하의 우라늄을 찾아내는 방법들도 있고요. 그러나 핵감축 분야에서 기술은 궁극의 해답일 수 없습니다. 기술이 지상의 조사관들을 대체할 수는 없어요. 조사관들은 현장 상황을 '느끼고' 피조사국의 태도에서 여러 사항들을 파악할 수 있죠. 국가들은 조사관들의 갑작스러운 방문을 받아들여야 합니다." 화학 무기에 대한 조사 방식도 정교하다. 블릭스는 말한다. "생물학 무기에 대한 공식적 검증 방법들은 한계가 있습니다. 많은 규제들이 있지만, 검증을 위한 조약은 없어요. 생물학 무기와 관련해서는 지금까지 사찰보다 윤리에 호소하는 방식이 주로 쓰였습니다. 이 분야에서 개발된 기술과 물질은 다양한 목적에 이용될 수 있기 때문이죠. 그러나 화학 무기의 중요성은 미미하고, 생물학 무기는 사용하는 당사자를 오염시키는 단점이 있습니다."

블릭스는 여러 국가들이 핵무기를 개발하는 목적을 이해하는 것이 중요하다고 생각한다. "이란의 목적은 안전이나 지위를 확보하는 것일 가능성이 매우 높죠. 북한의 핵무기 개발은 아마도 고립에서 벗어나고 외교적 대화를 성사시키기 위한 방편일 것이고요. 그러나 다른 방편들도 있습니다. 우리는 국가 간 통합과 상호의존의 강화를 지향해야 해요. 국가들이 더 많이 통합되고 상호의존하게 된다면, 국제 분쟁의 위험은 줄어들 것입니다. 좋은 예로 중국과 일본의 관계가 있죠. 이 두 나라 사이에는 많은 갈등이 있었습니다. 그러나 지금 양국은 교역과 경제협력을 발전시키는 중이죠. 바로 이것이 긍정적인 관계 발전과 국제적 상호의존 강화를 향해서 나아가는 방법입니다."

한스 블릭스는 핵무장 추구는 국가의 정치적 결정이라고 믿는다. "그러므로 대량살상 무기를 없애는 최선의 방법은 국가들이 대량살상 무기가 그들에게 불필요하다고 느끼게 만드는 것입니다. 따라서 유망한 전략은 국가 간 상호의존을 강화하는 것이죠. 국가들의 상호의존을 적극 권장해야 해요. 여러 국가들의 핵개발을 완전히 중단시킬 필요는 없습니다. 그 국가들의 야심을 좋은 방향으로 이끌어볼 수 있죠. 이란과 북한을 비롯한 국가들을 격려하여 핵 에너지와 기후 보존을 위한 연구에 힘쓰도록 유도할 수 있습니다. 그렇게 되면, 그 국가들은 핵실험과 검사시설과 핵에 대한 노하우를 무기가 아니라 에너지 절약을 위해서 사용할 기회를 얻게 되는 것이죠. 국가 간 상호의존 강화와 국제사회의 안정화는 그런 식으로 이루어집니다. 당연한 말이지만, 불확실성은 항상 남기 마련이에요. 그러나 국가들을 국제사회에 통합시킴으로써 얻는 이익이 위험보다 더 큽니다. 통합이 강화되면 기존 국제질서는 공고해지고 논쟁들의 혹독함은 완화되죠."

핵 에너지의 평화적 이용은 온실 효과를 완화하는 길이기도 하다고 블릭스는 지적한다. "핵 에너지는 엄청난 에너지를 이산화탄소 배출 없이 제공하기 때문에 매우 소중합니다. 저는 대량살상 무기보다 지구 온난화가 더 걱정스러워요. 전자보다 후자가 훨씬 더 큰 문제입니다."

기후 변화

한스 블릭스는 핵 에너지, 기후 변화, 석유 확보 경쟁을 언급하더니 곧이어 일반적인 국제 분쟁의 빈도는 줄었을지 몰라도 걱정스러운 예외가 하나 있다고 지적한다. "석유 등의 자원을 둘러싼 분쟁은 더 많아졌습니다. 그러나 자원 분쟁은 시장에서 벌어지는 편이 훨씬 더 낫죠. 만일 자원의 가격이 희소성을 올바르게 반영한다면, 자원 가격의 상승은 기술의 발전을 촉진할 것입니다. 개선의 여지는 아직 많아요. 더 나은 전지를 개발하여 자동차에 장착함으로써 석유를 절약할 수 있습니다. 전력망에서 유용하게 쓰이는 반도체를 개발할 수도 있고, 더 청정한 전력 생산을 위해서 핵융합 연구를 계속할 수도 있죠. 석유와 이산화탄소 배출 없이 에너지를 생산하는 방법들은 아주 많습니다. 우리는 그 방법들을 연구해야 합니다. 그러나 인구가 증가함에 따라서 에너지 문제는 점점 더 커진다는 사실도 잊지 말아야 하죠."

블릭스는 핵 에너지가 가장 유망한 가능성 중 하나라고 본다. "핵무기와 핵 에너지는 흔히 샴쌍둥이처럼 생각되지만, 그것은 그릇된 시각입니다. 핵 에너지는 있지만 핵무기는 없는 국가도 있고, 핵 에너지는 없지만 핵무기는 있는 국가도 있어요. 핵 에너지를 확보했다고 하더라도, 핵무기를 제조하려면 또 하나의 기술적 장벽을 넘어야 하죠. 핵폭탄을 제조하기는 쉽지 않습니다. 대다수의 국가들에 핵폭탄 제조는 아주 어려운 일이죠. 특히 우라늄 농축 공장을 건설하고 가동하기가 어려운데, 경수로를 운영하려면 농축 연료가 필요합니다. 5퍼센트 농축 우라늄이 있어야 전력을 생산할 수 있죠. 그런데 5퍼센트 농축 우라늄을 만들 수 있으면, 핵무기에 필요한 약 90퍼센트 농축 우라늄도 만들 수 있다는 점이 문제입니다. 따라서 전 세계 농축 공장의 개수는 제한되어야 해요. 그러나 농축 공장 보유는 금지되어 있지 않기 때문에 이 제한은 어렵습니다. 현재 농축 공장을 보유한 국가들은 극소수이죠. 만일 농축 공장 보유국이 늘어난다면, 핵물질이 증가할 것이고 농축 기술이 핵무기 제조에 쓰일 위험이 커질 것입니다. 농축 공장의 개수를 제한하기 위해서는 국제적인 시설을 건설하면 됩니다. 그렇게 되면, 농축 공장을 보유하지 못한 국가들도 연료 공급을 보장받을 수 있죠. 요컨대 일종의 연료 은행을 세우는 것입니다. 각국이 다양한 핵연료를 연료 은행에 예치하고, 연료 은행이 그 핵연료를 다시 각국에 배급하는 방식을 채택하는 것이죠." 농축 공장을 보유하지 못한 국가는 저농축 우라늄을 무기 제조에 사용할 수 없다. 따라서 저농축 우라늄은 원리적으로 이란과 같은 국가에도 배급할 수 있다. 그러나 이런 식이라면 미묘한 질문들이 제기된다는 점을 블릭스는 인정한다. "연료 은행은 핵확산 금지조약을 준수하지 않는 국가들의 연료 요구도 존중해야 할까요? 이런 질문들을 진지하게 고민한 다음에야 비로소 연료 은행을 출범시킬 수 있을 것입니다."

또다른 가능성은 증식로를 이용하는 것이다. 우리는 이 가능성을 2.3에서 언급했다. 한스 블릭스는 말한다. "고속 증식로 기술은 이미 이용이 가능합니다. 그 기술을 이용하여 우라늄에서 뽑아낼 수 있는 에너지는 다른 기술들에 비해서 80배나 더 많죠. 그 기술을 채택하면 오랫동안 우라늄 고갈을 걱정할 필요가 없을 것입니다. 그러나 문제는 증식로를 작동시키려면, 맨 처음에 플루토늄을 투입해야 한다는 점이죠." 플루토늄은 위험한 물질이다. 독성이 매우 높을 뿐만 아니라 핵무기의 원료가 될 수 있기 때문이다. 한스 블릭스는 강조한다. "우리는 플루토늄의 확산을 원하지 않습니다. 다른 기술들도 있으니까요. 예를 들면, 토륨을 대안으로 삼을 수 있습니다. 토륨은 무기의 원료로 쓸 만큼 농축하는 것이 불가능하기 때문에, 핵무기가 확산될 위험이 없죠. 또 핵폐기물과 관련된 문제도 우라늄보다 더 적어요. 게다가 전 세계에 매장된 토륨은 우라늄보다 3배 더 많습니다"

평등

국가 간 상호의존의 심화는 이미 군사 분쟁 통계의 변화를 가져왔다. 프랑스와 독일이 다시 전쟁을 하리라고 예상하는 사람은 아무도 없다. 이 두 나라는 지금 똑같은 교과서로 역사를 가르친다. 프랑스 대통령이 국제회의에 불참하면, 독일 총리가 프랑스 대통령의 대리인으로 간주된다. 독일과 프랑스의 방위 산업은 통합되어 있고 전력망도 점점 더 얽히는 중이다.

그러나 국가 간 전쟁은 점점 줄어드는 반면, 다른 형태의 폭력은 눈에 띄게 증가하고 있다. 한스 블릭스는 말한다. "지금 가장 많은 사상자를 내는 무기는 대량살상 무기가 아닙니다. 소구경(小口徑) 무기에 희생되는 사람들이 훨씬 더 많다는 사실을 명심해야 해요. 이런 관점에서 보면, 핵무기는 가장 절실한 문제가 아닙니다. 르완다에서는 칼이 대학살의 도구로 쓰였죠. 여러 국가들에서 내전이 증가하고 있는데, 그 원인은 불평등, 반란, 소수자 문제 등입니다. 매우 가난한 국가들의 변방은 심각한 분쟁지역이죠. 그곳은 테러의 온상이기도 합니다. 그러나 저는 대규모 테러는 별로 걱정하지 않습니다. 사람들이 핵 테러를 큰 위협으로 느낀다는 것을 압니다. 실제로 핵 테러는 큰 위협이죠. 테러 행위자의 의지를 꺾는 것은 어렵고, 테러 행위자는 수단과 방법을 가리지 않을 테니까요. 그러나 핵테러의 위협은 언론과 정치에 의해서 지나치게 과장되었습니다. 언론은 일상적인 불안을 조장하기를 좋아하죠. 저는 핵 테러가 세계에서 가장 큰 위협이라고 생각하지 않습니다. 만약에 어느 테러 집단이 핵무기를 제조하는 중이라면, 아마도 그런 활동이 진행되고 있다는 것을 탐지할 수 있을 것입니다. 또 핵물질 밀거래를 막기 위해서 할 수 있는 일도 아직 많이 있죠."

블릭스는 소규모 폭력이 더 큰 걱정거리라고 본다. "소규모 폭력에 의한 희생자들이 더 많습니다. 정당들은 합리적인 책임감을 가지고 적절하게 대응해야 해요. 그런 폭력을 근절하는 길은 사람들이 굴욕감을 느끼지 않도록 사회질서를 개선하는 것이죠. 불평등을 줄이는 것이 핵심입니다."

한스 블릭스는 이렇게 결론짓는다. "행동의 이유를 종교에서 찾을 필요는 없습니다. 우리는 인류의 기본적인 필수품들——예를 들면, 물——을 확보하기 위해서 애써야 하죠. 바닷물을 농업용수로 사용할 수 있도록 염분에 강한 식물을 육종하는 분야에서 흥미로운 진보가 이루어졌습니다. 식품을 더 잘 보존하는 방법들도 개발해야 해요. 전염병에 관한 연구도 여전히 중요하죠. 특히 가난한 사람들 사이에서는 평범한 감기도 많은 희생자를 발생시킵니다. 지구의 유한한 자원을 더 공정하게 공유할 수 있도록 인구의 성장을 늦추는 노력도 해야 하죠. 물론 중국에서처럼 강압적인 방법을 통해서가 아니라 여성들을 교육하고 여성들에게 건강과 독립을 보장해주는 방법을 통해서 그렇게 해야 합니다."

제6부

전망

6.0
의제들

우리는 많은 일을 해야 한다. 너무 많은 사람들이 배고픔, 목마름, 질병, 장애 등을 다스리는 데에 필요한 가장 기본적인 것들이 부족해서 비참하게 살아간다. 게다가 미래에는 지금 많은 사람들이 누리는 유복한 생활이 당연한 것이 아니게 될지도 모른다. 이 책에 등장한 전문가들은 앞으로 몇십 년 동안 인류의 처지를 향상시키고 미래의 전망을 더 밝히기 위해서 어떤 혁신들이 절실히 필요한지를 지적했다. 우리는 어려운 선택들을 해야 할 것이며, 아마도 몇몇 연구 방향들을 추구하기 위해서 다른 방향들을 포기해야 할 것이다. 산업은 변화하고, 새로운 전략들을 채택해야 한다. 그리고 그 변화를 사회가 수용하고 장려해야 한다. 기술과 산업과 사회의 진화는 피드백 메커니즘들과 예상 밖의 요소들로 가득 찬 복잡한 과정이다. 우리는 필요한 변화들을 촉진하는 가장 유망한 방법들을 반드시 알아야 한다.

기술의 복잡성

이 책에서 제안한 기술들은 간단하지 않다. 간단한 기술들이라면 훨씬 더 일찍 제안되었을 것이다. 뒤뜰의 헛간에서 천재적인 발명품이 만들어지던 시절은 오래 전에 지났다. 현재의 기술을 개선하고자 하는 사람은 탄탄한 경력을 쌓은 후에 헌신적인 동료들과 함께 오랫동안 열심히, 대개는 엄청나게 비싼 장비에 의존해서 연구해야 할 것이다. 혁신은 지구력, 부지런한 시험, 무수한 과학자와 기술자의 영감을 필요로 한다. 새로운 마이크로칩, 자동차, 전력 생산 기술을 개발하려면 설계 시간만 수십만 시간이 걸릴 수도 있다. 신기술 개발은 복잡한 과정이다.

한 예로 레이저 개발을 들 수 있다. 아인슈타인은 레이저의 토대인 유도 방출 원리를 제2차 세계대전이 터지기 훨씬 더 전에 예견했다.[1] 그러나 그로부터 몇십 년이 지난 후에야 실제로 작동하는 레이저들이 등장했고, 레이저가 실용화되기까지는 또다시 오랜 세월이 걸렸다. 그러나 레이저가 일단 등장하고 나자, 사람들은 레이저를 이용하여 새로운 과학장비들을 만들 수 있다는 것을 깨달았고, 그 장비들 덕분에 새로운 연구 분야들이 개척되었다. 그 새로운 연구들은 특정 원자들의 빛 방출에 대한 우리의 지식이 향상되는 성과를 낳았고, 오늘날 대량 생산되어서 DVD 플레이어를 비롯한 많은 응용 장치들에 쓰이는 새로운 레이저의 개발을 가능하게 했다. 아인슈타인으로부터 고체 레이저에 이르는 여정은 곧게 뻗어 있지 않다. 그 진화의 경로는 복잡하게 구불거린다. 새로운 과학적 발견은 새로운 통찰을 낳고, 그 통찰은 예기치 못한 혁신을 향한 길을 연다. 심지어 실패도 진보에 기여한다. 소형 고체 레이저를 만들기 위한 노력이 진행되는 동안, 고체 레이저에 적당한 광학적 속성을 부여하기가 극도로 어렵다는 것이 드러났다. 최초의 고체 레이저들이 제대로 작동하는 데에 실패했을 때, 전혀 예상하지 못한 곁길이 열렸다. 실패작으로 보였던 그 장치들이 방출한 빛은 발광 다이오드(light emitting diode, LED)의 토대가 되었다.

진보는 일종의 진화이며, 그 진화에서 순수 과학과 응용 기술은 서로를 북돋운다. 진보는 강한 비선형성을 띤 과정이어서 전체를 굽어보기가 어렵다. 이것은 이 책에서 저자들이 이미 윤곽이 드러난 혁신들만 다루고 현재의 지평을 넘어선 발명들을 상상하지 않은 이유들 중 하나이다. 기술 혁신은 또한 결정적인 역할을 하는 개인들에 의해서 이루어지는 과정이다. 비록 그 개인들의 이름은 널리 알려지지 않지만 말이다. 예를 들면, 네덜란드의 로우 오텐스는 당대에 이용 가능한 레이저들로는 CD를 제대로 읽을 수 없다는 것을 잘 알면서도 CD를 구상했다. 그러나 오텐스를 비롯한 여러 사람들의 믿음에서 비롯된 연구의 성과로 결국 CD가 실현되었다. 오텐스와 같은 선각자들은 스티브 잡스처럼 대단한 명성을 누리지는 못하더라도 그에 못지않게 영향력이 크다.

기술의 발전은 흔히 외적인 자극에 의해서 추진된다. 때때로 압력이 급증하여 갑작스러운 도약이 일어날 때가 있다. 독일 화학은 1900년경에 초석(硝石) 공급이 끊길 위험에 직면한 것을 계기로 한 단계 발전했다. 다이너마이트의 핵심 원료인 초석은 주로 칠레에서 수입되었는데, 칠레에서는 해안 절벽에 축적되는 두꺼운 구아노 층에서 초석을 추출했다. 초석은——당대 유럽의 3대 강대국이었던——독일과 영국과 프랑스가 벌이는 경쟁에서 매우 중요했고, 독일은 바다에 접근하기가 불리했기 때문에 경쟁에서 뒤처질 위기에 처해 있었다.

초석의 부족은 탄약 공급의 차질을 불러올 수 있었으므로 심각한 문제였다. 그리하여 독일인들은 초석에서 얻는 질산칼륨을 인공적으로 생산하는 방법을 개발하기 위해서 대규모 연구에 착수했다. 얼마 지나지 않아서 암모니아 합성 공정이 개발되었고, 질소화합물을 생산할 길이 열렸다. 이어서 그 공정의 규모를 확대하는 작업이 진행되었고, 제1차 세계대전이 터지기 직전에 독일은 세계 최초의 질산염 생산공장을 열었다. 이 연구 프로젝트에서 세 사람의 노벨상 수상자가 배출되었다. 그들은 오늘날 현대 물리화학의 창시자로 인식되는 프리츠 하버, 빌헬름 오스트발트, 카를 보슈이다.

이런 식의 도약적인 기술 발전을 상당한 자금의 투입만으로 이룰 수는 없다. 문제해결의 절박한 필요성이 인간의 창조성을 고무하고, 지도자들로 하여금 기술자들의 노력을 지원하게 하는 듯하다. 위기가 크면 클수록, 해결을 위한 노력은 더 결연해지고 지원은 더 폭넓어진다. 또 하나의 예로 맨해튼 프로젝트가 있다. 제2차 세계대전 중에 과학자 수백 명을 모아서 진행한 그 프로젝트는 신속하게 최초의 원자폭탄과 컴퓨터를 제작하는 성과를 올렸다. 합성고무 개발, 레이더와 항공우주 기술의 괄목할 만한 발전, 페니실린 대량 생산을 비롯한 수많은 기술적 발전들도 제2차 세계대전을 계기로 이루어졌다.

이처럼 필요성이 절실할 때는 과학기술계 외부의 인물들이 연구를 촉진하는 일이 벌어질 수 있다. 또한 기술 발전의 필요성이 반드시 군사 분쟁에서 비롯되는 것도 아니다. 기업들은 경쟁력 확보를 위해서 신기술을 후원한다. 가난한 사람들에게 깨끗한 물, 식량, 주택 등의 기본적인 필수 요건을 공급하겠다거나 가뜩이나 부족한 지구의 자원이 더욱 감소하는 상황을 개선하겠다는 욕구와 같은 이상주의적 동기들이 연구를 뒷받침할 수도 있다. 새로운 재료, 더 안전하고 경제적인 생산 방법, 대안적인 에너지원의 가능성은 기술의 발전에 의해서 열린다. 외적인 자극들은 기술 혁신의 결정적 요인이므로 적절하게 이용할 필요가 있다. 그러나 독일제국이 초석의 대안으로 질산칼륨을 생산하는 방법을 추구할 때처럼 곧바로 성과가 나오지 않는 경우도 있다는 것을 명심해야 한다. 1960년대에 최초의 레이저들이 생산되었을 때, 일부 진영에서는 레이저를 문제가 많은 해법으로 폄하했다. 농업 기술에 대한 막대한 투자도 때로는 원하는 결과를 산출하지 못했다. 기술 발전을 위한 투자의 효과는 매우 불분명할 때가 많다. 기술 발전은 복잡하고 예측하기 어렵기 때문이다. 새로운 발전을 원하는 사람은 이 사실을 잘 알아야 하고 복잡성 과학에서 나온 새로운 통찰들을 이용하여 성공의 확률을 높여야 한다. 기술이 빠르게 변화하는 환경에서 더 큰 효과를 발휘할 수 있도록 융통성 있는 해법들을 추구할 필요가 있다. 또한 복잡성 그 자체에 대한 이해도 필수적이다.

융통성은 우선 적응성을 의미한다. 단순한 라디오 수신기는 FM 방송들만 수신할 수 있다. 그러나 다른 방송들도 수신할 수 있게 설계된 칩을 채택하면, 더 발전된 수신기들을 만들 수 있다. 수백만 개의 부품들로 이루어진 정교한 칩들은 대개 여러 용도로 쓰일 수 있을 경우에 생산비용이 낮아진다. 3.3에서 언급했듯이, 프로그램 가능한 칩을 만드는 것은 유망한 시도이다. 프로그램 가능한 칩은 제작자가 특수한 용도에 맞게 조작하기도 쉽고, 심지어 스스로 특정 용도에 적응하도록 만들 수도 있기 때문에, 폭넓은 융통성을 발휘할 수 있다. 최소한 칩의 기본 설계를 현재보다 훨씬 더 다양한 용도를 허용하도록 개량할 필요가 있다. 기술의 융통성을 높일 필요가 있다는 말의 또다른 뜻은 필요로 하는 입력과 부산물이 적은 기술을 개발할 필요가 있다는 것이다. 즉 환경에 대한 의존성이 적은 기술, 다시 말해서 에너지 효율이 높고 외적인 교란에 덜 흔들리며 폐기물을 덜 산출하는 기술이 필요하다. 그런 기술의 예로 컴퓨터 연결망의 중심에 있는 칩들, 화학공장의 센서들, 전력망 안의 개폐소들, 반응기 속의 촉매들, 항공기에 내장된 전자 장치들을 들 수 있다.

집중형과 반대되는 분산형 접근법들도 융통성 향상에 이롭다. 새로운 화공 기술은 화학공장의 규모가 축소되고 위치가 사용자들 근처로 옮겨지는 것을 허용할 수 있다. 그렇게 되면 오염물질을 배출하는 거대한 공장들을 외딴 공업단지에 숨겨둘 필요가 없어질 것이다. 개인용 컴퓨터가 등장하면서 대형 전산 센터들이 해체된 것은 이미 과거의 일이다. 분산형 에너지 생산 역시 전력망 설계에서 점점 더 큰 호응을 얻고 있다.

복잡성을 염두에 둔 기술은 돌발 사태에 더 빠르게 대응할 수 있게 해주어야 한다. 유사시 신속한 개입이 필요하기 때문에, 복잡한 과정은 지속적으로 점검되어야 한다. 요컨대 큰 그림과 장기적인 예측만 중요한 것이 아니라 작은 변화들을 항상 주시하는 것도 중요하다. 그러므로 현재의 센서보다 반응 속도가 더 빠르고 에너지 소비가 더 적은 센서가 필요하다. 그런 센서들이 있으면, 측정의 정확도를 훨씬 더 높이고 시간 간격을 훨씬 더 줄일 수 있을 것이다. 신속하고 정확한 측정은 여러 기술 분야에서 중요하다. 예를 들어 새로운 데이터 처리 회로는 훨씬 더 빠른 속도로 작동할 테고, 신세대 마이크로칩들을 생산하려면 더 높은 정확도가 필요할 것이며, 기후 변화에 대한 제대로 된 파악은 지구의 다양한 시스템들을 더 정확하게 감시할 수 있을 때만 가능하기 때문이다.

기술적인 결함들을 설계 단계에서 미리 감안하는 것도 필요하다. 우리는 소형화의 물리적 한계에 접근하는 중이므로, 우리가 만드는 마이크로칩과 나노 구조에 결함이 생기기 시작하는 것은 불가피하다. 그러므로 신기술들을 개발하여 결함 허용 설계가 널리 적용되도록 만들 필요가 있다. 예를 들면, 마이크로칩에 결함이 있다고 하더라도, 그 결함 때문에 칩 전체의 기능이 상실되어서는 안 된다. 전체를 통제하는 소프트웨어는 결함들을 감내할 수 있어야 한다. 비슷한 맥락에서 우리는 주어진 상황에 대한 우리의 앎이 불완전하다는 것을 인정해야 한다. 물류 계획을 마지막 세부까지 확정하여 실행하는 것은 불가능하다. 오히려 우리는 작은 오류들을 허용해야 한다. 예를 들면, 전기통신, 전력망 등과 관련해서 이런 자체 치유 전략이 추구되고 있다. 연결망 안의 연결 하나가 끊겨도, 시스템은 그 문제를 우회하는 대안 경로를 찾을 수 있어야 한다. 우리의 몸은 이런 대안 찾기에 능하다. 부러진 뼈는 한동안 고정해두면 다시 붙고, 혈관 폐색도 천천히 진행되기만 한다면 사망으로 이어지는 경우가 드물다. 다른 혈관들이 막힌 혈관의 기능을 대신할 수 있기 때문이다.

융통성 향상이 불가능할 경우도 있다. 그럴 경우에는 해당 기술을 포함한 더 큰 맥락을 이해할 필요가 있다. 한 가지 방법은 많은 데이터를 수집하는 것이다. 이런 철학을 바탕에 깔고 화학자들은 자동 실험을 수행한다. 화학이 결과를 예측할 수 없을 정도로 복잡할 경우——예를 들면, 새로운 촉매를 발견하고자 할 경우——화학자들은 자동 장치를 이용하여 무작위로 조건을 바꾸어가면서 실험을 수천 번 반복할 수 있다. 이와 유사한 방식으로, 무작위 표본들을 검토하여 패턴을 인지하는 작업에는 강력한 컴퓨터가 쓰인다. 크레이그 벤터가 DNA 조각들을 최대한 많이 분석하기 위해서 채택한 접근법도 이와 크게 다르지 않다(4.2).

복잡한 기술은 흔히 다양한 통찰들의 종합을 요구한다. 우리가 이 책에서 다른 통신, 에너지, 교통망과 관련된 기술들은 확실히 그러하다. 국지적인 화학공장들은 원료 공급과 생산물 배급을 위한 연결망을 필요로 한다. 우리의 기술을 더욱 발전시키려면, 개별 구성 요소들에서부터 복잡한 시스템에 이르기까지 다양한 층들을 두루 살필 필요가 있다. 따라서 다양한 분야의 전문 지식을 종합할 필요성은 점점 더 커질 것이다. 융통성 있는 광학 칩 분야에서 혁신을 이루려면, 전자공학(electronics), 광자공학(photonics), 재료공학(materials)을 두루 잘 알아야 한다. 전기 통신망 설계를 개량하려면, 광통신 분야와 전파통신 분야의 통찰들을 종합해야 한다. 또한 복잡한 문제들을 다루는 수학과 컴퓨터 시뮬레이션 기술 그리고 재료에 대한 물리학 지식도 향상되어야 할 것이다.

산업의 복잡성

산업의 진화는 흥미롭게도 생태계의 점진적 변화와 여러모로 비슷하다. 산업과 생태계는 모두 복잡성이 증가하는 방향으로 진화해왔다. 산업화 초기의 공장은 필요한 모든 것을 스스로 생산할 수 있었다. 지금은 지나버린 그 시절의 상황은 새로 형성된 육지의 생태계에 비유할 만하다. 예를 들면, 바다였다가 육지가 된 곳, 최근에 형성된 모래 언덕, 화산 폭발로 형성된 섬의 생태계에 말이다. 이런 지역들에는 씨를 많이 생산하는 종들이 가장 먼저 정착한다. 그 개척자들은 빠르게 번식하고 새로운 터전으로 퍼져나감으로써 황량한 환경에서 살아남는다. 특정 거주지가 효용을 잃더라도, 그들의 종은 존속할 수 있다. 메뚜기들도 이와 비슷하게 행동한다. 메뚜기떼는 닥치는 대로 먹어치우면서 빠르게 번식한 다음에 먹이가 고갈되면 다른 곳으로 이동한다. 새로운 지역에 정착한 생물은 거침없이 성장하고 번식한다. 그러나 생태계의 발전이 계속되면, 다른 유형의 종들이 추가로 정착한다. 검은 딸기나무——가지와 뿌리가 많으며 느리게 성장하는 관목——는 생태계를 개척하는 식물의 좋은 예이다. 이런 식물들은 계절의 변화에 강하고 겨울이나 긴 가뭄에도 죽지 않는다. 이들이 정착하고 나면, 더 많은 종들이 등장하여 서로 의존하기 시작한다. 예를 들면, 한 종의 배설물이 다른 종의 영양분이 된다. 결국 참나무 숲이나 열대우림에서 볼 수 있는 것과 같은 복잡한 소생활권(biotope)이 형성된다. 이런 생태계들은 다양한 종들로 구성되었기 때문에 충격을 거뜬히 흡수할 수 있다. 일시적으로 비가 자주 내리면, 습기를 좋아하는 종들이 번성하여 여분의 습기를 신속하게 소모한다. 이런 식으로 자기 조절적이고, 지속 가능한 공생이 성취되는 것이다.

이와 같은 생태계의 진화를 산업들이 발생하고 발전하는 방식과 비교할 수 있다. 많은 산업들이 메뚜기와 비슷하게 행동했다. 특히 산업혁명 초기의 몇십 년 동안 그러했다. 메뚜기들이 한 지역을 아무 거리낌 없이 싹쓸이해버리는 것과 마찬가지로, 공장들은 자원 고갈이나 환경에 주는 부담을 고려하지 않고 원료를 빨아들이고 부산물을 뱉어냈다. 오늘날 이런 싹쓸이 착취는 많은 곳에서 자취를 감추었다. 20세기가 진행되는 동안, 산업은 뿌리를 내리고 가지를 뻗었으며 지속 가능한 기술들을 채택하기 시작했다. 희소한 천연자원은 인공적으로 생산한 화합물로 대체되었다. 공정들은 더 정확해졌고, 따라서 원료를 더 경제적으로 사용하게 되었다. 좋은 예로 탄산나트륨 생산 기술의 발전을 들 수 있다. 비누의 주요 원료인 탄산나트륨은 18세기 말까지만 해도 바닷말을 태워서 얻었기 때문에 희소하고 비쌌다. 이것을 심각한 문제로 인식한 프랑스 정부는 1775년에 새로운 탄산나트륨 생산 방법을 개발하는 사람에게 상을 주겠다고 공포했다. 프랑스 화학자 니콜라 르블랑은 황산과 소금을 원료로 쓰는 무기 화학적 공정을 개발했다. 새로운 공정의 효과는 즉각 입증되었다. 그러나 그 공정에서 부산물로 나오는 다량의 염소와 황이 새로운 문제들을 일으켰다. 19세기 중반에 벨기에의 에르네스트 솔베이는 석탄가스에서 암모니아를 제거하는 연구를 하다가 우연히 더 나은 탄산나트륨 생산 공정을 발견했다. 솔베이법이라고 불리는 그 공정은 소금, 암모니아, 이산화탄소, 물을 원료로 쓰며 황을 부산물로 배출하지 않는다. 그러나 염소가 부산물로 배출되는 문제는 여전한데, 요즘은 그 염소를 전기분해법으로 추출하여 재사용할 수 있다. 그러므로 모든 것이 계획대로 이루어진다면, 염소는 환경에 방출되지 않는다. 이처럼 탄산나트륨 생산 공정은 지난 두 세기 동안 발전한 결과, 처음보다 유해성이 훨씬 감소하고 복잡성이 훨씬 증가했다.

산업은 많은 곳에 뿌리를 내렸다. 산업과 환경의 관계는 일방적인 식민지화에서 공생으로 진화했다. 자연과 마찬가지로 산업도 폐기물을 다른 생산물의 원료로 씀으로써 더 경제적으로 주위 환경과 교류할 수 있다. 이제 생산은 원료를 빨아들이고 생산물을 뱉어내는 과정이 아니다. 산업은 복잡한 소생활권이 되었고, 그 안에서 공장들은 서로 의존한다. 생산물들은 복잡한 운송망으로 얽힌 공급자들의 "먹이사슬"을 거쳐서 만들어진다.[2] 이런 복잡성은 근본적인 변화가 일어나기 어렵게 만든다. 그런 변화를 이루려면, 아주 많은 것들을 연쇄적으로 조정해야 할 것이다. 이 점에서 산업 소생활권은 자연을 정확하게 반영한다. 생태계는 작은 변화들에 아랑곳없이 살아남는다. 예를 들면, 특정 종의 멸종이 소생활권 전체에 미치는 영향은 제한적이다. 자연은 변화에 적응하고, 다른 종들이 새로 열린 틈새를 차지한다. 그러나 몇몇 종들은 전체의 균형과 관련해서 더 중요한 역할을 한다. 그 종들이 제거되면, 생태계의 해체가 촉진되고, 전혀 다른 생태계로의 이행이 촉발될 수 있다. 이런 관점에서 볼 때 자연보전의 목표는 자연의 현 상태를 유지하는 것이라기보다 자연이 가진 변화에 대한 적응력을 보전하는 것이라고 할 수 있다.

산업에서 공급 연결망은 생태계에서 먹이 연결망과 유사하다. 양쪽 모두 수많은 국지적 단거리 연결들과 전체적인 균형을 보장하는 소수의 장거리 연결들을 가지고 있다. 연결망 이론에 따르면, 이런 유형의 시스템들은 효율성 추구 때문에 발생하며 상호의존을 점진적으로 강화한다. 장거리 연결들의 존재도 이 연결망들이 매우 효율적임을 알려준다. 그 연결들의 존재는 재화와 원료와 에너지를 먼 곳으로 이동시키는 데에 그것들보다 더 나은 경로가 없다는 것을 뜻하니까 말이다. 효율적인 연결망은 경제적으로 이롭고 충격에 매우 강하다. 자연이 특정 종의 소멸에 적응하듯이, 산업 연결망은 국지적인 변화에 빠르게 적응할 수 있다. 그러나 이 책의 제0부(0.2)에서 언급했듯이, 이면의 단점은 타성이다. 효율적인 연결망은 변화에 저항한다. 기존의 대규모 발전소들이 산업 연결망 안에 매우 확고하게 자리잡았기 때문에, 새로운 전력 생산 방법들은 고전을 면치 못한다. 이와 유사하게 농업 생산자들과 식품 생산공장들의 연결망은 기후의 요동에 대응하여 작물이나 생산품을 교체하는 것을 어렵게 만든다. 네덜란드 사람들은 풍차에서 동력을 얻는 경제를 워낙 성공적으로 건설한 탓에, 증기기관에서 동력을 얻는 산업혁명에서 거의 완전히 소외되었다.

근본적인 변화가 일어나면, 산업 생태계는 전면적으로 재정비된다. 경제학자들은 산업이 겪어온 일련의 혁명들을 오래 전부터 지적해왔다. 그러한 혁명들은 "콘드라티예프 파동(Kondratiev wave)" 또는 "슘페터 파동(Schumpeter wave)"이라고 불리기도 하지만, 저자들은 복잡성 과학의 맥락에서 "전이(transition)"라는 명칭을 사용하고자 한다. 산업혁명은 제임스 와트의 증기기관(1775년)에서 시작되었다. 도시 간 철도 연결(1830년)은 철도혁명에 박차를 가했고, 강철 생산용 평로(1871년)는 중공업 시대를 대표했으며, 최초로 대량 생산된 포드 자동차(1908년)는 대량 수송 시대를 열었다. 정보혁명은 컴퓨터와 마이크로 전자공학과 인터넷(1950년대와 1960년대)에 의해서 촉발되었다. 이처럼 산업의 격변은 반복되었고, 어김없이 경제적 "절정기 현상"을 유발했다. 이 현상은 복잡한 시스템들에서 흔히 나타난다. 임계성을 스스로 조직하는 시스템들에서도 반복해서 전이가 일어난다.[3]

우리는 아직 대비하지 못한 산업의 주요 변화들이 임박했다는 것을 안다. 예를 들면, 급격한 기후 변화, 유가 요동, 천연자원 고갈에 직면할 가능성이 있다. 새로운 기술도 새로운 격변을 유발할 수 있다. 예를 들면, 분자 생물학은 2008년에 최초로 이루어진 DNA 합성이 시사하듯이 기존의 생산구조를 뒤엎을 잠재력을 가지고 있다. 앞으로 산업은 그런 유형의 충격들에 노출될 수밖에 없다. 자연 보전에서와 마찬가지로 우리 산업의 미래를 보호하려면 현 상태를 지킬 것이 아니라 변화에 대한 적응력을 키워야 한다. 산업 전략들은 더 유연해져야 한다. 이미 언급했듯이, 유연성을 향상하려면 일시적으로 비효율성이 증가하는 것을 감수해야 하는 경우가 많다. 그러나 이 문제는 곧 개선될 것이다. 전자공학 장치들의 소형화와 대량 생산은 효율성 감소 없는 규모 축소를 가능하게 한다. 영리한 전력망(3.1), 화학공장 칩(2.5), 물류(3.6)와 식량 생산(1.2)에 대한 새로운 접근법 등 이 책에 실린 풍부한 예들이 그 사실을 잘 보여준다. 산업은 유연성 향상 전략을 채택하여 충격에 견디는 힘을 키워야 한다.

사회의 복잡성

기술은 흔히 부분적인 해결책에 지나지 않는다. 경우에 따라서는 사회와 개인의 의지가 기술 못지않게 중요하다. 복잡성 개념은 사회를 이해하는 데에 필수적이다. 혁명들, 풀뿌리 운동들, 주어진 순간을 최대한 이용할 줄 아는 정치인들을 보면, 그 사실을 확인할 수 있다. 전체로서의 사회는 개인들의 행동으로 정확히 환원할 수 없는 특징들을 가지고 있다. 판매 급증은 신기술 덕분일 수도 있지만, 그저 마케팅의 결과일 때가 많다. 진정한 혁신 제품이 몇 년 동안 창고에 머물 수도 있다. 예를 들면, 발전된 암호 보안 전략들은 오랫동안 외면당할 수도 있다. 흔히 사람들은 임박한 위험을 실감하지 못하기 때문이다. 기후 변화의 속도를 늦추는 기술은 풍부하게 마련되어 있지만 쓰이지 않는다.

유토피아를 그린 작가들은 항상 신기술들이 순조롭게 채택되어서 사회에 득이 되는 상황을 꿈꾸었다. 토머스 모어의 「유토피아(*Utopia*)」[4]——그리고 뒤를 이은 유사 작품들 거의 전부——에는 모든 것이 완벽하게 통제되는 사회가 등장한다. 강력한 지도자들이 모두를 위해서 신기술의 도입을 강제한다. 프랜시스 베이컨의 「뉴 아틀란티스(*New Atlantis*)」[5]에서는 과학 연구가 자연을 정복하고 사회를 개선하며 "자비와 계몽, 품위와 멋, 경건함과 공익추구 정신"을 창출하는 데에 쓰인다. 그러나 기술 권력이 지배하는 이러한 사회는 전혀 살기 좋은 곳이 아니다. 그 사회의 순혈(純血) 이데올로기는 다른 의견을 관용하지 않고 과학자들을 별개의 신분 집단으로 만든다. 또한 진정한 사회적 상호작용은 존재하지 않는다. 이것이 모든 유토피아들의 공통점이다.[6] 할 수만 있다면, 누구나 그런 사회에서 탈출할 것이다. 철저한 중앙 통제와 상호작용 억누르기는 사회의 복잡성을 다루는 방법의 하나임에 틀림없다. 그러나 그것은 바람직한 방법이 아니며, 결국 불안정한 방법이라는 것이 드러날 것이다. 가장 잔혹한 독재자들도 조만간 무엇인가를 간과할 것이 분명하며, 그로 인해서 그들의 몰락이 초래될 것이다. 역사를 돌이켜보면, 기술 이데올로기로 무장한 옛 소련을 비롯한 여러 독재정권들이 실제로 그렇게 무너졌다.

저자들은 결코 우리 사회가 안정된 유토피아를 향해서 나아가고 있다고 믿지 않는다. 복잡한 인간 사회를 관리하는 과제는 끊임없는 진화 과정을 필요로 하며, 복잡성과 관련된 과제에서 늘 그렇듯이 이 과정에서는 신속한 피드백과 증거에 기초한 결정들이 중요하다. 모든 형태의 통치가 그렇다. 흥미롭게도, 인터넷을 통한 상호작용은 새로운 통치 모형과 새로운 유형의 "자비로운 독재자"를 낳았다. 예를 들면, 젊은 핀란드인 리누스 토발즈——컴퓨터 운영체계 리눅스의 최초 개발자——는 전혀 자명하지 않은 형태의 권위로 수많은 자발적 프로그래머들을 통치한다.[7] 그는 원대한 목표들을 설정하는 대신에 당면한 문제들에 집중하며 끊임없는 피드백과 동료들의 논평을 지침으로 삼는다. 리눅스 개발에 참여한 프로그래머들은 모든 사안에 열띤 토론을 벌이지만, 자비로운 독재자 토발즈는 토론의 열기가 식어서 양쪽 주장의 근거를 제대로 평가할 수 있게 될 때까지 어느 편도 들지 않는다. 이런 원칙이 유효하려면, 지속적이고 신속한 피드백이 필요하다. 그래서 토발즈는 새로운 리눅스 버전들을 자주 배포하여 개량의 효과를 검증받는다. 따라서 그는 예상치 못한 부작용들을 조기에 포착하고 대처할 수 있다. 이런 식으로 조직된 리눅스 공동체에서는 오직 최선의 개념들만 살아남는다. 그릇된 기술적 판단을 은폐하거나 그저 평범할 뿐인 솜씨를 치장하기 위한 마케팅 예산이나 선전 활동 따위는 없다.

많은 국가들에서 기술 연구의 대략적인 방향은 정부에 의해서 결정된다. 특히 기초 연구는 아주 오랜 기간이 걸릴 수도 있는데, 실험실 연구에서부터 실용화에 이르기까지의 긴 여정을 뒷받침할 수 있는 기관은 오직 정부뿐일 때가 많다. 이미 언급했듯이, 그 여정은 흔히 여러 단계들로 조직될 필요가 있으며, 각 단계마다 필요한 자금이 마련되어야 한다. 미국의 경우, 정부는 목표가 분명한 연구를 지원하는 경향이 있다. 정부 지원금의 상당액은 군사적 목표를 가진 연구에 주어지지만, 항공우주국, 국립보건원, 에너지국이 수행하는 연구의 목표도 나무랄 데 없이 분명하다. 그러므로 연구의 성과를 요구하는 정치권의 압력이 존재한다. 그러나 정부 지원금의 이데올로기적인 성격 때문에 특정 연구 과제와 성과가 무시될 위험도 있다. 반면에 유럽 연합에서는 과학 연구에 관한 결정들이 흔히 회원국 수준에서 내려지기 때문에, 연구들이 파편화되고 접근법들이 통일되는 속도가 느리다. 게다가 유럽 위원회가 지원하는 연구에 관한 결정들은 전적으로 객관적인 근거를 바탕으로 삼는 것이 아니라 각 회원국에게 "공평한 기회"를 제공한다는 원칙을 고려해서 내려진다. 그러나 옳은 방향의 변화들이 일어나고 있다. 완고한 프로그래머들의 집단이 리눅스 개발과 관련해서 리누스 토발즈가 내리는 판단들을 지휘하는 것과 마찬가지로, 과학자들은 정부들이 더 합리적인 판단을 내리도록 독려해야 한다. 흔히 양날의 칼일 수 있는 신기술의 부수 효과를 파악하는 것도 과학자들의 책임이다. 예를 들면, 새로운 에너지원으로 발견된 원자력은 나가사키와 히로시마의 주민들에게 악몽이 되었다. 물론 부수 효과가 긍정적일 수도 있다. 탄약 생산을 위해서 개발한 암모니아 합성법은 질소비료 개발의 발판이 되었다. 질소비료는 농업을 근본적으로 변화시킨, 인류를 위한 축복이었다.

시대에 뒤처진 의견들과 정서는 우리 사회가 넘어야 할 또다른 걸림돌이다. 새로운 해결책들은 수십 년 동안 공유된 경험, 정착된 기술들, 유기적으로 짜인 기반구조, 꾸준한 개선을 통해서 대폭 낮아진 생산비를 상대로 경쟁해야 한다. 확고하게 정착한 기술일수록 전혀 새로운 기술로 대체하기가 더 어렵다. 50년 동안 발전해온 반도체 전자공학 기술이나 100년 동안 발전해온 휘발유 엔진을 상대로 경쟁해서 이길 수 있을까? 어떻게 하면 사람들을 설득해서 에너지 절약 기술들을 채택하게 할 수 있을까? 우리의 사회는 쉽게 전이하지 않는 복잡한 시스템이다. 새로운 기술이 가져오는 변화는 흔히 매우 커서, 개인들은 정말로 대안이 없기 전에는 새로운 기술을 받아들이지 않을 것이다.

이런 유형의 타성은 수많은 새로운 해결책들을 가로막는 장애물이다. 정부가 객관적 증거에 기초한 결정을 내리도록 유도하는 것은 쉬운 일이 아니다. 게다가 심리학과 사회학은 신뢰할 만한 증거를 거의 제시하지 못할 때가 많다. 사회과학자들은 축구 팀만큼이나 많은 학파들로 분열되어 있다. 그러나 이 책의 마지막 부에서 언급했듯이, 새롭게 등장하고 있는 정량 사회학은 이런 상황을 바꿔놓을 것이다. 그 새로운 접근법은 민주주의와 지도자들의 역할과 미디어에 대한 이해를 향상시킬 수 있을 것이다. 새로운 사회과학들은 인간관계와 제도의 뿌리를 들춰내고 그것들을 바꿀 방안을 제안하고 떼거리 행동에 대한 이해를 증진할 수 있을 것이다. 새로운 사회과학 접근법은 민주주의가 독재로 변질될 위험을 탐지하고 여론 형성의 동역학을 명백하게 드러냄으로써 우리가 더 합리적이고 균형 있는 판단을 내리도록 도와줄 수 있을 것이다.

복잡성에 대한 더 깊은 통찰

우리는 우리가 당면한 과제들의 복잡성을 이제 막 깨닫기 시작했다. 복잡한 시스템들에 대한 우리의 이해는 제한적이다. 많은 분야들에서는 핵심 매개변수들에 관한 기초 지식조차 없는 실정이다. 예를 들면, 태양이 유발하는 특정 사건들이 기후에 미치는 영향은 여전히 논쟁거리로 남아 있다. 여러 병들의 원인에 대한 연구도 아직 미완성이다. 또한 우리는 2008년에 결국 세계적인 금융 위기로 이어진 핵심 매개변수들의 불길한 움직임을 탐지하는 데에 실패했다. 우리는 수학이 제공하는 새로운 알고리듬들을 이용하여 계산 속도를 대폭 높일 수 있다. 또한 복잡한 현상의 바탕에 깔린 힘들에 대한 이해를 증진함으로써 계산 속도를 높일 수도 있다. 저자들은 우리의 과학과 기술이 성숙하려면 아직 멀었다고 믿는다. 우리가 지구와 그 거주자들을 완전히 이해하지 못했다는 것은 명백하다. 그러므로 우리가 지구의 생명을 보호하는 데에 성공하려면, 아직 많은 일을 해내야 한다.

더 먼 미래를 내다보기 위해서 시간과 돈을 쓰는 어리석은 짓은 하지 말아야 한다. 그런 노력은 단지 미래를 예측하기가 얼마나 어려운가만 명백히 드러낼 것이다. 최악의 조언자인 혼란과 공포만 산출할 것이다. 인류가 당면한 시급한 문제들은 다른 접근법을 요구한다. 그러한 접근법은 에드거 앨런 포의 소설 「소용돌이 속으로 내려가다(*A Descent into the Maelstrom*)」를 연상시킨다. 어부 형제 셋이 작은 배를 타고 고기잡이를 나갔다가 거센 폭풍을 만난다. 바다는 사나운 바람에 세찬 해류를 일으키며 날뛰고, 배는 거대한 소용돌이의 중심으로 끌려간다. 그런데 그 중심은 섬뜩하게 고요하다. 형제들 중 한 명은 극심한 충격을 받는다. 그러다가 자신이 곧 죽을 것이라고 확신한 그는 침착함을 되찾고 넋을 잃은 사람처럼 주위의 모든 것을 관찰한다. 얼마 후, 그는 자신의 배보다 더 작고 원통을 닮은 물체들이 천천히 끌려내려오는 것을 본다. 곧이어 그는 그

통 모양의 물체들이 사실은 상승하면서 소용돌이를 벗어나는 중이라는 것을 깨닫는다. 그는 재빨리 몸을 던져서 빈 물통 하나에 올라탄다. 난파된 고깃배는 점점 더 깊은 곳으로 빨려들고, 물통은 꾸준히 상승하면서 소용돌이를 벗어나서 유일한 생존자를 안전한 곳으로 데려간다.

소설의 주인공은 눈앞의 상황에 휩쓸리지 않고 정서적인 거리를 둔 덕분에 목숨을 건졌다. 그렇게 거리를 둔 덕분에 죽음에 대한 공포를 극복하고 주변을 바라볼 수 있었던 것이다. 현실을 분명하게 직시한 것이 그의 생존 비법이었다. 그의 행동은 곤경에서 벗어나려는 필사적인 노력에서 비롯되지 않았다. 그는 순전히 소용돌이에 매혹되었을 뿐이다. 얼핏 보면, 그는 과학적 호기심을 채우려고 얼마 남지 않은 시간을 낭비하는 듯하다. 그의 생각은 문제에서 해답으로 곧장 나아가지 않는다. 오히려 순수한 앎을 경유한다. 소용돌이에서 살아나온 그 어부처럼 현실을 초연한 시선으로 바라보는 것은 좋은 행동이다.

주와 참고 문헌

0.0 우리의 목표

1. Santen, R. A. van, Khoe, G. D., and Vermeer, B. (2006). *Zelfdenkende pillen, en andere technologie die ons leven zal veranderen*. Amsterdam: Nieuw Amsterdam.

0.1 관심사

1. 2000년부터 2008년 3월까지 유엔에서 식량에 대한 권리를 다루는 특별 조사위원으로 일한 장 지글러의 책, Ziegler, J. (2005). *L'Empire de la honte*. Paris: Fayard, p. 130.

2. 롬보르그의 프로젝트는 두 권의 책으로 출판되었다. Lomborg, B. ed. (2004). *Global crises, global solutions*. Cambridge, UK: Cambridge University Press; Lomborg, B. (2007). *Solutions for the world's biggest problems: Costs and benefits*. Cambridge, UK: Cambridge University Press.

3. Holdren, J. P. (2008) Science and technology for sustainable wellbeing. *Science*, 319, 424.

4. 유엔 웹사이트, http://vermeer.net/caa 참조.

5. Wells, H. G. (1901). *Anticipations of the reactions of mechanical and scientific progress upon human life and thought*. http://vermeer.net/cab에서 전문을 볼 수 있다.

0.2 접근법

1. 이 예언은 체코 출신 캐나다 환경과학자 바츨라프 스밀의 에세이 "예언에 반대함 (Against Forecasting)"에도 인용되어 있다. 정량적인 예상을 내놓을 생각이 있는 사람이라면, 우선 그 에세이를 읽어야 한다. Smil, V. (2003). *Energy at the crossroads: Global perspectives and uncertainties*. Cambridge, Mass., and London: MIT Press, 제3장과 거기에 딸린 참고 문헌 참조.

2. http://vermeer.net/cac 참조.

3. Lorenz, E. N. (1995). *The essence of chaos*. Seattle: University of Washington Press.

4. 이러한 지진의 통계적 규칙성을 일컬어서 구텐베르크-리히터 법칙(Gutenberg-Richter Law)이라고 한다. Gutenberg, B., and Richter, C. F. (1954). *Seismicity of the earth and associated phenomena*, 2nd ed. Princeton, N.J.: Princeton University Press, pp. 17-19 ("지진의 에너지와 빈도[Frequency and energy of earthquakes]") 참조.

5. 페르 박은 멱법칙을 폭넓게 연구하고 친절한 입문서를 썼다. Bak, P. (1997). *How nature works: The science of self-organized criticality*. Oxford, Melbourne, and Tokyo: Oxford University Press. 그밖에 흥미로운 입문서로는 다음을 참조하라. Newman, M. (2004). *Power laws, Pareto distributions and Zipf's law*. Arxiv preprint cond-mat/0412004; http://vermeer.net/cad. 대중적인 설명을 원한다면, Buchanan, M. (2000). *Ubiquity: The science of history...or why the world is simpler than we think*. New York: Three Rivers Press 참조.

6. 전문적인 개관은 Albert, R., and Barabási, A L. (2002). Statistical mechanics of complex networks. *Reviews of Modern Physics*, 74(1), 47-97, 대중적인 설명은 Barabási, A L. (2003). *Linked: How everything is connected to everything else and what it means*. New York: Penguin 참조. 그밖에 Buchanan, M. (2002). *Nexus: Small worlds and the groundbreaking science of networks*. New York: Norton; Watts, D. J. (2003). *Six degrees: The science of a connected age*. New York: Norton 참조.

7. Albert, R., and Barabási, A L. (2002) Statistical mechanics of complex networks. *Reviews of Modern Physics*, 74(1), 47-97.

8. Rockstrom, J., Steffen, W., Noone, K., Persson, A, Chapin, F. S., et al. (2009). A safe operating space for humanity. *Nature*, 461(7263), 472-475.

9. Homer-Dixon, T. (2006). *The upside of down: Catastrophe, creativity and the renewal of civilization*. Toronto: Random House of Canada Ltd.

10. 이 문제를 최초로 탐구하여 1896년에 논문을 출판한 과학자는 스반테 아레니우스이다. Arrhenius. S. (1896). On the influence of carbonic acid in the air upon the temperature of the ground. *Philosophical Magazine and Journal of Science*, 41(Series 5), 237-276.

11. Scheffer, M., Bascompte, J., Brock, W.A, Brovkin, V, Carpenter, S. R., et al. (2009). Early-warning signals for critical transitions. *Nature*, 461(3), 53-59.

1.0. 생명에 필수적인 연결망들

1. *Philosophical Transactions of the Royal Society B* (October 27, 2009); Short, R. V., and Potts, M., comp. and ed. The impact of population growth on tomorrow's

world, 364 (1532).

2. 2009년에 영국 정부의 과학 자문위원장이며 런던 임페리얼 칼리지의 응용 집단 생물학 교수인 존 베딩턴은 인구, 부, 물 수요, 에너지 소비의 증가로 늦어도 2030년 이전에 폭발적인 상황이 도래할 것이라고 경고했다. 물과 관련된 수치들은 그의 발언에서 인용했다.

3. Diamond, J. (2006). *Collapse: How societies choose to fail or succeed*. New York: Penguin.

4. 식량 수급 전반에 관해서는 Smil, V. (2000). *Feeding the world*. Cambridge, Mass., and London: MIT Press 참조.

1.1 생명을 위한 물

1. 물과 관련된 입문적인 글로 Sanitation and access to clean water, in Lomborg, B. (2004). *Global crises, global solutions*. Cambridge, UK, Cambridge University Press 를 추천한다. 다음은 더 최근에 나온 글이다. Rijsberman, F. (2008). Every last drop: Managing our way out of the water crisis. *Boston Review* (September/October); http://vermeer.net/cae

2. Dai, A, Qian, T., Trenberth, K. E., and Milliman, J. D. (2009). Changes in continental freshwater discharge from 1948 to 2004. *Journal of Climate*, 22, 2773–2792.

3. Smil, V. (2000). *Feeding the world: A challenge for the twenty-first century*. Cambridge, Mass., and London: MIT Press.

4. Rijsberman, F. R. (2008). Water for food: Corruption in irrigation systems, in *Global corruption report 2008*. Cambridge, UK: Cambridge University Press.

1.2 모두를 위한 식량

1. 식량에 관한 훌륭한 입문서로 Smil, V (2000). *Feeding the world*. Cambridge, Mass., and London: MIT Press가 있다. 또한 Kiers, E. T., Leakey, R. R. B., Izac, A M., Heinemann, J. A, Rosenthal, E., et al. (2008). Agriculture at a crossroads. *Science*, 320(5874), 320도 참조.

2.0 우리가 사는 행성

1. Rockstrom, J., Steffen, W., Noone, K., Persson, A, Chapin, F. S., et al. (2009). A safe operating space for humanity. *Nature*, 461(7263), 472–475.

2.1. 기후 변화에 대한 대처

1. Lenton, T. M., Held, H., Kriegler, E., Hall, J. W., Lucht, W., et al. (2008). Tipping elements in the earth's climate system. *Proceedings of the National Academy of Sciences*, 105(6), 1786-1793. 또한 Schellnhuber, H. J. (2008). Global warming: Stop worrying, start panicking?. *Proceedings of the National Academy of Sciences*, 105(38), 14239.

2. 현재의 통찰들을 개관하려면 「네이처(*Nature*)」 특별판 458(7242)호, 2009년 4월 30일, pp. 1077, 1091-1118, 1158-1166를 참조하라.

3. Smil, V (2008). *Global catastrophes and trends: The next 50 years*. Cambridge, Mass., and London: MIT Press, 2008, p. 175.

4. 이 데이터를 비롯한 많은 세부 데이터를 기후 변화에 관한 정부 간 협의체(IPCC)의 보고서들에서 얻을 수 있다. www.ipcc.ch 참조. 최신 데이터는 2007년의 것이다. *Climate change 2007: Synthesis report*, Cambridge, UK, and New York: Cambridge University Press, http://vermeer.net/caz. 이 보고서와 짝을 이루는 IPCC 분과들의 보고서들인 *The physical science basis/impacts, adaptation and vulnerability/ mitigation of climate change*에서 더 많은 배경 지식을 얻을 수 있다. 이 보고서들은 http://vermeer.net/cag에서 내려받을 수 있다.

5. Schellnhuber, H. J. (2008). Global warming: Stop worrying, start panicking? *Proceedings of the National Academy of Sciences*, 105(38), 14239-14240.

2.2 에너지 효율 향상

1. 예를 들면, *BP, Statistical Review of World Energy 2009*, bp.com/statistical review를 참조하라. 다음에도 석유 잔여량의 역사적 변화에 대한 분석이 등장한다. Smil, V. (2008). *Energy in nature and society*. Cambridge, Mass., and London: MIT Press.

2. Smil, V. (2003). *Energy at the crossroads: Global perspectives and uncertainties*. Cambridge, Mass., and London: MIT Press, p. 319; 스티븐 파칼라와 로버트 소콜로는 「사이언스(*Science*)」에 실린 영향력 있는 논문에서 향후 몇십 년 동안 경제와 인구가 성장하더라도 탄소 배출을 현 수준으로 유지할 기술적 역량이 우리에게 있다는 것을 보여주었다. 그들은 탄소 배출을 줄이는 데에 도움이 되는 기술 15가지를 꼽았는데, 그중 다수는 에너지 효율을 향상시키는 기술이다. Pacala, S., and Socolow, R. (2004). Stabilization wedges: Solving the climate problem for the next 50 years with current technologies. *Science*, 305, August 13, 2004, pp. 968-972를 참조하라.

3. Guzella, L., and Martin, R. (1998). Das SAVE-Motorkonzept. *Motortechnische*

Zeitschrift, 59(10), 644-650.

4. Hall, C. A S. (2004). The continuing importance of maximum power. *Ecological Modelling*, 178 (1-2), 107-113.

5. Daggett, D. L., Hendricks, R. c., Walther, R., and Corporan, E. (2007). *Alternate fuels for use in commercial aircraft*. Boeing Corporation, http://vermeer.net/cah.

2.3 새로운 에너지를 찾아서

1. Niele, F. (2005). *Energy: Engine of evolution*. Amsterdam: Elsevier Science.

2. Hall, C. A S. (2004). The continuing importance of maximum power. *Ecological Modelling*, 178(1-2), 107-113.

3. Homer-Dixon, T. (2006). *The upside of down: Catastrophe, creativity and the renewal of civilization*. Toronto: Random House of Canada Ltd.

4. 이것은 지구에 도달하는 태양복사 전체에서 대기가 흡수하거나 우주로 반사되는 에너지의 양을 제외하고 지구 표면이 흡수하는 양의 전 세계 평균값이다. 아열대 사막 1제곱미터가 흡수하는 태양복사는 250와트를 웃돈다. Smil, V. (2003). *Energy at the crossroads: Global perspectives and uncertainties*. Cambridge, Mass., and London: MIT Press 참조.

5. Desertec's white paper, http://vermeer.net/caj 참조.

6. 정확한 이론적 최대치는 "베츠 한계(Betz limit)", 즉 16/27퍼센트이다.

7. 최신 풍력 발전소는 대지 면적 1제곱미터당 평균 1.3와트를 생산하는 반면, 태양전지는 1제곱미터당 3와트를 생산한다. Smil, V. (2008). *Energy in nature and society*. Cambridge, Mass., and London: MIT Press 참조.

8. INL (2006). *The future of geothermal energy: Impact of enhanced geothermal systems(egs) on the United States in the 21st century*. 미국 에너지국 지열 기술 프로그램에 제출된 최종 보고서(report number INLlEXT-06-11746). 또한 Tester, J. w., Anderson, B., Batchelor, AS., Blackwell, D.O., Pippo, di R., et al. (2007). Impact of enhanced geothermal systems on US energy supply in the twenty-first century. *Philosophical Transactions of the Royal Society A*, 365(1853), 1057-1094 참조.

9. Bell, A T., Gates, B. c., and Ray, D. (2007). *Basic research needs: Catalysis for energy*. 미국 에너지국 기초 에너지 과학연구회에 제출된 보고서.

10. Klerke, A, Christensen, C. H., Nmskov, J. K., and Vegge, T. (2008). Ammonia for hydrogen storage: Challenges and opportunities. *Journal of Materials Chemistry*, 18(20), 2304-2310.

11. Loges, B., Boddien, A, Junge, H., and Beller, M. (2008). Controlled generation of hydrogen from formic acid amine adducts at room temperature and application in H2/02 fuel cells. *Angewandte Chemie International Edition*, 47, 3962–3965.

2.4 지속 가능한 재료

1. 톤 페이스에게서 얻은 자료.

2.5. 청결한 공장

1. Jensen, K. (2001). Microreaction engineering——Is small better? *Chemical Engineering Science*, 56, 293–303.

2. El-Ali, J., Sorger, P. K., and Jensen, K. F. (2006). Cells on chips. *Nature*, 442, 403–411.

3.0 우리를 돕는 것들

1. McLuhan, M. (1962). *The Gutenberg galaxy : The making of typographic man.* London: Routledge & Kegan Paul.

2. Drexler, K. E. (1986). *Engines of creation.* Garden City, N.Y. : Anchor/Doubleday.

3. Joy, B. (2000). Why the future doesn't need us: Our most powerful 21st-century technologies——robotics, genetic engineering, and nanotech——are threatening to make humans an endangered species. *Wired*, 8(4), 238–264.

4. Kurzweil, R. (2005). *The singularity is near : When humans transcend biology.* New York: Viking.

3.1 더 영리한 전자공학

1. Mollick, E. (2006). Establishing Moore's law. *IEEE Annals of the History of Computing*, 28(3), 62–75.

2. 최신 로드맵을 보려면 *International technology roadmap for semiconductors*, http://www.itrs.net을 참조하라.

3. Ross, P. E. (2008). Why CPU frequency stalled. *IEEE Spectrum*, 45(4), 72.

4. 필립스 반도체의 전임 최고 기술 경영자(CTO)는 기능의 선형적인 향상을 위해서는 시스템 복잡성의 기하급수적인 증가가 필요하다고 지적하여 많은 주목을 받았다. Claasen, T. (1998). The logarithmic law of usefulness. *Semiconductor International*, 21(8), 175–186 참조.

3.2 더 많은 통신

1. *Network World* (January 22, 1990).

2. 이 진화에 대해서는 많은 연구가 이루어졌다. 예를 들면, Barabási, A. L., and Albert, R. (1999) Emergence of scaling in random networks. *Science*, 286(5439), 509–512; Albert, R., Jeong, H., and Barabási, A. L. (2000). Error and attack tolerance of complex networks. *Nature*, 406, 378–382; Albert, R., Jeong, H., and Barabási, A. L. (1999). The diameter of the World Wide Web. *Nature*, 401, 130–131; Barabási, A. L. (2001). The physics of the Web. *Physics World*, 14(7), 33–38.

3. Dorren, H.J., Calabretta, N., and Raz, O. (2008). Scaling all-optical packet routers: How much buffering is required? *Journal of Optical Networking*, 7(11), 936–946.

3.3 모든 사람들을 연결하기

1. Haykin, S. (2005). Cognitive radio: Brain-empowered wireless communications. *IEEE Journal on Selected Areas in Communications*, 23(2), 201–220.

2. Hoekstra, J. M., Van Gent, R. N. H. w., and Ruigrok, R. C. J. (2002). Designing for safety: The "free flight" air traffic management concept. *Reliability Engineering and System Safety*, 75(2), 215–232.

3.4 암호 기술

1. 파울 치머만이 정리한 세계 기록들을 http://vermeer.net/cak에서 볼 수 있다.

2. 이러한 상황은 Anderson, R., and Moore, T. (2006). The economics of information security. *Science*, 314(5799), 610–613; Anderson, R. (2001). *Why information security is hard: An economic perspective*. ACSAC, Proceedings of the 17th annual computer security applications conference, p. 358에 묘사되어 있다.

3. 이 주제에 관한 훌륭한 입문서로 Mermin, N. D. (2007). *Quantum computer science: An introduction*. Cambridge, UK: Cambridge University Press를 추천한다.

4. Singla, P., and Richardson, M. (2008). Yes, there is a correlation: From social networks to personal behaviour on the Web. in *Proceedings of the seventeenth International Conference on the World Wide Web* (WWW'08), pp. 655–664.

3.5 오류 관리

1. ESI International과 Independent Project Analysis의 공동 연구이다(언론 발표는 2008년 7월 31일).

2. Ibid.

3. Bowen, J. P., and Hinchey, M. G. (2006). Ten commandments of formal methods...ten years later. *Computer*, 39(1), 40-48.

4. Mainzer, K. (2007). *Thinking in complexity: The complex dynamics of matter*, 5th ed. Berlin, Heidelberg, New York: Springer Verlag.

5. Hopfield, J. J. (1982). Neural networks and physical systems with emergent collective computational abilities. *Proceedings of the National Academy of Sciences*, 79(8), 2554-2558.

3.6. 튼튼한 물류

주 없음.

3.7 발전된 기계들

1. http://www.worldrobotics.org 참조.

4.0. 생명을 돌보는 기술

주 없음.

4.1 투명한 몸

1. *Deaths, percent of total deaths, and death rates for the 15 leading causes of death: United States and each state, 1999-2005.* 미국 보건복지부, 2008.

2. Zaidi, H. (2006). Recent developments and future trends in nuclear medicine instrumentation. *Medical Physics*, 16(1), 5-17.

3. Zaidi, H., and Prasad, R. (2009). Advances in multimodality molecular imaging. *Journal of Medical Physics*, 34(3), 122-128.

4. 아직 최종 결론을 내리기는 이르다. Krupinski, E. A, and Jiang, Y. (2008). Anniversary paper: Evaluation of medical imaging systems, *Medical Physics*, 35(2), 645-659 참조.

4.2 개인 맞춤형 의료

1. 크레이그 벤터와 프랜시스 콜린스는 서로 치열하게 경쟁했지만, 공동으로 인간 게놈 지도의 완성을 발표했다. 미국 대통령 빌 클린턴도 그 발표에 참여했다.

2. 여기에 제시된 연결망 분석은 대부분 다음 문헌에 근거를 둔다. Goh, K. 1.,

Cusick, M. E., Valle, D., Childs, B., Vidal, M., and Barabási, A. L. (2007). The human disease network. *Proceedings of the National Academy of Sciences*, 104(21), 8685-8690.

3. 벤터가 언급하는 병은 이른바, 가족성 선종성 용종증(familial adenomatous polyposis, FAP)이다. 이 병은 APC 유전자의 결함에 의해서 발생한다.

4. Kim, E., Goren, A, and Ast, G. (2008). Alternative splicing: Current perspectives. *BioEssays*, 30(1), 38-47.

5. 몇 가지 단백질을 무작위로 선택해서 제거하더라도 세포 내 조절의 연결망은 유지될 가능성이 높다는 뜻이다. 그러나 결정적인 구실을 하는 소수의 단백질들을 제거한다면, 이야기가 달라진다. Nacher, J. c., and Akutsu, T. (2007). Recent progress on the analysis of power-law features in complex cellular networks. *Cell Biochemistry and Biophysics*, 49(1) 37-47; Jeong, H., Mason, S., Barabási, A L., and Oltvai, Z. N. (2001). Lethality and centrality of protein networks. *Nature*, 411(11), pp. 41-42 참조.

6. Levy, S., Sutton G., Ng, P. c., Feuk L., Halpern A L., et al. (2007) The diploid genome sequence of an individual human. *PLoS Biology*, 5(10), e254, 2113-2114.

4.3 세계적 유행병에 대한 대비

1. Bird flu deal hangs in the balance. *New Scientist* (November 17, 2007) 참조.

2. Johnson, N., and Mueller, J. (2002). Updating the accounts: Global mortality of the 1918-1920 "Spanish" influenza pandemic. *Bulletin of the History of Medicine*, 76(1), 105-115. 극적인 묘사를 원하는 독자는 Barry, J. M. (2004). *The great influenza: The story of the deadliest pandemic in history*. New York: Penguin을 참조하라.

3. Debora MacKenzie, Will a pandemic bring down civilization? *New Scientist* (April 5, 2008).

4. http://vermeer.net/can 참조.

5. 독감 백신에 관한 대규모 전염병학(MIV) 연구회(2005). The macroepidemiology of influenza vaccination in 56 countries, 1997-2003. *Vaccine*, 23, 5133-5143.

6. http://vermeer.net/cap 참조.

7. FAOSTAT 2007, http://faostat.fao.org

8. 컨설팅 회사 올리버 와이먼과 WHO의 공동 연구에 근거한다(언론 발표는 2009년 2월 23일), http://vermeer.net/caq

9. Swine flu: How experts are preparing their families. *New Scientist* (August 12, 2009), issue 2721.

10. 오스트레일리아, 캐나다, 프랑스, 독일, 이탈리아, 일본, 네덜란드, 영국, 미국

이 전 세계 계절 독감 백신의 95퍼센트 이상을 생산한다. 헝가리, 뉴질랜드, 루마니아, 러시아에도 소규모 생산시설들이 있다. 페드슨과의 개인적인 대화.

11. BD Medical Surgical Systems의 2007년 데이터. McKenna, M. (2007). *The pandemic vaccine puzzle*. CIDRAP. www.cidrap.umn.edu에서 재인용했다.

12. Fedson, D. S. (2008). Confronting an influenza pandemic with inexpensive generic agents: Can it be done? *Lancet Infectious Diseases*, 8(9), 571−576; Fedson, D. S. (2009). Confronting the next influenza pandemic with anti-inflammatory and immunomodulatory agents: Why they are needed and how they might work. *Influenza and Other Respiratory Viruses*, 3(4), 129−142; Fedson, D. S. (2009). Meeting the challenge of influenza pandemic preparedness in developing countries. *Emerging Infectious Diseases*, 15(3), 365−371.

13. Fedson, D. S. (2009). Confronting the next influenza pandemic with anti-inflammatory and immunomodulatory agents: Why they are needed and how they might work. *Influenza and Other Respiratory Viruses*, 3(4), 129−142.

4.4 삶의 질

1. *World population prospects: The 2008 revision*. New York: United Nations.

2. Vijg, J., and Campisi, J. (2008). Puzzles, promises and a cure for ageing. *Nature*, 454(7208), 1065−1071.

3. Wiegel, F. W., and Perelson, A S. (2004). Some scaling principles for the immune system. *Immunology and Cell Biology*, 82, 127−131.

5.0 사회공학

1. 다음은 이 분야를 소개하는 글이다. Lazer, D., Pentland, A, Adamic, L., Aral, S., Barabási, A L., et al. (2009). Computational social science. *Science*, 323(5915), 721−723. 또한 Epstein J. M., and Axtell, R. L. (1996). *Growing artificial societies: Social science from the bottom up*. Washington: The Brookings Institution 참조.

5.1 필수 교육

1. 이 국가들의 문자 해득률은 각각 24.0퍼센트와 23.6퍼센트이다. *United Nations Development Programme Report 2007−2008*, p. 226.

2. Meltzoff, AN., Kuhl, P. K, Movellan, J., and Sejnowski, T. J. (2009). Foundations for a new science of learning. *Science*, 325(5938), 284−288.

5.2 정체성 유지

1. 최근에 출판된 책들은 다음과 같다. Greenfield, S. (2004). *Tomorrow's people : How 21st century technology is changing the way we think and feel.* London : Penguin; Greenfield, S. (2008). *I.D. : The quest for identity in the 21st century.* London : Sceptre.

5.3 도시의 미래

1. 도시들의 순위 규모 분포를 다룬 최초의 논문은 Auerbach, F. (1913). Das Gesetz der Bevolkerungskonzentration. *Petermanns Geographische Mitteilungen*, 59(13), 73-76인 것으로 보인다. 이 주제를 집중적으로 다룬 논문으로 Zipf, G. K. (1941). National unity and disunity: The nation as a bio-social organism. Akron, Oh. : Principia Press가 있다.

2. Gabaix, X. (1999). Zipf's law for cities : An explanation. *Quarterly Journal of Economics*, 114(3), 739-768; Pumain, D. (2002). *Scaling laws and urban systems*, http://vermeer.net/cas; Semboloni, F. (2008). Hierarchy, cities size distribution and Zipf's law. *The European Physical Journal B*, 63(3), 295-302.

3. May, R. M. (1988). How many species are there on Earth? *Science*, 241(4872), 1441-1449. 그러나 중요한 특이 사례가 하나 있다. 호모 사피엔스는 크기-개체수 곡선에서 추정되는 개체수보다 1만 배나 더 많이 존재한다. Hern, W. M. (1990). Why are there so many of us? Description and diagnosis of a planetary ecopathological process. *Population and Environment*, 12(1), 9-39.

4. 살아 있는 동물의 세포 하나가 소비하는 에너지의 양은 동물의 몸무게의 1/4제곱에 반비례한다. Kleiber, M. (1932). Body size and metabolism. *Hilgardia*, 6, 315-351. 그밖에 Smil, V. (2000). Laying down the law. *Nature*, 403(6770), 597 참조.

5. 이것이 West, G. B., Brown, J. H., and Enquist, B. J. (1997). A general model for the origin of allometric scaling laws in biology. *Science*, 276(5309), 122-126의 요점이다. 생물학자들 사이에 합의된 정확한 설명은 아직 없다. 그러나 저자들이 보기에는 제프리 웨스트 등의 논문에 나오는 설명이 그럴듯하다.

6. Bornstein, M. H., and Bornstein, H. G. (1976). The pace of life. Nature, 259(19), 557-559; Bornstein, M. H. (1979). The pace of life : Revisited. *International Journal of Psychology*, 14(1), 83-90.

7. Bettencourt, L., Lobo, J., Helbing, D., Kuhnert, c., and West, G. B. (2007). Growth, innovation, scaling, and the pace of life in cities. *Proceedings of the National Academy of Sciences*, 104(17), 7301.

8. Florida, R. (2002). *The rise of the creative class : And how it's transforming work, leisure, community and everyday life.* New York: Basic Books.

9. Bettencourt, L. M. A, Lobo, J., Strumsky, D., and West, G. B. *The universality and individuality of cities : A new perspective on urban wealth, knowledge and crime.* 미출간.

10. Castells, M. (2000). *The rise of the network society,* 2nd ed. Oxford, UK: Blackwell Publishers.

11. Dhamdhere, A, and Dovrolis, C. (2008). Ten years in the evolution of the Internet ecosystem. *Proceedings of the eighth ACM SIGCOMM conference on Internet measurement,* 183–196.

12. Townsend, A M. (2001). Network cities and the global structure of the Internet. *American Behavioral Scientist,* 44(10),1697–1716.

13. Sassen, S. (2001). *The global city : New York, London, Tokyo.* 2nd edition. Princeton, N.J.: Princeton University Press.

14. Batty, M. (2008). The size, scale, and shape of cities. *Science,* 319(5864), 769–771; Batty, M. (2005). *Cities and complexity : Understanding cities with cellular automata, agent-based models, and fractals.* Cambridge, Mass., and London: MIT Press.

5.4. 재난 시나리오들

1. Dilley, M., Chen, R. S., and Deichmann, U. (2005). *Natural disaster hotspots : A global risk analysis.* Washington, D.C: World Bank Publications.

2. Ibid.

3. Tsunamis' aftermath/warning signals, but no warnings: Early data on Asian quake went unnoticed in Vienna. *International Herald Tribune* (December 29, 2004).

4. McNicol, T. Japan lays groundwork for national earthquake warning system. *Japan Media Review* (April 13, 2006).

5. Jonkman, S. N. (2007). *Loss of life estimation in flood risk assessment—Theory and applications.* PhD thesis, Delft University, the Netherlands.

6. Helbing, D., Ammoser, H., and Kuhnert, C. (2006). Information flows in hierarchical networks and the capability of organizations to successfully respond to failures, crises, and disasters. *Physica A,* 363(1), 141–150; Buzna, L., Peters, K, Ammoser, H., Kuhnert, c., and Helbing, D. (2007). Efficient response to cascading disaster spreading. *Physical Review E,* 75(5), 56107–56108; Dodds, P. S., Watts, D.

J., and Sabel, C. F. (2003). Information exchange and the robustness of organizational networks. *Proceedings of the National Academy of Sciences*, 100(21), 12516−12521; Helbing, D., and Kuhnert, C. (2003). Assessing interaction networks with applications to catastrophe dynamics and disaster management. *Physica A : Theoretical and Statistical Physics*, 328(3−4), 584−606.

7. Berkhout, A. J. (2000). *The cyclic model of innovation.* Delft, the Netherlands : Delft University Press.

5.5. 신뢰할 만한 금융

1. 골드만삭스의 최고 재무 관리자(CFO) 데이비드 비니어는 이렇게 말했다. "평균을 표준편차의 25배만큼 벗어난 사건들이 여러 날 동안 연거푸 터졌다." *Financial Times* (August 13, 2007).

2. 밀턴 프리드먼과 유진 파마는 1950년대에 이 생각을 발전시켜서 금융시장에 적용했다. 오늘날의 투자 노하우 대부분은 이들의 연구에 바탕을 둔다. 이들의 이론은 모든 사람이 합리적으로 행동할 것을 요구하지 않는다. 때때로 그릇된 계산을 해서 가격의 요동을 초래하는 사람들이 있다. 그들은 금융시장의 무작위적인 소규모 움직임을 일으키는 우연적인 요인이다. 그러나 일시적으로 너무 높거나 낮은 가격을 이용할 줄 아는 약삭빠른 투자자들이 항상 있을 것이므로, 가격은 다시 올바른 균형을 되찾을 것이라고 표준 이론은 말한다.

3. 부쇼는 2008년 금융 위기의 절정에 쓴 논문에서 이 생각을 정교하게 제시한다. Bouchaud, J.-P. (2008). Economics need a scientific revolution. *Nature*, 455, 1181. 또한 Bouchaud, J.-P. (2009). The (unfortunate) complexity of the economy. *Physics World*, 22, 28−31; Buchanan, M. (2009). Meltdown modelling. *Nature*, 460, 680−682; Farmer, J. D., and Foley, D. (2009). The economy needs agent-based modelling. *Nature*, 460, 685−686.

4. 고전 경제학자와 비선형 동역학 옹호자 사이의 토론을 보려면, 다음을 참조하라. Farmer, J. D., and Geanakoplos, J. (2008). *The virtues and vices of equilibrium and the future of financial economics*, http://vermeer.net/cau

5. Bak, P., Paczuski, M., and Shubik, M. (1997). Price variations in a stock market with many agents. *Physica A*, 246, 430−453.

6. Joulin, A., Lefevre, A., Grunberg, D., and Bouchaud, J.-P. (2008). *Stock price jumps : News and volume playa minor role*, http://vermeer.net/cav

7. 2008년에 수많은 헤지펀드가 블랙숄즈 모형(Black-Scholes model)을 사용한

탓에 어려움을 겪었다. 그 모형이 의지하는 평형 이론은 폭락의 가능성을 과소평가한다. 블랙숄즈 모형의 창시자들은 1997년에 노벨 경제학상을 받았다.

5.6 평화

1. Holdren, J. P. (2008). Science and technology for sustainable wellbeing. *Science*, 319, 424–434.

2. Piepers, 1. (2006). *Dynamics and development of the international system: A complexity science perspective*, http://vermeer.net/caw

3. Herrera, G. L. (2006). *Technology and international transformation: The railroad, the atom bomb, and the politics of international change*. Albany: State University of New York Press.

4. Blix, H. (2008). *Why nuclear disarmament matters*. Boston, Mass., and London: MIT Press.

6.0. 의제들

1. Einstein, A. (1917). Zur Quantentheorie der Strahlung. *Physikalische Zeitschrift*, 18, 121–128.

2. Axtell, R. L. (2001). Zipf distribution of U.S. firm sizes. *Science*, 293 (5536), 1818–1820; May, R. M. (1988). How many species are there on Earth? *Science*, 241(4872) 1441–1449.

3. Devezas, T. c., and Corredine, J. T. (2002). The nonlinear dynamics of technoeconomic systems—An informational interpretation. *Technological Forecasting and Social Change*, 69, 317–358.

4. More, T. (1518). Libellus vere au reus, nec minus salutaris quam festivus, de optimo rei publicae statu deque nova insula Utopia. Basileae: apud lo Frobenium.

5. Bacon, F. (1626). *The new Atlantis*, http://vermeer.net/cax

6. Achterhuis, H. (1998). *De erfenis van de utopie*. Amsterdam: Ambo.

7. Rivlin, G. (2003). Leader of the free world: How Linus Torvalds became benevolent dictator of Planet Linux, the biggest collaborative project in history. *Wired Magazine*, no. 11.

감사의 글

이 책을 준비하는 과정은 2006년에 네덜란드 에인트호벤 공과대학의 개교 50주년을 기념하여 행한 일련의 대담에서 시작되었다. 더 나중에 우리 저자들은 국제적인 토론들을 추가했다. 우리는 대략 50명의 전문가와 오랫동안 활발하게 대화했다. 그들의 친절과 열정, 그들이 우리에게 준 영감에 진심으로 감사한다. 그토록 많은 사람들의 능력과 통찰을 한 권의 책에 담을 수 있어서 영광이다. 당연한 말이지만, 이 책에 대한 책임은 그 전문가들에게 있지 않다. 이 책에 실린 모든 의견은 저자들이 명시적으로 타인을 거론할 때를 제외하면 모두 저자들의 것이다.

언어에 대한 조언과 명료한 편집을 해준 테드 알킨스(벨기에 뢰뱅)에게 감사한다. 그의 창조성은 이 책의 메시지를 전달하는 데에 기여했다. 그래프를 그려준 넬 드 빙크(영국 에식스)에게 감사한다. 지베 리스펜스(독일 베를린)와 테이스 미헬스(네덜란드 에인트호벤)는 이 책의 여러 곳에 대해서 소중한 논평을 해주었다. Publisher Nieuw Amsterdam 출판사(네덜란드 암스테르담)는 이 책의 불완전한 과거 판본을 출간했으며, 친절하게도 이 국제 판본의 출간에 동의했다. 색인을 만든 율리아 크놀에게도 감사한다.

이 책을 쓰는 작업은 네덜란드 최고의 연구소 두 곳의 지원 덕분에 가능했다. 그곳들은 NRSC-Catalysis와 COBRA 연구소이다.

역자 후기

미래를 예견하는 일은 많은 이들의 관심을 끌기에 더없이 좋기는 하지만, 사실 성공적일 때가 드물어서 진지한 지식인에게는 어울리지 않는 듯하다. 특히 예견이 먼 미래에 관한 것일 때 그러하다. 그런데 「2030 : 세상을 바꾸는 과학기술 (2030 : *Technology that will change the world*)」이라는 간단명료한 제목을 통해서 미래 예견 작업을 자임하는 듯한 이 책은 주로 상상력에 호소하는, 흥미롭지만 그저 흥미로울 뿐인 미래학 서적들과 몇 가지 점에서 다르다.

이 책은 우선 겨우 20년 앞까지만 내다본다. 2030년이면 대부분의 독자가 살아서 경험할 만큼 가까운 미래이다. 그때쯤 혜택을 받게 될 연금을 지금 붓고 있는 사람도 상당수일 것이다. 그런 의미에서 2030년은 지금부터 준비해야 할 미래, 확장된 현재라고 할 수 있다. 실제로 저자들의 목표는 미래를 예견하는 것이라기보다 확장된 현재를 고민하는 것에 더 가깝다. 지금 심각해지기 시작한 문제들과 거기에 맞선 대책들과 새로 등장한 기술들의 가능성을 짚어가면서 그들은 말한다. "더 먼 미래를 내다보기 위해서 시간과 돈을 쓰는 어리석은 짓은 하지 말아야 한다."(329쪽)

이 말뿐만 아니라 다른 여러 대목에서도 네덜란드 사람들 특유의 실용주의가 돋보인다. 실제로 이 책이 다루는 의제들은 지금 각국 정부와 국제기구들에서 활발히 논의되는 안건들이다. 영양 결핍과 물 부족, 암과 전염병, 노인의 삶의 질, 지구 온난화, 천연자원 고갈, 자연 재난, 교육 결핍, 지속 가능한 도시, 금융의 불안정성, 전쟁과 테러, 개인의 정체성 훼손 등이 논의되는데, 저자들은 기술자답게 이 의제들의 기술적 측면에 초점을 맞추면서 수시로 기술의 역할을 강조한다. 그러므로 이 책은 우리 모두에게 닥친 문제들을 과학기술자의 눈으로 고민하는 사람들, 이를테면 과학기술 정책 입안자들에게 가장 유용할 것이다.

둘째, 여러 시나리오들을 내놓고 왔다갔다 헤매는 미래학 책들과 달리, 이 책은 관점과 초점이 뚜렷하다. 전체를 이끄는 핵심 개념들을 정확하게 지적할 수 있을 정도인데, 그것들은 연결망(network)과 복잡한 시스템(complex system)이다. 또 저자들이 권하는 해법을 대변하는 단어들은 융통성, 규모 축소, 다양성, 분산화, 자체 조직화 등이다. 저자들은 너무 촘촘하고 팽팽해져서 국지적인 충격을 순식간에 지구 전체로 확산시키는 현재의 연결망들을 느슨하게 풀어야 한다고 주장한다. "큰 충격에 대비하려면 지구적인 연결망들을 느슨하게 풀어야 한다. 분산화는 우리의 세계를 더 안정적으로 만들 것이다."(236쪽)

우리 주위의 일부 진영은 지금도 지구적인 연결망들의 강화를 당연시하면서 연결망 속의 허브가 되기를 꿈꾸고 여전히 집중화와 전문화와 대형화를 추구하지만, 저자들이 내다보는 미래의 길은 오히려 정반대 방향으로 뻗어 있다. 미래의 주역은 전체에 휘둘리지 않는 부분들, 자립적이고 자율적인 부분들이다. 부분들이 각자 자신의 놀이를 할 때, 전체의 안정성은 더 커진다. 이런 의미에서 저자들은 근대의 패러다임을 벗어날 것을 요구한다고 할 수 있다. 아니, 저자들이 보기에 이 요구는 거스를 수 없는 시대의 명령이다. 지금 우리에게 닥친 거대한 문제들을 해결하려면, 시스템을 두루 살피는 접근법과 탄탄하게 연결된 부분들을 풀어주는 해법이 필요하다. 따라서 이 책은 복잡한 시스템을 보는 눈과 융통성과 자율성을 옹호하는 마음가짐으로 미래를 열어가자는 제안이기도 하다.

우리 지구인이 지금부터 2030년까지 해결해가야 할 문제들이 일부 과학기술자와 활동가와 정치인의 관심사로 머물 수는 없다. 아프리카의 물 부족에서부터 2008년의 금융 위기까지, 노인 돌보미 로봇에서부터 2009년의 신종 플루까지, 지구적인 규모의 온갖 문제들과 해법들을 실용주의 정신과 시스템 전체를 두루 살피는 접근법(system approach)으로 짚어가는 이 책을 모든 이에게 권한다.

신묘년 여름, 살구골에서

전대호

인명 색인